# 위상수학

**제2판**

김영기 지음



KM 경문사

# 머리말

수학을 대분류로 나눌 때, 대수학, 해석학, 기하학, 위상수학, 응용수학 등으로 나눈다. 이 중에서 위상수학은 실수의 조밀성 개념과 연속개념의 일반화와 확장에 기반해서 발전해왔다. 이러한 연구는 1800년대 후반과 1990년대 초에 Maurice Frechet (1878～1973)와 Felix Hausdorff(1868～1942)에 의해서 주도되어 왔다.

연속개념은 미적분학의 핵심이고, 본질적으로 미적분학의 중요한 정리들은 연속개념을 포함하고 있다. 이러한 연속개념을 임의의 위상공간에서 일반화하고, 확장하는 것은 매우 의미 있는 일이다. 이러한 위상수학의 개념은 과학, 공학 분야뿐만 아니라, 경제학 분야에 이르기까지 다양한 분야에서 응용되고 있다. 요즘은 빅 데이터 분석에도 위상의 연속성이 이용되고 있다.

이 책은 위상수학을 쉽게 배우고 공부할 수 있도록, 매우 쉬운 예제들을 많이 포함하여, 직관적인 이해와 초보적인 논리력만으로도 충분히 공부할 수 있도록 구성하였다. 특히 임용고사를 준비하는 독자들을 위하여, 지금까지 출제된 임용고사 문제를 연습문제에 포함하였고, 해답란에 풀이의 전 과정 또는 힌트를 수록하였다. 끝으로 이 책을 출판하여 주신 경문사의 모든 분들께 감사를 드린다.

2022. 2.

# 1.

# 위상공간
Topological Spaces

## 1.1 위상공간(Topological Spaces)

임의의 집합 X에 위상을 주는 것은, 임의의 집합 X가 실수 $\mathbb{R}$이 갖는 조밀성(density)과 연속성(continuity)을 갖게 하기 위하여, 위상구조(topological structure)를 주는 것이다.

임의 집합 X에 위상(topology) $\mathcal{T}$가 주어져 있을 때, $(X, \mathcal{T})$를 위상공간(topological space)이라고 한다.

그러면 위상구조, 즉 위상(topology)를 어떻게 주는 것인가에 대해서 알아보자. 실수 $\mathbb{R}$이 갖는 성질 중에 개구간(open interval)의 성질을 살펴보자. 개구간 $(1, 3)$과 개구간 $(2, 4)$를 합집합하면 새로운 개구간 $(1, 4)$가 만들어지고, 개구간 $(1, 3)$과 개구간 $(2, 4)$의 교집합을 생각하면, 새로운 개구간 $(2, 3)$이 만들어지는 것을 알 수 있다. 그런데 임의의 개구간 $(a_\alpha, b_\beta)$, $\alpha \in \Lambda$들을 합집합해도, 즉 $\bigcup_{\alpha \in \Lambda}(a_\alpha, b_\alpha)$는 새로운 개구간이 만들어지는 것은 분명하다. 그러나 교집합은 자유롭게 할 수 없다는 것을 알게 된다. 왜냐하면 $(0, \frac{1}{n})$, $n \in N$이 있을 때, $\bigcap_{n \in N}(0, \frac{1}{n})$을 생각하면 이것은 공집합 $\varnothing$이 된다.

그래서 임의의 집합 X에 대한 위상공간을 다음과 같이 정의한다.

**정의**

임의의 집합 X에 대하여, 멱집합(power set) $P(X)$를 만들고, $P(X)$의 임의의 부분집합 $\mathcal{T}$가 다음 두 조건을 만족할 때 $\mathcal{T}$를 집합 X에 대한 위상(topology)이라 하고, X와 $\mathcal{T}$를 동시에 생각하는 순서상 $(X, \mathcal{T})$를 위상공간(topological space)이라고 한다.

**조건** $\forall U_\alpha \in \mathcal{T}(\alpha \in \Lambda) \Rightarrow$

(a) $\bigcup_{\alpha \in \Lambda'} U_\alpha \in \mathcal{T}(\Lambda' \subseteq \Lambda)$

(b) $\bigcap_{\alpha \in F} U_\alpha \in \mathcal{T}(F \subseteq \Lambda,\ F\text{: 유한집합})$

**주의** 위의 두 조건 (a), (b)를 다시 주목해 보자.

조건 (a)는 $\mathcal{T}$의 원소들의 합집합이 $\Lambda' = \varnothing$을 포함하여, $\Lambda'$이 유한집합이면 유한번, $\Lambda'$이 무한집합이면 무한번 합집합 하여도, 다시 $\mathcal{T}$의 원소가 되어야 됨을 말하고 있다. 그래서 조건 (a)에서 만약 $\Lambda' = \varnothing$이면, $\bigcup_{\alpha \in \varnothing} U_\alpha$가 되어서, $\bigcup_{\alpha \in \varnothing} U_\alpha = \varnothing$이 된다는 것을 집합론에서 공부하였을 것이다. 그러므로 $\varnothing \in \mathcal{T}$가 된다.

그리고 조건 (b)도 $\mathcal{T}$의 원소들을, 0번을 포함하여, 유한 번 교집합하여도 다시 $\mathcal{T}$의 원소가 되어야 됨을 말하고 있다. 그래서 $F = \varnothing$이면 $\bigcap_{\varnothing} U_i = X$가 됨을 집합론을 공부하면서 알게 되었을 것이다. 그래서 $X \in \mathcal{T}$임을 알 수 있다.

결과적으로 $\varnothing$, X는 항상 $\mathcal{T}$의 원소가 되어야 한다.

그래서 통상적으로 위상의 조건 (a), (b)에 조건 (c) $\varnothing \in \mathcal{T}$, $X \in \mathcal{T}$를 첨가하여 나타내어 준다. 그러나 (c)는 (a), (b)에 만들어질 수 있는 조건이므로 (a), (b)만 있어도, 수학적으로는 전혀 문제가 없다.

**예**

X $= \{a, b\}$이면 $P(X) = \{\varnothing, X, \{a\}, \{b\}\}$이다. $P(X)$의 부분집합들을 모두 생각하면 $2^4 = 16$개가 되겠지만, 위상의 조건 (a), (b), (c)를 모두 만족한 $P(X)$의 부분집합들은

$$\mathcal{T}_0 = \{\varnothing, X\} \qquad \mathcal{T}_1 = \{\varnothing, X, \{a\}\}$$
$$\mathcal{T}_2 = \{\varnothing, X, \{b\}\} \qquad \mathcal{T}_3 = \{\varnothing, X, \{a\}, \{b\}\} = P(X)$$

임을 알 수 있다.

그래서 위상공간 $(X, \mathcal{T}_0)$, $(X, \mathcal{T}_1)$, $(X, \mathcal{T}_2)$, $(X, \mathcal{T}_3)$, 4개가 만들어진다.

그림으로 살펴보면

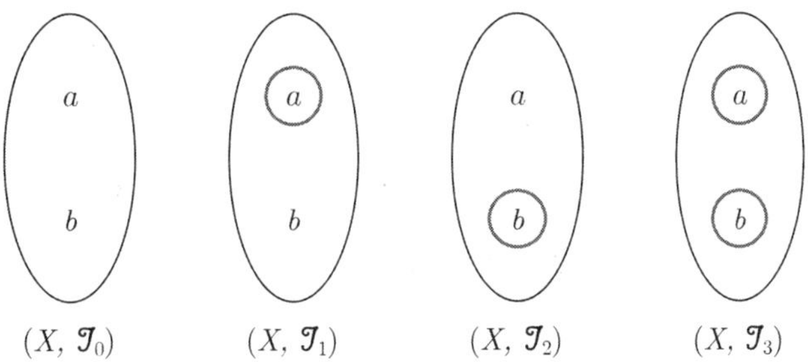


$(X, \mathcal{T}_0)$ $(X, \mathcal{T}_1)$ $(X, \mathcal{T}_2)$ $(X, \mathcal{T}_3)$

이와 같이 그림의 모양이 각각 다른 위상공간들임을 알 수 있다.

**예**

$X=\{a,\ b,\ c\}$이면 $P(X)=\{\varnothing,\ X,\ \{a\},\ \{b\},\ \{c\},\ \{a,\ b\},\ \{b,\ c\},\ \{a,\ c\}\}$이다. $P(X)$의 부분집합들을 모두 생각하면 $2^8=256$개다. 그런데 위상의 세 가지 조건 (a), (b), (c)를 만족하는 것은 29개임을 조사해보면 알 수 있다.

대표적인 형태들을 나열해보면

$$\mathcal{T}_0=\{\varnothing,\ X\}$$
$$\mathcal{T}_1=\{\varnothing,\ X,\ \{a\}\}$$
$$\mathcal{T}_2=\{\varnothing,\ X,\ \{a,\ b\}\}$$
$$\mathcal{T}_3=\{\varnothing,\ X,\ \{a\},\ \{a,\ b\}\}$$
$$\mathcal{T}_4=\{\varnothing,\ X,\ \{a\},\ \{b,\ c\}\}$$
$$\mathcal{T}_5=\{\varnothing,\ X,\ \{a\},\ \{b\},\ \{a,\ b\}\}$$
$$\mathcal{T}_6=\{\varnothing,\ X,\ \{a,\ b\},\ \{b,\ c\},\ \{b\}\}$$
$$\mathcal{T}_7=\{\varnothing,\ X,\ \{b\},\ \{c\},\ \{a,\ b\},\ \{b,\ c\}\}$$
$$\mathcal{T}_8=P(X)$$

위상공간 $(X,\ \mathcal{T}_5)$, $(X,\ \mathcal{T}_6)$, $(X,\ \mathcal{T}_7)$을 그림으로 나타내면 다음과 같이 그림의 모양이 각각 다른 위상공간들임을 알 수 있다.

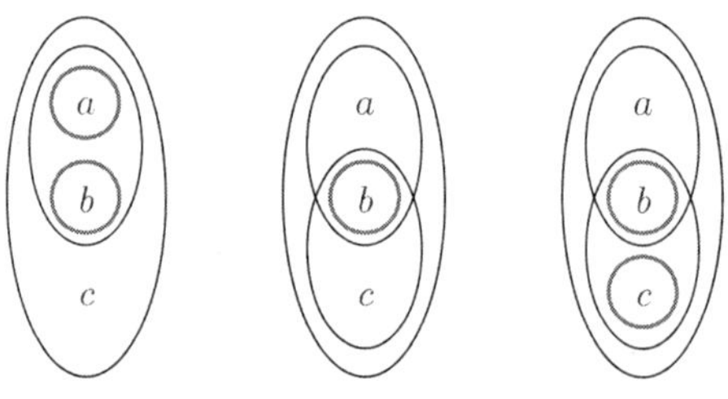


$(X,\ \mathcal{T}_5)$ $(X,\ \mathcal{T}_6)$ $(X,\ \mathcal{T}_7)$

위의 그림에서 보듯이, 집합 X$=\{a,\ b,\ c\}$가 주어진 위상에 따라서 조밀성을 형성해 가고 있는 모습을 볼 수가 있다.

예

만약 집합 X의 원소의 개수가 4개인 집합이 가질 수 있는 위상공간의 개수는 355개, 원소의 개수가 5개인 집합이 가질 수 있는 위상공간의 개수는 6,942개, 원소의 개수가 6개인 집합이 가질 수 있는 위상공간의 개수는 209,527개, 원소의 개수가 7개인 집합이 가질 수 있는 위상공간의 개수는 9,535,241로 알려져 있다. 그러나 집합 X의 원소의 개수에 따른 위상공간의 개수의 공식은 알려져 있지 않다.

앞부분의 설명과 예들을 바탕으로 위상공간을 다음과 같이 정의하자.

### 정의 1.1.1

$X$를 공집합이 아닌 집합이라 하고, $\mathcal{T}$를 $X$의 부분집합들의 하나의 집합족이라 할 때, $\mathcal{T}$가 다음과 같은 세 가지 조건을 만족하면 $\mathcal{T}$를 $X$에 대한 하나의 **위상(topology)**이라 한다.

a) $X, \varnothing \in \mathcal{T}$

b) 임의의 $\alpha \in \Lambda$에 대하여 $U_\alpha \in \mathcal{T}$이면 $\bigcup_{\alpha \in \Lambda} U_\alpha \in \mathcal{T}$이다.

c) 각각의 $i = 1, 2, 3, \cdots, n$에 대하여 $V_i \subset \mathcal{T}$이면 $\bigcap_{i=1}^{n} V_i \in \mathcal{T}$이다.

$X$와 $\mathcal{T}$를 동시에 생각하는 $(X, \mathcal{T})$를 **위상공간(topological space)**이라고 한다. 그리고 $\mathcal{T}$의 모든 원소 $U$를 **개집합(open set)**이라고 한다.

ex) $X = \{a, b, c\}$이고 위상 $\mathcal{T} = \{\varnothing, X, \{a\}, \{b\}, \{a, b\}\}$이 주어지면 그림 1.1.1과 같이 표현할 수 있다.

※ 같은 집합이라도 위상이 다르게 주어지면 그림도 달라진다.

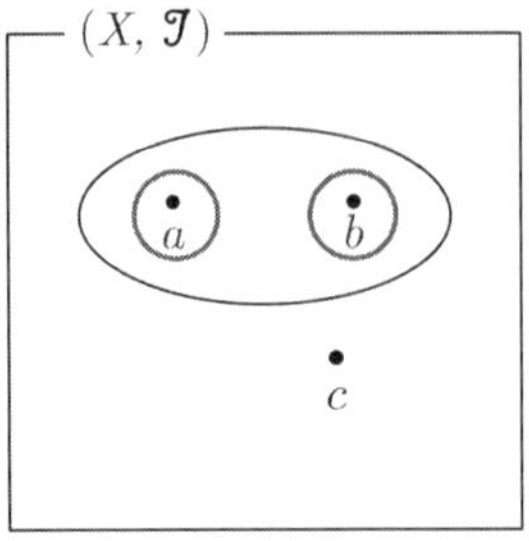



**그림 1.1.1**

* $\mathcal{U} = \{U \subseteq \mathbb{R} \mid U = \varnothing \text{ or } \forall x \in U, \exists (a, b) \text{ s.t. } x \in (a, b) \subseteq U\}$: $\mathbb{R}$상의 보통 위상(usual topology)

※ $(\mathbb{R}, \mathcal{U})$를 유클리드 공간(Euclidean space)이라고도 한다.

**예 1.1.2**

$\mathcal{H} = \{U \subseteq \mathbb{R} \mid U = \varnothing$ 또는 $\forall x \in U, \exists [a, b) \subseteq U \text{ s.t. } x \in [a, b) \subseteq U\}$: $\mathbb{R}$상의 하극한위상(lower limit topology).

**증명** a) $\varnothing \in \mathcal{H}$이고, $\mathbb{R} \in \mathcal{H}$이다.

b) $^\forall V_\alpha \in \mathcal{H}$에 대하여, $\bigcup_{\alpha \in \Lambda} V_\alpha \in \mathcal{H}$이다 :

임의의 $x \in \bigcup_{\alpha \in \Lambda} V_\alpha$에 대하여, $\beta \in \Lambda$가 존재하여, $x \in V_\beta$를 만족한다.

그런데 $V_\beta \in \mathcal{H}$이므로 $[a, b)$가 존재하여, $x \in [a, b) \subseteq V_\beta$를 만족한다.

그리고 $V_\beta \subseteq \bigcup_{\alpha \in \Lambda} V_\alpha$이므로, $x \in [a, b) \subset \bigcup_{\alpha \in \Lambda} V_\alpha$이다. 그러므로

$$\bigcup_{\alpha \in \Lambda} V_\alpha \in \mathcal{H}$$

이다.

c) $i = 1, 2, 3, \cdots, n$에 대하여, $V_i \in \mathcal{H}$이면 $\bigcap_{i=1}^{n} V_i \in \mathcal{H}$이다.

$i = 1, 2, \cdots, n$에 대하여, $V_i \in \mathcal{H}$이라 하자.

i ) 어떤 $i_0 \in 1, 2, \cdots, n$에 대하여 $V_{i_0} = \varnothing$ 이면, $\bigcap_{i=1}^{n} V_i = \varnothing \in \mathscr{H}$이다.

ii ) 임의의 $i = 1, 2, \cdots, n$에 대하여, $V_i \neq \varnothing$ 이라 하면,

임의의 $i = 1, 2, \cdots, n$에 대하여, 임의의 $x \in \bigcap_{i=1}^{n} V_i$에 대하여 $x \in V_i$ 이다.

그런데 $V_i \in \mathscr{H}$이므로 임의의 $i = 1, \cdots, n$에 대하여,

$[a_i, b_i)$가 존재하여, $x \in [a_i, b_i) \subseteq V_i$를 만족한다. 이때,

$a = \max\{a_i \mid i = 1, 2, \cdots, n\}$, $b = \min\{b_i \mid i = 1, 2, \cdots, n\}$

라고 하면,

$$x \in [a, b) = \bigcap_{i=1}^{n} [a_i, b_i) \subseteq \bigcap_{i=1}^{n} V_i$$

이므로, $\bigcap_{i=1}^{n} V_i \in \mathscr{H}$이다.

* 각각의 $n \in \mathbb{N}$에 대하여 $A_n = (-\frac{1}{n}, \frac{1}{n})$이라고 하면 $(\mathbb{R}, \mathscr{U})$에서 각각의 $A_n$은 개집합이지만 $\bigcap_{n=1}^{\infty} A_n = \{0\}$은 개집합(open)이 아니다

**예 1.1.3**

$$\mathscr{C} = \{(a, +\infty) \mid a \in \mathbb{R}\} \cup \{\mathbb{R}, \varnothing\}$$

: $\mathbb{R}$상의 열린 반직선 위상(open half-line topology).

**예 1.1.4**

$\mathscr{D} = P(X)$를 $X$상의 이산위상(discrete topology)이라고 한다.

($P(X)$ : $X$의 모든 부분집합들의 모임)

**예 1.1.5**

$\mathscr{I} = \{\varnothing, X\}$를 $X$상의 비이산위상(indiscrete topology) 또는 자명한 위상(trivial topology)이라고 한다.

**예 1.1.6**

$X$를 임의의 집합이라 할 때, 고정된 한 점 $x_0 \in X$에 대하여

$$\mathcal{T} = \{U(\subseteq X) \mid U = \varnothing \text{ 또는 } x_0 \in U\}$$

를 특이점 위상(particular point topology)이라고 한다.

**예 1.1.7**

$X = \{a, b\}$일 때, $T = \{X, \varnothing, \{a\}\}$를 Sierpinski 위상(topology)이라고 한다.

**예 1.1.8**

$X$를 임의의 집합이라 할 때,

$$\mathcal{T} = \{U(\subseteq X) \mid U = \varnothing \text{ 또는 } X - U\text{: 유한집합}\}$$

를 여유한위상(cofinite topology, finite complement topology)이라 한다.

**증명** a) 정의에 의해 $\varnothing \in \mathcal{T}$이고,

$X - X = \varnothing$ 인데, 공집합은 유한집합(finite set)이므로, $X \in \mathcal{T}$이다.

b) $^\forall \alpha \in \Lambda$에 대하여 $U_\alpha \in \mathcal{T}$라 하자.

i ) 임의의 $\alpha \in \Lambda$에 대하여, $U_\alpha = \varnothing$ 이면, $\bigcup_{\alpha \in \Lambda} U_\alpha = \varnothing \in \mathcal{T}$이다.

ii ) 이제 $\beta \in \Lambda$가 존재하여 $U_\beta \neq \varnothing$ 라 가정하면

$$X - \bigcup_{\alpha \in \Lambda} U_\alpha = \bigcap_{\alpha \in \Lambda} (X - U_\alpha) \subseteq X - U_\beta$$

인데, $U_\beta \neq \varnothing$ 이므로 $X - U_\beta$ 는 유한집합이다. 따라서 $X - \bigcup_{\alpha \in \Lambda} U_\alpha$ 도 유한집합이다. 그러므로 $\bigcup_{\alpha \in \Lambda} U_\alpha \in \mathcal{T}$이다.

c) $U_1, U_2, \cdots, U_n \in \mathcal{T}$라 하자.

만약 어떤 $i$에 대하여 $U_i = \varnothing$ 이면 $\bigcap_{i=1}^{n} U_i = \varnothing \in \mathcal{T}$이다. 이제 모든 $i$

에 대하여 $U_i \neq \varnothing$ 라고 가정하면 $X - U_i$는 유한집합이다. 유한집합을 유한 번 합집합한 것도 역시 유한집합이므로,

$$X - \bigcap_{i=1}^{n} U_i = \bigcup_{i=1}^{n} (X - U_i)$$

는 유한집합이다. 그러므로 $\bigcap_{i=1}^{n} U_i \in \mathcal{T}$이다.

### 정리 1.1.9

$(X, \mathcal{T})$가 위상공간(topological space)이라 할 때, 집합 $A(\subseteq X)$가 개집합(open)일 필요충분조건은 임의의 $x \in A$에 대하여 개집합(open) $U$가 존재하여 $x \in U \subseteq A$를 만족하는 것이다.

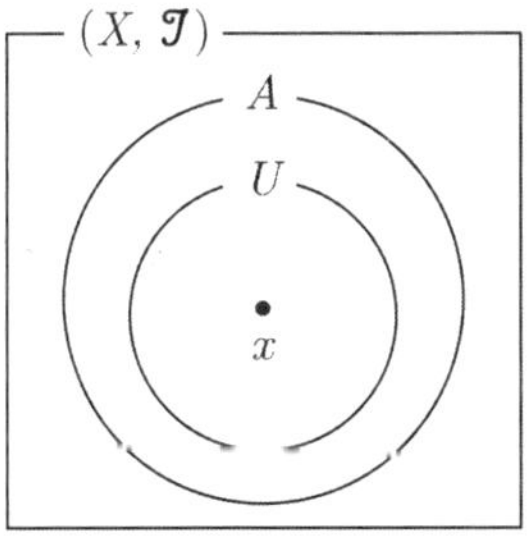


**그림 1.1.2**

**증명** ($\Rightarrow$) $A$가 개집합(open)이라 하자. $U$를 $A$로 택하면 모든 $x \in A$에 대하여 $x \in U \subseteq A$를 만족한다.

($\Leftarrow$) 임의의 $x \in A$에 대하여 개집합(open) $U_x$가 존재하여 $x \in U_x \subseteq A$를 만족한다고 하자. 그러면 $A = \bigcup_{x \in A} U_x$이다. 그런데 개집합(open)들의 합집합도 개집합(open)이므로, $A$는 개집합(open)이다.

### 정의 1.1.10

집합 $X$상에 두 개의 위상 $\mathcal{T}_1$, $\mathcal{T}_2$가 있을 때, $\mathcal{T}_1 \subseteq \mathcal{T}_2$를 만족하면, $\mathcal{T}_2$가 $\mathcal{T}_1$보다 더 **섬세(또는 크다, finer)**하다 또는 $\mathcal{T}_1$가 $\mathcal{T}_2$보다 **조잡(또는 작다, coarser)**하다고 한다.

## 정리 1.1.11

만약 $\mathcal{T}_\beta(^\forall \beta \in \tau)$가 집합 $X$상의 위상이면 $\mathcal{T} = \bigcap_{\beta \in \tau} \mathcal{T}_\beta$도 $X$상의 위상이다.

**증명** a) $X,\ \varnothing \in \mathcal{T}_\beta$이므로 $X,\ \varnothing \in \mathcal{T}$

b) $^\forall \alpha \in \Lambda$에 대하여 $V_\alpha \in \mathcal{T}$라고 하자.

그러면 임의의 $\beta \in \tau$에 대하여 $V_\alpha \in \mathcal{T}_\beta$이다.

$\mathcal{T}_\beta$가 위상이므로 임의의 $\beta \in \tau$에 대하여 $\bigcup_{\alpha \in \Lambda} V_\alpha \in \mathcal{T}_\beta$이다.

그러므로 $\bigcup_{\alpha \in \Lambda} V_\alpha \in \mathcal{T}$이다.

c) $i = 1,\ 2,\ 3,\ \cdots,\ n$에 대하여 $V_i \in \mathcal{T}_\beta$라고 하자.

그러면 임의의 $\beta \in \tau$에 대하여 $V_\alpha \in \mathcal{T}_\beta$이다.

$\mathcal{T}_\beta$가 위상이므로 임의의 $\beta \in \tau$에 대하여 $\bigcap_{i=1}^{n} V_i \in \mathcal{T}_\beta$이다.

그러므로 $\bigcap_{i=1}^{n} V_i \in \mathcal{T}$이다.

**예 1.1.12**

$\mathcal{T}_1,\ \mathcal{T}_2$가 집합 $X$상의 위상이더라도 일반적으로 $\mathcal{T}_1 \cup \mathcal{T}_2$이 $X$상의 위상이 되는 것은 아니다.

## 연습문제

**01.** 다음 집합족들 중 $\mathbb{R}$상에서 위상(topology)인 것은 어느 것인가? 만약 $\mathbb{R}$상에서 위상(topology)이 아니라면 그 이유를 설명하여라.

(a) $\{\mathbb{R}, \varnothing, (-\infty, 0], (0, +\infty)\}$

(b) $\{\mathbb{R}, \varnothing, (-\infty, 1), (0, +\infty)\}$

(c) $\{\mathbb{R}, \varnothing, \{1\}\}$

(d) $\{U \subseteq \mathbb{R} \mid U = \mathbb{R} \text{ or } U = \varnothing \text{ or } \exists a \in \mathbb{R} \ s.t. \ U = [a, +\infty)\}$

(e) $\{\mathbb{R}, \varnothing, (-\infty, 0], [0, +\infty)\}$

(f) $\{\mathbb{R}, \varnothing, (1, 3), (2, 4)\}$

(g) $\{\mathbb{R}, \varnothing, (1, 4), (2, 5), (1, 5)\}$

**02.** 집합 $X = \{a, b, c\}$에 대하여, 다음 중 $X$상의 위상(topology)이 되는 집합족은 어느 것인가? 만약 위상(topology)이 아니라면 그 이유를 설명하여라.

(a) $\{X, \{a\}, \{b\}, \{a, b\}\}$

(b) $\{X, \varnothing, \{a\}, \{b\}\}$

(c) $\{X, \varnothing, \{a\}\}$

(d) $\{X, \varnothing, \{a, b\}, \{b, c\}\}$

(e) $\{\{a\}, \{b\}, \{a, b\}\}$

**03.** $X$를 공집합이 아닌 집합이라 하고, $x_0 \in X$이라 할 때, 집합족

$$\mathcal{T} = \{U \subseteq X \mid U = \varnothing \text{ or } x_0 \in U\}$$

가 $X$상의 위상(topology)임을 보여라. ($\mathcal{T}$는 예 1.1.6에 주어져 있는 특이점 위상(particular point topology)이다.)

**04.** $X$를 공집합이 아닌 집합이라 하고, $x_0 \in X$이라 할 때, 집합족

$$\mathcal{T} = \{U (\subseteq X) \mid U = X \text{ 또는 } x_0 \notin U\}$$

가 $X$상의 위상(topology)임을 보여라. $\mathcal{T}$를 excluded point 위상(topology)이라 부른다.

**05.** $\mathcal{T}$가 집합 $X$상의 위상일 때 다음이 서로 동치임을 보여라.

(a) $\mathcal{T}$는 이산위상이다.

(b) 임의의 $x \in X$에 대하여 $\{x\} \in \mathcal{T}$이다.

**06.** 집합 $X$상의 여유한위상(finite complement topology)과 이산위상(discrete topology)이 같을 필요충분조건이 $X$가 유한집합인 것임을 보여라.

**07.** 정수 $a,\ b \in \mathbb{Z},\ b > 0$에 대하여 $N_{a,b} = \{a + nb \mid n \in \mathbb{Z}\}$이라 하자.

그리고 집합 $\mathbb{Z}$상의 위상 $\mathcal{T}$를 다음과 같이 주자.

$$\mathcal{T} = \left\{ U \subset \mathbb{Z} \mid {}^{\forall} a \in U,\ \exists\, b > 0\ s.t.\ a \in N_{a,b} \subset U \right\}$$

(a) $\mathcal{T}$가 실제로 집합 $\mathbb{Z}$상의 위상이 됨을 보여라.

(b) 공집합이 아닌 임의의 개집합은 무한집합임을 보여라.

(c) 임의의 $N_{a,b}$는 개집합인 동시에 폐집합임을 보여라.

**08.** 자연수 전체의 집합 $\mathbb{N}$의 다음과 같이 정의된 부분집합들의 모임

$\mathcal{T} = \{U \subset \mathbb{N} \mid n \in U$이면 $n$의 임의의 양의 약수도 $U$의 원소이다$\}$

는 집합 $\mathbb{N}$상의 위상이 됨을 보여라. 그리고 $\mathcal{T}$는 이산위상이 아님을 보여라.

**09.** $\mathbb{R}$상의 위상들 $\mathcal{D}$, $\mathcal{I}$, $\mathcal{C}$, $\mathcal{U}$, $\mathcal{H}$ 간의 포함관계를 설명하여라.

**10.** $\mathcal{U}$와 $\mathcal{C}$가 실제로 $\mathbb{R}$상의 위상이 됨을 보여라.

**11.** $X$를 임의의 집합이라 할 때, 집합족

$$\mathcal{T} = \{U(\subseteq X) \mid U = \varnothing \text{ 또는 } X - U\text{: 가산집합}\}$$

가 $X$상의 위상이 됨을 보여라. $\mathcal{T}$를 여가산위상(cocountable topology, countable complement topology)이라 한다.

**12.** 집합 $X$상의 여가산위상이 $X$상의 이산위상과 같을 필요충분조건은 무엇인가?

**13.** 임의의 집합 $X$에 대하여 집합족

$$\mathcal{T} = \{U \subseteq X \mid X - U: \text{무한집합}\} \cup \{\varnothing, X\}$$

는 $X$상의 위상이 되는가?

**14.** $X$를 집합이라 하고 $(Y, \varphi)$를 위상공간이라 하자. 그러면 임의의 함수 $f : X \to Y$에 대해 $\mathcal{T} = \{f^{-1}(U) \mid U \in \varphi\}$가 집합 $X$상의 위상이 됨을 보여라. $\mathcal{T}$를 함수 $f$에 의해 생성된 위상이라 한다.

**15.** $\mathbb{R}$상에서 보통위상이 여유한위상보다 섬세함을 보여라.

**16.** $X$가 무한집합(infinite set)이고, $a \in X$일 때,

$$\mathcal{T} = \{U \subseteq X \mid X - U : finite \text{ or } a \in X - U\}$$

가 $X$상의 위상이 됨을 보여라. $(X, \mathcal{T})$를 Fort 공간(Fort space)이라 한다.

**17.** 예 1.1.12의 이유를 설명하여라.

**18.** 정의 1.1.1의 $c$와 다음이 동치임을 보여라.
만약 $A, B \in \mathcal{T}$이면 $A \cap B \in \mathcal{T}$이다.

# 1.2 폐집합(Closed Sets)과 폐포(Closures)

**정의 1.2.1**

$(X, \mathcal{T})$가 위상공간(topological space)이고, $C \subseteq X$일 때, $X - C$가 개집합(open)이면 $C$를 **폐집합(closed set)**이라고 한다.

**예 1.2.2**

집합 $X = \{a, b, c\}$상의 위상 $T = \{X, \varnothing, \{a\}, \{a, b\}\}$에 대하여, 폐집합(closed set)들은 $\varnothing$, $X$, $\{b, c\}$, $\{c\}$이다.

**주의** $X - X = \varnothing$가 개집합(open)이므로, $X$는 폐집합(closed)이다. 그리고 $X - \varnothing = X$가 개집합(open)이므로, $\varnothing$는 폐집합(closed)이다. 그러므로 $\varnothing$과 $X$는 개집합(open)인 동시에 폐집합(closed)이다.

**예 1.2.3**

$(\mathbb{R}, \mathcal{U})$에서, $\mathbb{R} - [a, b] = (-\infty, a) \cup (b, +\infty)$이 개집합(open)이므로, $[a, b]$는 $(\mathbb{R}, \mathcal{U})$에서 폐집합(closed)이다. 그러나 $[a, b)$와 $(a, b]$는 $(\mathbb{R}, \mathcal{U})$에서 개집합(open)도 폐집합(closed)도 아니다.

**예 1.2.4**

$(\mathbb{R}, \mathcal{H})$에서 $[a, b)$는 개집합(open)이자 폐집합(closed)이다. 그러나 $(a, b]$는 개집합(open)도 폐집합(closed)도 아니다.

**예 1.2.5**

$(\mathbb{R}, \mathcal{C})$에서 집합 $(-\infty, a]$는 폐집합(closed)이다. 왜냐하면

$$\mathbb{R} - (-\infty, a] = (a, \infty)$$

이 개집합(open)이기 때문이다.

**예 1.2.6**

공집합이 아닌 집합 $X$의 고정된 한 점 $x_0 \in X$에 대하여, $X$상의 위상

$$\mathcal{T} = \{U \subseteq X \mid U = \varnothing \text{ or } x_0 \in U\}$$

에 대하여, $X$의 부분집합 $C$가 $x_0 \notin C$를 만족하면 $X - C$는 개집합(open)이므로 $C$는 $(X, \mathcal{T})$의 폐집합(closed)이다.

**정리 1.2.7**

$(X, \mathcal{T})$를 위상공간(topological space)이라 하고, $\{C_\alpha \mid \alpha \in \Lambda\}$를 $X$의 폐집합(closed)들의 모임이라고 하면, $\bigcap_{\alpha \in \Lambda} C_\alpha$도 폐집합(closed)이다.

**증명** $\bigcap_{\alpha \in \Lambda} C_\alpha$이 폐집합(closed)임을 보이기 위해,

$$X - \bigcap_{\alpha \in \Lambda} C_\alpha$$

가 개집합(open)임을 보이자.

$$X - \bigcap_{\alpha \in \Lambda} C_\alpha = \bigcup_{\alpha \in \Lambda} (X - C_\alpha)$$

인데, $C_\alpha$가 폐집합이므로, $X - C_\alpha$가 개집합이다. 따라서

$$\bigcup_{\alpha \in \Lambda} (X - C_\alpha)$$

이 개집합(open)이다. 그러므로 $\bigcap_{\alpha \in \Lambda} C_\alpha$는 폐집합(closed)이다.

**정리 1.2.8**

$(X, \mathcal{T})$를 위상공간(topological space)이라 하고, $\{C_i \mid i = 1, 2, \cdots, n\}$를 $X$의 유한개의 폐집합(closed)들의 모임이라고 하면,

$$\bigcup_{i=1}^{n} C_i$$

도 폐집합(closed)이다.

**증명** $\bigcup_{i=1}^{n} C_i$이 폐집합(closed)임을 보이기 위해,

$$X - \bigcup_{i=1}^{n} C_i$$

가 개집합(open)임을 보이자.

$$X - \bigcup_{i=1}^{n} C_i = \bigcap_{i=1}^{n} (X - C_i)$$

인데, 각각의 $i$에 대하여 $C_i$가 폐집합이므로, $X - C_i$가 개집합이다.

따라서 $\bigcap_{i=1}^{n} (X - C_i)$도 개집합(open)이다.

그러므로 $\bigcup_{i=1}^{n} C_i$는 폐집합(closed)이다.

**예시 1.2.9**

$^\forall n \in \mathbb{N}$에 대하여 $C_n = \left[0,\ 1 - \frac{1}{n}\right]$는 $\mathbb{R}$에서 $\mathcal{U}$-폐집합(closed)이다.

그러나 $\bigcup\{C_n \mid n \in \mathbb{N}\}$은 $\mathcal{U}$-폐집합(closed)이 아니다.

즉, 폐집합들의 무한합집합은 폐집합이 아닐 수 있다.

( $\because\ \bigcup\{C_n \mid n \in \mathbb{N}\} = \bigcup_{n=1}^{\infty} \left[0,\ 1 - \frac{1}{n}\right] = [0,\ 1)$ )

**정의 1.2.10**

$(X,\ \mathcal{T})$를 위상공간(topological space)이라 하고, $A \subseteq X$이라 하자.

이때 $A$의 **폐포(closure)**는

$$\mathrm{Cl}(A) = \bigcap\{C \subseteq X \mid C\text{: closed and } A \subseteq C\}$$

로 정의된다. ($A$의 폐포를 $\overline{A}, A^-$로도 표기한다.)

**주의** $\mathrm{Cl}(A)$은 $A$를 포함하는 가장 작은 폐집합(closed)이다.
즉, $C$가 $A$를 포함하는 폐집합(closed)이면, $\mathrm{Cl}(A) \subseteq C$이다.

**예 1.2.11**

집합 $X = \{a,\ b,\ c\}$상의 위상 $\mathcal{T} = \{X,\ \varnothing,\ \{a\},\ \{b\},\ \{a,\ b\}\}$에 대하여, 폐집합들은

$$\varnothing,\ X,\ \{b,\ c\},\ \{a,\ c\},\ \{c\}$$

이다. $A = \{a\}$라 하면, $A \subset X$이고, $A \subseteq \{a,\ c\}$이므로,

$$\mathrm{Cl}(A) = X \cap \{a,\ c\} = \{a,\ c\}$$

이다.

**예 1.2.12**

$(\mathbb{R},\ \mathcal{U})$에서 $\mathrm{Cl}((0,\ 1)) = [0,\ 1]$이다.

**예 1.2.13**

$(\mathbb{R},\ \mathcal{H})$에서 $\mathrm{Cl}((0,\ 1)) = [0,\ 1)$이다.

**예 1.2.14**

$(\mathbb{R},\ \mathcal{C})$에서 $\mathrm{Cl}((0,\ 1)) = (-\infty,\ 1]$이다.

**정리 1.2.15**

$(X,\ \mathcal{T})$가 위상공간(topological space)일 때, $A \subseteq X$가 폐집합(closed)이면 $\mathrm{Cl}(A) = A$이다.

**증명** ($\supseteq$) 정의 1.2.10으로부터 $A \subseteq \mathrm{Cl}(A)$이다.

($\subseteq$) $x \in \mathrm{Cl}(A)$라 하면, $A$를 포함하는 임의의 폐집합(closed set) 또한 $x$를 포함한다. 그런데 $A \subseteq A$이므로, $x \in A$이다.

**따름정리 1.2.16**

임의의 위상공간(topological space) $(X,\ \mathcal{T})$C에 대하여,

$$\mathrm{Cl}(\varnothing) = \varnothing,\ \ \mathrm{Cl}(X) = X$$

이다.

**정리 1.2.17**

위상공간(topological space) $(X,\ \mathcal{T})$에 대하여 $A \subseteq X, B \subseteq X$일 때,

(a) $\mathrm{Cl}(A \cup B) = \mathrm{Cl}(A) \cup \mathrm{Cl}(B) \quad (\overline{A \cup B} = \overline{A} \cup \overline{B})$

(b) $\mathrm{Cl}(A \cap B) \subseteq \mathrm{Cl}(A) \cap \mathrm{Cl}(B) \quad (\overline{A \cap B} \subseteq \overline{A} \cap \overline{B})$

이다.

**증명** (a)

$(\subseteq)$ $\forall x \in \mathrm{Cl}(A \cup B)$에 대하여 $x \notin (\mathrm{Cl}(A) \cup \mathrm{Cl}(B))$이라고 가정하자. 그러면 $x \notin \mathrm{Cl}(A)$이고, $x \notin \mathrm{Cl}(B)$이다. 따라서 폐집합(closed sets) $C$, $D$가 존재하여, $A \subseteq C$와 $B \subseteq D$이고, $x \notin C$와 $x \notin D$를 만족한다. 즉, $A \cup B \subseteq C \cup D$(폐집합)이고, $x \notin C \cup D$이다. 따라서, $x \notin \mathrm{Cl}(A \cup B)$인데 이는 가정에 모순이다. 그러므로

$$\mathrm{Cl}(A \cup B) \subseteq \mathrm{Cl}(A) \cup \mathrm{Cl}(B)$$

이다.

$(\supseteq)$ $x \in \mathrm{Cl}(A) \cup \mathrm{Cl}(B)$라 하면 $x \in \mathrm{Cl}(A)$ 또는 $x \in \mathrm{Cl}(B)$이다. 이때, $x \in \mathrm{Cl}(A \cup B) = \bigcap \{W \mid A \cup B \subseteq W,\ W\text{: 폐집합}\}$ 임을 보이면 된다. $C$를 임의의 폐집합(closed set)이라 하고,

$$A \cup B \subseteq C (A \subseteq A \cup B \subseteq C, B \subseteq A \cup B \subseteq C)$$

를 만족한다고 하자. 먼저, $x \in \mathrm{Cl}(A)$라고 가정하면,
$A$를 포함하는 모든 폐집합(closed set)은 $x$도 포함하므로,

$$x \in C \quad (\because A,\ B \subseteq C\text{: 폐집합})$$

이다. 그리고 $x \in \mathrm{Cl}(B)$라고 가정하면, $B$를 포함하는 모든 폐집합(closed set)은 $x$도 포함하므로,

$$x \in C \quad (\because A,\ B \subseteq C\text{: 폐집합(closed)})$$

이다. 그러므로 $x \in \mathrm{Cl}(A \cup B)$이다.

(b) 임의의 $x \in \mathrm{Cl}(A \cap B)$에 대하여, $x \in \mathrm{Cl}(A) \cap \mathrm{Cl}(B)$를 보이기 위해, $x \in \mathrm{Cl}(A)$이고, $x \in \mathrm{Cl}(B)$임을 보여야 한다.
즉, $A$를 포함하는 모든 폐집합(closed)이 또한 $x$를 포함하고, $B$를 포함하는 모든 폐집합(closed)도 또한 $x$를 포함함을 보여야 한다.
$C$와 $D$를 각각 $A \subseteq C$와 $B \subseteq D$를 만족하는 임의의 폐집합(closed)이라고 하자. 이때, 임의의 $x \in \mathrm{Cl}(A \cap B)$에 대하여, $A \cap B \subseteq K$인 폐집합 $K$가 존재하여, $x \in K$를 만족한다.
$A \cap B \subseteq A \subseteq C$이고, $A \cap B \subseteq B \subseteq D$이므로, $x \in C$이고, $x \in D$이다. 따라서 $x \in \mathrm{Cl}(A)$이고, $x \in \mathrm{Cl}(B)$이다.
따라서, $x \in (\mathrm{Cl}(A) \cap \mathrm{Cl}(B))$이다. 그러므로

$$\mathrm{Cl}(A \cap B) \subseteq (\mathrm{Cl}(A) \cap \mathrm{Cl}(B))$$

이다.

### 예 1.2.18

위상공간(topological space) $(\mathbb{R},\ \mathcal{U})$에서, $A = (0,\ 1)$이고, $B = (1,\ 2)$이라 할 때, $\mathrm{Cl}(A \cap B) = \mathrm{Cl}(\varnothing) = \varnothing$ 이지만,

$$\mathrm{Cl}(A) \cap \mathrm{Cl}(B) = [0,\ 1] \cap [1,\ 2] = 1$$

이다. 그리고 $\mathbb{Q} \subseteq \mathbb{R}$는 $\overline{\mathbb{Q}} = \mathbb{R}$이고, $\overline{\mathbb{Q}^c} = \mathbb{R}$이므로,

$$\mathrm{Cl}(\mathbb{Q} \cap \mathbb{Q}^c) = \mathrm{Cl}(\varnothing) = \varnothing$$

이다. 그러나 $\mathrm{Cl}(\mathbb{Q}) \cap \mathrm{Cl}(\mathbb{Q}^c) = \mathbb{R} \cap \mathbb{R} = \mathbb{R}$이다.

### 정의 1.2.19

위상공간(topological space) $(X,\ \mathcal{T})$에서, $\mathrm{Cl}(A)=X$일 때, $A$를 $X$의 **조밀(dense)** 부분집합이라고 한다.

**예 1.2.20**

$\mathbb{R}$상의 위상 $\mathcal{T}=\{U\subseteq\mathbb{R}\mid 1\in U \ \ \text{or}\ U=\varnothing\}$에 대해서,

$$\mathrm{Cl}(\{1\})=\mathbb{R}$$

이므로, $\{1\}$은 $(\mathbb{R},\ \mathcal{T})$의 조밀부분집합(dense subset)이다.

**예 1.2.21**

(1) $X$가 무한집합이고 $\mathcal{T}$가 $X$상의 여유한위상이면 $X$의 임의의 무한부분집합은 $X$의 조밀부분집합이다.

(2) $X$가 비가산집합이고 $\mathcal{T}$가 $X$상의 여가산위상이면 $X$의 임의의 비가산(uncountable)부분집합은 $X$의 조밀부분집합이다.

(3) $\mathbb{Q}$와 $\mathbb{Q}^c$은 유클리드공간 $\mathbb{R}$의 조밀부분집합이다.

# 연습문제

**01.** 집합 $X=\{a, b, c\}$상의 위상 $\mathcal{T}=\{X, \varnothing, \{b\}, \{a, b\}, \{b, c\}\}$에 대하여,

(a) 공간 $(X, \mathcal{T})$의 폐부분집합(closed subsets)들을 모두 나열하여라.

(b) $\mathrm{Cl}(\{b\})$를 찾아라.

(c) $\mathrm{Cl}(\{a\})$를 찾아라.

(d) $\mathrm{Cl}(\{a, b\})$를 찾아라.

(e) $X$의 진부분집합 중 조밀(dense) 부분집합인 것을 찾아라.

**02.** $\{1, 2\}$가 $\mathbb{R}$의 $\mathcal{U}$-폐집합(closed)임을 보여라.

**03.** $\mathbb{R}$의 임의의 유한부분집합이 $\mathcal{U}$-폐집합(closed)임을 보여라.

**04.** 공간 $(\mathbb{R}, \mathcal{U})$에서, $1 \notin \mathrm{Cl}([2, 3])$임을 보여라.

**05.** 공간 $(\mathbb{R}, \mathcal{H})$에서, $1 \notin \mathrm{Cl}([0, 1))$임을 보여라.

**06.** 공간 $(\mathbb{R}, \mathcal{C})$에서, $0 \in \mathrm{Cl}([1, 2])$임을 보여라.

**07.** $\mathbb{R}$상의 위상 $\mathcal{T} = \{U \subseteq \mathbb{R} : 1 \in U \text{or } U = \varnothing\}$에 대하여, $(\mathbb{R}, \mathcal{T})$의 폐부분집합(closed subset)을 설명하여라. 그리고 $\mathrm{Cl}(\{1, 2\})$를 찾아라.

$\{1, 2\}$는 $(\mathbb{R}, \mathcal{T})$의 조밀(dense)부분집합인가?

($\mathcal{T}$는 particular point topology의 한 예이다.)

**08.** $\mathbb{R}$상의 위상 $\mathcal{T} = \{U \subseteq \mathbb{R} : 2 \notin U \text{ or } U=\mathbb{R}\}$에 대하여, $(\mathbb{R}, \mathcal{T})$의 폐부분집합(closed subset)을 설명하여라. 그리고 $\mathrm{Cl}(\{3\})$를 찾아라.

($\mathcal{T}$는 excluded point topology의 한 예이다.)

**09.** $A$가 위상공간(topological space) $X$의 부분집합일 때, $\mathrm{Cl}(\mathrm{Cl}(A)) = \mathrm{Cl}(A)$임을 보여라.

**10.** 임의의 위상공간(topological space)에서, $U$가 개집합(open)이면

$$\mathrm{Cl}(X-U)=X-U$$

임을 보여라.

**11.** 정리 1.2.15의 역을 증명하여라.

**12.** 임의의 위상공간(topological space)에서, $U$가 폐집합(closed)이고, $V$가 개집합(open)일 때, $U-V$는 폐집합(closed)이고, $V-U$는 개집합(open)임을 보여라.

**13.** 예 1.2.21의 (1), (2)를 증명하여라.

# 1.3 집적점(Limit Points), 내부(Interior), 외부(Exterior), 경계(Boundary), 폐포(Closure)

**정의 1.3.1**

위상공간(topological space) $(X, \mathcal{T})$에서 $A \subseteq X$일 때, $x \in X$를 포함하는 임의의 개집합(open set) $U_x$에 대하여

$$U_x \cap (A - \{x\}) \neq \varnothing$$

이면 $x$를 $A$의 **집적점(limit point)**이라 하고, $x \in A'$라 표기한다.

$$A' = \{x \in X \mid x\text{는 } A\text{의 집적점}\}$$

$A'$를 $A$의 **도집합(derived set)**이라고도 말한다.

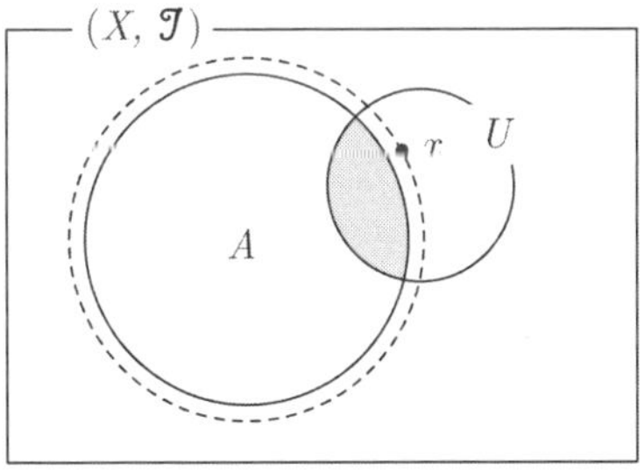


그림 1.3.1

**예 1.3.2**

$(\mathbb{R}, \mathcal{U})$에서 $A = [0, 1)$라 하면, $A' = [0, 1]$이다.

$(\mathbb{R}, \mathcal{H})$에서 $A = [0, 1)$라 하면, $[1, 2)$은 1을 포함하는 개집합(open)이지만, $[0, 1) \cap [1, 2) = \varnothing$ 이므로 1은 $A$의 집적점(limit point)이 아니다.

$(\mathbb{R}, \mathcal{H})$에서 $A' = [0, 1)$이다.

$(\mathbb{R}, \mathcal{C})$에서 $A = [0, 1)$라 하면, $A' = (-\infty, 1]$이다.

**예 1.3.3**

$\mathbb{R}$상의 위상 $\mathcal{T}=\{U\subseteq\mathbb{R}\mid 1\in U \text{ or } U=\varnothing\}$에 대하여,

$A=\{1\}$이라 하면, $A'=\mathbb{R}-\{1\}$이다.

**정리 1.3.4**

위상공간(topological space) $(X,\ \mathcal{T})$에서 $A,\ B\subseteq X$일 때, 다음이 성립한다.

(1) $A\subset B$이면 $A'\subset B'$이다.

(2) $(A\cup B)'=A'\cup B'$

(3) $(A\cap B)'\subset A'\cap B'$

**증명** (1) $x\in A'$이라 하자. 그러면 임의의 개집합 $U_x$에 대하여 $U_x\cap(A-\{x\})\neq\varnothing$이다. 가정에 의해서 $A\subset B$이므로, $U_x\cap(A-\{x\})\subset U_x\cap(B-\{x\})$이다. 즉, $U_x\cap(B-\{x\})\neq\varnothing$이다. 따라서, $x\in B'$이다. 그러므로 $A'\subset B'$이다.

(2)

($\subseteq$) $x\not\in A'\cup B'$이라 가정하자. 따라서 $x\not\in A'$이고 $x\not\in B'$이다. 그러면 개집합 $U,\ V$가 존재하여 $U\cap(A-\{x\})=\varnothing$이고 $U\cap(B-\{x\})=\varnothing$}이다. 그러면 $U\cap V$는 $x$를 포함하는 개집합이고

$$
\begin{aligned}
(U\cap V)\cap(A\cup B)-\{x\} &= (U\cap V)-\{x\}\cap(A\cup B)\\
&=(U\cap V)\cap(A-\{x\})\cup(U\cap V)\cap(B-\{x\})\\
&\subseteq[U\cap(A-\{x\})]\cup[V\cap(B-\{x\})]=\varnothing
\end{aligned}
$$

이므로 $(A\cup B)\cap(U\cap V)-\{x\}=\varnothing$이다. 따라서 $x\not\in(A\cup B)'$이다.

($\supseteq$) $A\subset A\cup B,\ B\subset A\cup B$이므로 (1)에 의하여 $A'\subset(A\cup B)'$, $B'\subset(A\cup B)'$이다. 따라서 $A'\cup B'\subset(A\cup B)'$이 성립한다.

(3) $A\cap B\subset A,\ A\cap B\subset B$이므로 (1)에 의하여 $(A\cap B)'\subset A'$, $(A\cap B)'\subset B'$이다. 따라서 $(A\cap B)'\subset A'\cap B'$이다.

**정리 1.3.5**

위상공간(topological space) $(X, \mathcal{T})$에서 $A \subseteq X$일 때, $A$가 폐집합(closed)일 필요충분조건은 $A' \subseteq A$인 것이다.

**증명** ($\Rightarrow$) $x \in A'$에 대하여, $x \notin A$라 가정하자. 즉, $x \in X-A$이다. $A$가 폐집합(closed)이므로, $x \in X-A$이 개집합(open)이다. 따라서

$$(X-A) \cap (A-\{x\}) \subset (X-A) \cap A = \varnothing$$

이므로, $(X-A) \cap (A-\{x\}) = \varnothing$ 이다. 즉, $x \notin A'$가 되어 모순이다. 그러므로 $x \in A$이다. 즉, $A' \subseteq A$이다.

($\Leftarrow$) $A' \subseteq A$임을 가정하고, $X-A$가 개집합(open)임을 보이자. $y \in X-A$라 하면, $y \notin A$인데, $A' \subseteq A$이므로, $y \notin A'$이다. 따라서 개집합(open) $U_y$가 존재하여, $U_y \cap (A-\{y\}) = \varnothing$를 만족한다. 그런데 $A = A-\{y\}$이므로, $U_y \cap A = \varnothing$이고, 따라서 $U_y \subseteq X-A$이다. 즉, $y \in U_y \subseteq X-A$이다. 그러므로 $X-A$가 개집합(open)이다. 따라서 $A$는 폐집합이다.

**예 1.3.6**

$(\mathbb{R}, \mathcal{U})$에서 $[0, 1)$는 폐집합(closed)이 아니다. 왜냐하면 $1 \in [0, 1)'$이지만, $1 \notin [0, 1)$이기 때문이다.

**정리 1.3.7**

위상공간(topological space) $(X, \mathcal{T})$에서 $A \subseteq X$일 때, 집합 $A \cup A'$는 폐집합(closed)이다.

**증명** $X-(A \cup A')$가 개집합(open)임을 보이자.
$x \in X-(A \cup A')$라 하면 $x \notin A$이고 $x \notin A'$이다. 즉, 개집합(open) $U$가 존재하여, $x \in U$이고 $U \cap A = \varnothing$이다. 그런데 $x \notin A$이므로,

$$U \subseteq X-(A-\{x\})=X-A$$

이다. 즉, $x \in U \subseteq X-A$이므로, $U \cap A=\varnothing$이다. 그리고 $U \subseteq X-A'$임을 보이자. 임의의 $y \in U$에 대하여 $U \cap (A-\{y\})=\varnothing$이므로, $y \notin A'$이다. 따라서, $U \cap A'=\varnothing$이고, $U \cap (A \cup A')=\varnothing$이다. 즉, $x \in U \subseteq X-(A \cup A')$이다. 그러므로 $X-(A \cup A')$는 개집합이다.
즉, $A \cup A'$는 폐집합(closed)이다(그림 1.3.2).

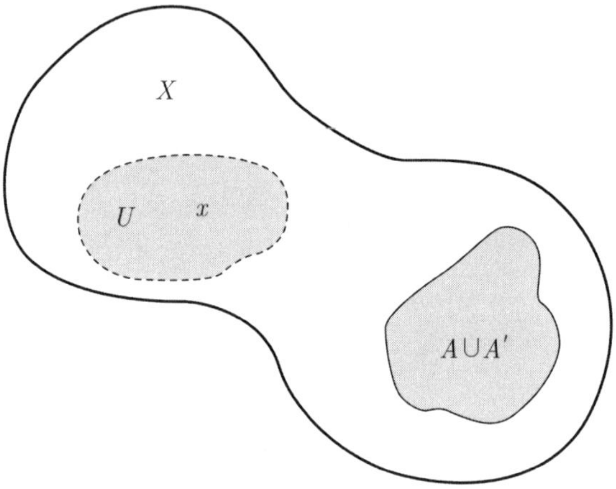


**그림 1.3.2**

### 정리 1.3.8

위상공간(topological space) $(X, \mathcal{T})$에서 $A \subseteq X$일 때,

$$\mathrm{Cl}(A)=A \cup A'$$

이다.

**증명** ($\supseteq$) $x \in A \cup A'$라 하자. 그러면 $x \in A$ 또는 $x \in A'$이다.

i) $x \in A$이면 폐포(closure)의 정의에 의해 $A \subseteq \mathrm{Cl}(A)$)이므로, $x \in \mathrm{Cl}(A)$이다.

ii) $x \in A'$일 때,

$C$를 $A \subseteq C$가 성립하는 임의의 폐집합(closed)이라고 하자. 그러

면, $x$가 $A$의 집적점(limit point)이고, $A \subseteq C$이므로, $x \in C'$이다. 그런데 $C$가 폐집합(closed)이므로, 정리 1.3.5에 의해 $C' \subseteq C$이고, 따라서 $x \in C$이다. 즉, $x \in \mathrm{Cl}(A)$이다. 그러므로 i ), ii )에 의해, $A \cup A' \subseteq \mathrm{Cl}(A)$이다.

( $\subseteq$ ) $A \subseteq A \cup A'$이고, 정리 1.3.7에 의해 폐집합(closed)이므로,

$$\mathrm{Cl(A)} \subseteq \mathrm{A} \cup \mathrm{A}'$$

이다.

**예 1.3.9**

집합 $X = \{a,\ b,\ c\}$상의 위상 $\mathcal{T} = \{X,\ \varnothing,\ \{a\},\ \{a,\ b\}\}$에 대하여, $A = \{a\}$이라 하면, $A' = \{b,\ c\}$이고, $\mathrm{Cl(A)} = A \cup A' = \{a\} \cup \{b,\ c\} = X$이다.

**정리 1.3.10**

위상공간(topological space) $(X,\ \mathcal{T})$에서 $A \subseteq X$일 때, $x \in \mathrm{Cl(A)}$일 필요충분조건은 $x$를 포함하는 임의의 개집합(open) $U_x$에 대하여, $U_x \cap A \neq \varnothing$인 것이다.

**증명** ($\Rightarrow$) $x \in \mathrm{Cl}(A)$이라 하면, 정리 1.3.8에 의해 $\mathrm{Cl}(A) = A \cup A'$이므로, $x \in A$ 또는 $x \in A'$이다.

i ) $x \in A$일 때,
분명히 임의의 개집합(open) $U_x$에 대하여, $U_x \cap A \neq \varnothing$이다.

ii ) $x \in A'$일 때,
집적점(limit point)의 정의로부터, 임의의 개집합(open) $U_x$에 대하여 $U_x \cap A \neq \varnothing$이다.

($\Leftarrow$) 임의의 개집합(open) $U_x$에 대하여, $U_x \cap A \neq \varnothing$라 하자.

i ) $x \in A$이면, $x \in \mathrm{Cl}(A)$이다.

ii ) $x \notin A$이고, 임의의 개집합(open) $U_x$에 대하여 $U \cap A \neq \varnothing$이면, 즉, $U \cap (A - \{x\}) \neq \varnothing$ $x \in A'$이다. 따라서

$$x \in A' \subset A \cup A' = \mathrm{Cl}(A)$$

이다. 그러므로 i), ii)에 의해 $x \in \mathrm{Cl}(A)$이다.

* $\mathrm{Cl}(A) = \{x \in X \mid \forall U_x$ : 개집합(open), $A \cap U_x \neq \varnothing\}$
$= \cap \{K \mid K$: 폐집합(closed), $A \subseteq K\}$

### 정리 1.3.11

위상공간 $X$와 $A, B \subset X$에 대하여 다음이 성립한다.

(1) $A \subset B$이면 $\overline{A} \subset \overline{B}$이다.

(2) $\overline{A \cup B} = \overline{A} \cup \overline{B}$

(3) $\overline{A \cap B} \subset \overline{A} \cap \overline{B}$

**증명** (1) $x \in \overline{A}$이라 하자. 정리 1.3.10에 의해 $x$를 포함하는 임의의 개집합 $U$에 대하여 $A \cap U \neq \varnothing$이다. 그런데 $A \subset B$이므로, $A \cap U \subset B \cap U$이다. $B \cap U \neq \varnothing$이다. 따라서 정리 1.3.10에 의해 $x \in \overline{B}$이다.

(2)

($\supseteq$) $A \subset A \cup B$, $B \subset A \cup B$이므로 (1)에 의하여 $\overline{A} \subset \overline{A \cup B}$, $\overline{B} \subset \overline{A \cup B}$이다. 따라서 $\overline{A} \cup \overline{B} \subset \overline{A \cup B}$이 성립한다.

($\subseteq$) 만약 $x \not\in \overline{A} \cup \overline{B}$이라 하면 $x \not\in \overline{A}$ 그리고 $x \not\in \overline{B}$이므로 $A \cap U = \varnothing$, $B \cap V = \varnothing$을 만족하는 $x$를 포함하는 개집합 $U$, $V$가 존재한다.

그러면 $U \cap V$는 $x$의 개집합이고

$$\begin{aligned}(A \cup B) \cap (U \cap V) &= [A \cap (U \cap V)] \cup [B \cap (U \cap V)] \\ &\subset (A \cap U) \cup (B \cup V) = \varnothing\end{aligned}$$

(3) $A \cap B \subset A$, $A \cap B \subset B$이므로 (1)에 의하여 $\overline{A \cap B} \subset \overline{A}$, $\overline{A \cap B} \subset \overline{B}$이다. 따라서 $\overline{A \cap B} \subset \overline{A} \cap \overline{B}$이다.

**예 1.3.12**

$(\mathbb{R}, \mathcal{U})$상에서, $\mathrm{Cl}(\mathbb{Q}) = \mathbb{R}$이다.

즉, $\mathbb{Q}$는 $(\mathbb{R}, \mathcal{U})$의 조밀부분집합(dense subset)이다.

**정의 1.3.13**

위상공간(topological space) $(X, \mathcal{T})$에서 $A \subseteq X$일 때,
$A$의 **내부(interior)**는 다음과 같이 정의된다.

$$\mathrm{Int}(A) = \{x \in X \mid \exists\, U \in \mathcal{T}\ \ s.t.\ \ x \in U \subset A\}$$

**예 1.3.14**

집합 $X = \{a, b, c\}$상의 위상 $\mathcal{T} = \{X, \varnothing, \{a\}, \{a, b\}\}$에 대하여, $A = \{a, c\}$라 하면, $\mathrm{Int}(A) = \{a\}$이고, $B = \{b\}$라 하면, $\mathrm{Int}(B) = \varnothing$이다.

**예 1.3.15**

$A = [0, 1)$일 때, $(\mathbb{R}, \mathcal{U})$에서는 $\mathrm{Int}(A) = (0, 1)$이고, $(\mathbb{R}, \mathcal{H})$에서는 $\mathrm{Int}(A) = [0, 1)$이다. 그리고 $(\mathbb{R}, \mathcal{C})$에서는 $\mathrm{Int}(A) = \varnothing$이다.

**정리 1.3.16**

위상공간(topological space) $(X, \mathcal{T})$에서, $A \subseteq X$일 때,
$\mathrm{Int}(A) = \cup\{U \subseteq A \mid U$: 개집합(open)$\}$이다.

**정리 1.3.17**

위상공간(topological space) $(X, \mathcal{T})$에서, $A \subseteq X$일 때,
$\mathrm{Int}(A)$는 개집합(open)이다.

**정리 1.3.18**

위상공간(topological space) $(X, \mathcal{T})$에서, $A \subseteq X$일 때,
$A$가 개집합(open)일 필요충분조건은 $A = \mathrm{Int}(A)$인 것이다.

**정의 1.3.19**

위상공간(topological space) $(X,\ \mathcal{T})$에서, $A \subseteq X$일 때,

$$\mathrm{Ext}(A) = \{x \in X \mid \exists\, U_x \ s.t.\ x \in U \subseteq X - A\}$$

를 $A$의 **외부(exterior)**라 부른다.

**정리 1.3.20**

위상공간(topological space) $(X,\ \mathcal{T})$에서, $A \subseteq X$일 때,

$$\mathrm{Ext}(A) = \mathrm{Int}(X - A)$$

이다.

**예 1.3.21**

$A = [0,\ 1)$일 때, $(\mathbb{R},\ \mathcal{U})$에서는 $\mathrm{Ext}(A) = (-\infty,\ 0) \cup (1,\ \infty)$이다. 그러나 $(\mathbb{R},\ \mathcal{H})$에서는 $\mathrm{Ext}(A) = (-\infty,\ 0) \cup [1,\ \infty)$이다.
그리고 $(\mathbb{R},\ \mathcal{C})$에서는 $\mathrm{Ext}(A) = (1,\ \infty)$이다.

**정의 1.3.22**

위상공간(topological space) $(X,\ \mathcal{T})$에서 $A \subseteq X$일 때,
$A$의 **경계(boundary)**는 다음과 같이 정의된다.

$$\mathrm{Bd}(A) = \{x \in X \mid U_x \cap A \neq \varnothing \text{ and } U_x \cap (X - A) \neq \varnothing \text{ for all } U_x \in \mathcal{T}\}$$

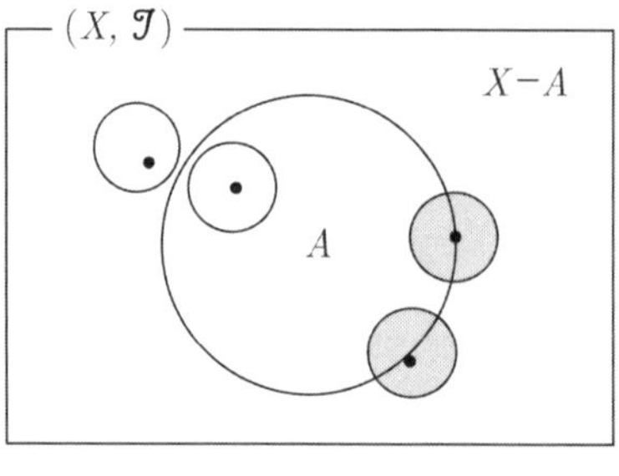


**그림 1.3.3**

### 정리 1.3.23

위상공간(topological space) $(X, \mathcal{T})$에서, $A \subseteq X$일 때,
집합 $\text{Int}(A)$, $\text{Bd}(A)$, $\text{Ext}(A)$들은 각각 서로소(pairwise disjoint)이고,

$$X = \text{Int}(A) \cup \text{Ext}(A) \cup \text{Bd}(A)$$

이다.

### 예 1.3.24

$(\mathbb{R}, \mathcal{U})$에서, $A = [0, 1) \cup (1, 2)$라 하면,

$$\text{Int}(A) = (0, 1) \cup (1, 2)$$
$$\text{Bd}(A) = \{0, 1, 2\}$$
$$\text{Ext}(A) = (-\infty, 0) \cup (2, +\infty)$$

이다.

### 예 1.3.25

$\mathbb{R}$상의 위상 $\mathcal{T} = \{U \subseteq \mathbb{R} \mid 1 \in U \text{ or } U = \varnothing\}$에 대하여, $A = \{3, 4\}$라 하면, $(\mathbb{R}, \mathcal{T})$에서 $\text{Int}(A) = \varnothing$, $\text{Bd}(A) = A$, $\text{Ext}(A) = \mathbb{R} - A$이다.

### 예 1.3.26

(1) 유클리드공간 $\mathbb{R}$의 부분집합 $\mathbb{Q}$에 대하여

$$\text{Int}(\mathbb{Q}) = \varnothing, \ \text{Ext}(\mathbb{Q}) = \text{Int}(\mathbb{Q}^c) = \varnothing, \ \text{Bd}(\mathbb{Q}) = \mathbb{R}$$

이다.

(2) 유클리드공간 $\mathbb{R}$의 부분집합 $A = (0, 4] \cup \{6\}$에 대하여

$$\text{Int}(A) = (0, 4),$$
$$\text{Cl}(A) = [0, 4] \cup \{6\},$$
$$\text{Bd}(A) = \text{Cl}(A) - \text{Int}(A) = \{0, 4, 6\}$$

이다.

(3) 유클리드공간 $\mathbb{R}^2$의 다음 그림 1.3.4와 같은 부분집합 $A$에 대하여 $A$의 폐포, 내부, 경계, 외부는 그림과 같이 나타난다.

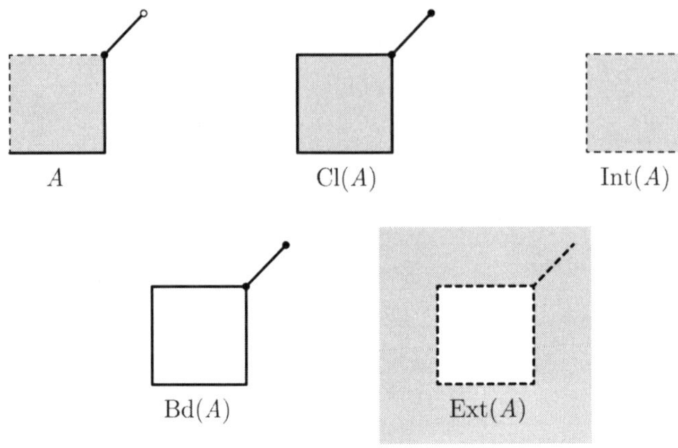


**그림 1.3.4**

## 연습문제

**01.** $X=\{a, b, c\}$이고, $\mathcal{T}=\{X, \varnothing, \{a\}, \{a, b\}\}$일 때, $A=\{a, c\}$에 대하여, 다음을 구하여라.

(a) $A'$ (b) $A\cup A'$ (c) $\mathrm{Cl}(A)$

**02.** $(\mathbb{R}, \mathcal{U})$의 부분집합 $A=(0, 1)\cup(1, 2]$에 대하여, 다음을 구하여라.

(a) $A'$ (b) $A\cup A'$ (c) $\mathrm{Cl}(A)$

**03.** $(\mathbb{R}, \mathcal{U})$의 부분집합 $A=[0, 1)\cup(2, 3)\cup\{4\}$에 대하여, 다음을 구하여라.

(a) $\mathrm{Cl}(A)$ (b) $\mathrm{Int}(A)$
(c) $\mathrm{Bd}(A)$ (d) $\mathrm{Ext}(A)$

**04.** $(\mathbb{R}, \mathcal{H})$의 부분집합 $A=[0, 1)\cup(2, 3]$에 대하여, 다음을 구하여라.

(a) $\mathrm{Cl}(A)$ (b) $\mathrm{Int}(A)$
(c) $\mathrm{Bd}(A)$ (d) $\mathrm{Ext}(A)$

**05.** $(\mathbb{R}, \mathcal{C})$의 부분집합 $A=(-\infty, 1)\cup[2, +\infty)$에 대하여, 다음을 구하여라.

(a) $\mathrm{Cl}(A)$ (b) $\mathrm{Int}(A)$
(c) $\mathrm{Bd}(A)$ (d) $\mathrm{Ext}(A)$

**06.** $X=\{a, b, c\}$이고, $\mathcal{T}=\{X, \varnothing, \{a, b\}, \{a, c\}, \{a\}\}$일 때, $A=\{a, c\}$에 대하여, 다음을 구하여라.

(a) $\mathrm{Cl}(A)$ (b) $\mathrm{Int}(A)$
(c) $\mathrm{Bd}(A)$ (d) $\mathrm{Ext}(A)$

**07.** $\mathbb{R}$상의 위상 $\mathcal{T}=\{U\subseteq\mathbb{R} : 2\in U \text{ or } U=\varnothing\}$에 대하여, $A=\{1, 3\}$일 때, $(\mathbb{R}, \mathcal{T})$에서 다음을 구하여라.

(a) $\mathrm{Cl}(A)$ (b) $\mathrm{Int}(A)$
(c) $\mathrm{Bd}(A)$ (d) $\mathrm{Ext}(A)$

**08.** $A$가 위상공간(topological space)의 부분집합일 때,

$$\mathrm{Int}\,(\mathrm{Int}(A)) = \mathrm{Int}(A)$$

임을 보여라.

**09.** $A$가 위상공간(topological space)의 부분집합일 때,

$$\mathrm{Cl}(A) = \mathrm{Int}(A) \cup \mathrm{Bd}(A)$$

임을 증명하여라.

**10.** $A$가 위상공간(topological space)의 부분집합일 때,

$$\mathrm{Bd}(A) = \mathrm{Cl}(A) - \mathrm{Int}(\mathrm{A})$$

임을 보여라.

**11.** $(\mathbb{R},\ \mathcal{U})$의 부분집합 $A = (0,\ 1) \cup (1,\ 2)$에 대하여, $\mathrm{Int}(\mathrm{Cl}(A))$를 찾아라. $A$가 개집합(open)일 때, $\mathrm{Int}(\mathrm{Cl}(A)) = A$라는 것은 일반적으로 참인가?

**12.** $(\mathbb{R},\ \mathcal{U})$의 부분집합 $A = [0,\ 1] \cup \{2\}$에 대하여, $\mathrm{Cl}(\mathrm{Int}(\mathrm{A}))$를 찾아라. $A$가 폐집합(closed)일 때, $\mathrm{Cl}(\mathrm{Int}(A)) = A$라는 것은 일반적으로 참인가?

**13.** $\mathcal{T}_f$를 $\mathbb{R}$상의 여유한위상이라 하자. $(\mathbb{R},\ \mathcal{T}_f)$에서 $\mathbb{N}' = \mathbb{R}$임을 보여라.

**14.** $\mathcal{T}_c$를 $\mathbb{R}$상의 여가산위상이라 하자. $(\mathbb{R},\ \mathcal{T}_c)$의 부분집합들 $\mathbb{Z}$, $[0,\ 1]$, $\mathbb{R} - \mathbb{Z}$의 내부를 각각 구하여라.

**15.** 함수 $f : \mathbb{R} \to \mathbb{R}$를 $f(x) = |x|$로 정의하고, $\mathcal{T} = \{f^{-1}(U) \mid U \in \mathcal{U}\}$라 하자.

(1) $(\mathbb{R},\ \mathcal{T})$가 위상공간임을 보여라.

(2) $(\mathbb{R},\ \mathcal{T})$에서 집합 $(-2,\ 1)$의 내부를 구하여라.

(3) $(\mathbb{R},\ \mathcal{T})$에서 집합 $[1,\ 2)$의 내부를 구하여라.

**16.** $(X, \mathcal{T})$를 위상공간이라 하자. $X$의 부분집합 $D$가 조밀할 필요충분조건은 임의의 공집합이 아닌 개집합 $U$에 대하여 $U \cap D \neq \varnothing$인 것임을 보여라.

**17.** $(X, \mathcal{T})$를 위상공간이라 하고, $A, U \subseteq X$라 하자. $\overline{A} = X$이고 $U \in \mathcal{T}$이면 $U \subseteq \overline{A \cap U}$임을 보여라.

**18.** $(X, \mathcal{T})$를 위상공간이라 하고, $A \subseteq X$라 하자. $\text{Int}(A) \neq \varnothing$이면 $X$의 임의의 조밀부분집합 $D$에 대하여 $D \cap A \neq \varnothing$인 것임을 보여라.

**19.** 정리 1.3.16, 1.3.17, 1.3.18, 1.3.23을 증명하여라.

**20.** $(X, \mathcal{T})$를 위상공간이라 하고, $A$, $B$를 $X$의 조밀부분집합이라 하자. $B \in \mathcal{T}$이면 $A \cap B$가 $X$의 조밀부분집합임을 보여라.

**21.** $(X, \mathcal{T})$를 위상공간이라 하고 $A \subseteq X$라 하자. $\text{Bd}(A) = \overline{A} \cap \overline{A^c}$임을 보여라.

# 1.4 기저 개집합(Basic Open Sets)

**정의 1.4.1**

위상공간(topological space) $(X,\ \mathcal{T})$에서, $\beta \subseteq \mathcal{T}$일 때, 임의의 개집합(open) $U \in \mathcal{T}$에 대하여, 적당한 $B_\alpha \in \beta(\alpha \in \Lambda)$가 존재하여,

$$U = \bigcup_{\alpha \in \Lambda} B_\alpha$$

를 만족할 때, $\beta$를 $\mathcal{T}$의 **기저(base)**라고 한다.
그리고 $\beta$의 원소들을 기저 개집합들(basic open sets)이라 한다.

**예 1.4.2**

$(\mathbb{R},\ \mathcal{U})$에서, $\beta = \{(a,\ b) \mid a,\ b \in \mathbb{R}\}$는 $\mathcal{U}$의 기저(base)이다.
($\because$ $(\mathbb{R},\ \mathcal{U})$에서의 모든 개집합은 $(\ ,\ ) \cup (\ ,\ ) \cup \cdots \cup (\ ,\ )$의 형태이다.)
$(\mathbb{R},\ \mathcal{H})$에서, $\beta = \{[a,\ b) \mid a,\ b \in \mathbb{R}\}$는 $\mathcal{H}$의 기저(base)이다.
$(\mathbb{R},\ \mathcal{C})$에서, $\beta = \{(a,\ +\infty) \mid a \in \mathbb{R}\}$는 $\mathcal{C}$의 기저(base)이다.

* 한 위상 $\mathcal{T}$에 대한 기저(base)는 여러 가지가 있다. (유일하지 않다.)
* $\mathcal{T}$ 자신도 $\mathcal{T}$에 대한 하나의 기저(base)가 된다.

**예 1.4.3**

다음은 $\mathbb{R}$상의 보통위상(usual topology)의 기저(base)들이다.

(1) $\beta = \left\{(x - \frac{1}{n},\ x + \frac{1}{n}) \mid x \in \mathbb{R}, n \in \mathbb{N}\right\}$

(2) $\beta = \{(a,\ b) \mid a,\ b \in \mathbb{R},\ b - a < 1\}$

(3) $\beta = \{(a,\ b) \mid a,\ b \in \mathbb{Q}\}$

**예 1.4.4**

$\beta = \{\{x\} \mid x \in \mathbb{R}\}$는 $(\mathbb{R}, \mathcal{D})$의 기저(base)이다.

(∵ 임의의 $U \in \mathcal{D}$에 대하여 $U = \bigcup_{x \in U} \{x\}$이다.)

**예 1.4.5**

$\mathbb{R}$상의 위상 $\mathcal{T} = \{ U \subseteq \mathbb{R} \mid 1 \in U \text{ or } U = \varnothing \}$에 대하여,

$$\beta = \{\{x, 1\} \mid x \in \mathbb{R} - \{1\}\} \cup \{\{1\}\}$$

는 $\mathcal{T}$의 기저(base)이다.

**정리 1.4.6**

위상공간(topological space) $(X, \mathcal{T})$에서, 개집합들의 모임인 $\beta$가 $\mathcal{T}$의 기저(base)일 필요충분조건은 임의의 개집합(open) $U$와 임의의 $x \in U$에 대하여 적당한 $B \in \beta$가 존재하여, $x \in B \subseteq U$를 만족하는 것이다.

**증명** (⇒) $\beta$가 $\mathcal{T}$의 기저(base)라고 하자. 그러면 임의의 개집합(open) $U \in \mathcal{T}$에 대하여, $B_\alpha \in \beta$가 존재하여 $U = \cup B_\alpha$이다. 즉, 첨수 집합(index set) $\Lambda$가 존재하여, $U = \bigcup_{\alpha \in \Lambda} B_\alpha$를 만족한다. 이때, 모든 $x \in U$에 대하여 $\beta \in \Lambda$가 존재하여, $x \in B_\beta \subseteq U$이다. 그러므로 $B_\beta \in \beta$가 존재하여 $x \in B_\beta \subseteq \cup B_\alpha = U$이다.

(⇐) 임의의 개집합(open) $U$와 임의의 $x \in U$에 대하여 적당한 $B \in \beta$가 존재하여, $x \in B \subseteq U$를 만족한다고 가정하자. 그러면 $B_x \in \beta$가 존재하여 $x \in B_x \subseteq \bigcup_{x \in U} B_x = U$이다. 그러므로 $\beta$는 $\mathcal{T}$의 기저(base)이다.

**정리 1.4.7**

$X$가 집합(set)이고 $\beta$가 $X$의 부분집합들의 모임(collection)일 때, $\beta$가 $X$상의 한

위상(topology)의 기저(base)가 될 필요충분조건은 다음을 만족하는 것이다.

(a) $X = \cup \{B | B \in \beta\}$

(b) 임의의 $B_1, B_2 \in \beta$와 임의의 $x \in B_1 \cap B_2$에 대하여, $B_3 \in \beta$가 존재하여, $x \in B_3 \subseteq B_1 \cap B_2$를 만족한다.

**증명** ($\Rightarrow$) $\beta$를 $X$상의 한 위상 $\mathcal{T}$의 기저(base)라고 하자.

(a) 그러면 $X = \cup \{B | B \in \beta\}$(정의 1.4.1에 의해)

(b) 임의의 $B_1, B_2 \in \beta$에 대하여, $B_1 \cap B_2$가 개집합(open)이므로, 정리 1.4.6에 의해, 임의의 $x \in B_1 \cap B_2$에 대하여, $B_3 \in \beta$가 존재하여 $x \in B_3 \subseteq B_1 \cap B_2$를 만족한다.

($\Leftarrow$) $\beta$가 (a), (b)를 만족하는, $X$의 부분집합의 모임이라고 하자.
그리고 $\mathcal{T}$를 $\beta$ 원소들의 가능한 모든 합집합들의 모임이라고 하자.
이때, $\mathcal{T}$가 $X$상에서 위상이 됨을 보이자.

(1) $X, \varnothing \in \mathcal{T}$

(a)에 의해, $X = \cup \{B | B \in \beta\}$이므로 $X \in \mathcal{T}$이고,

$\varnothing = \bigcup_{\varnothing} \{B | B \in \beta\}$이므로 $\varnothing \in \mathcal{T}$이다.

(2) 임의의 $\alpha \in \Lambda$에 대하여 $U_\alpha \in \mathcal{T}$라고 가정하면,

각각의 $U_\alpha \in \mathcal{T}$는 $\mathcal{T}$의 정의에 의해, $\beta$의 원소들의 합집합이다.

따라서 $\bigcup_{\alpha \in \Lambda} U_\alpha$도 분명히 $\beta$의 원소들의 합집합이다.

그러므로 $\bigcup_{\alpha \in \Lambda} U_\alpha \in \mathcal{T}$이다.

(3) $U_i \in \mathcal{T}(i = 1, 2, \cdots, n)$라고 가정하자.

$x \in \bigcap_{i=1}^{n} U_i$이라고 하면, 각각의 $i$에 대하여 $x \in U_i$이다.

각각의 $U_i$가 $\beta$의 원소들의 합집합이므로, 각각의 $i$에 대하여 $B_i \in \beta$가 존재하여 $x \in B_i \subseteq U_i$(그림 1.4.1)를 만족한다.

따라서 $x \in \bigcap_{i=1}^{n} B_i \subseteq \bigcap_{i=1}^{n} U_i$이다.

(b)와 귀납법으로부터 $B_x \in \beta$가 존재하여, $x \in B_x \subseteq \bigcap_{i=1}^{n} B_i$이다.

즉, 임의의 $x \in \bigcap_{i=1}^{n} U_i$에 대하여 $B_x \in \beta$가 존재하여

$x \in B_x \subseteq \bigcap_{i=1}^{n} U_i = K$를 만족한다.

따라서 $\bigcap_{i=1}^{n} U_i = \bigcup_{x \in K} B_x$이다.

즉, $\bigcap_{i=1}^{n} U_i \in \mathcal{T}$이다.

이때 $\mathcal{T}$의 정의에 의해, $\beta$가 $\mathcal{T}$의 기저가 되는 것은 자명하다.

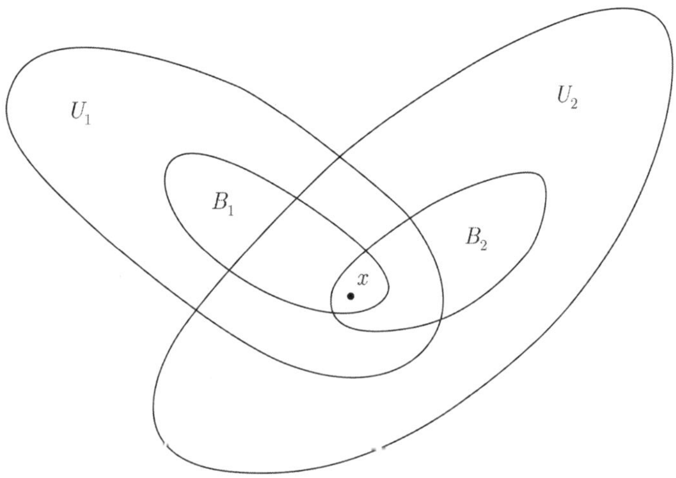


그림 1.4.1

**정의 1.4.8**

$X$를 집합이라 하자. $\varphi$는 $X$의 부분집합들의 모임이고 $\varphi$의 원소들의 합집합이 $X$일 때, $\varphi$를 $X$의 **부분기저(subbase)**라고 한다. 즉, $\cup_{S \in \varphi} S = X$인 경우이다. 다르게 표현하면 임의의 $x \in X$에 대해 $x \in S$인 $S \in \varphi$가 존재함을 의미한다.

부분기저 $\varphi$에 의해 생성되는 집합 $X$상의 기저 $\beta_\varphi$란 $\varphi$의 유한개의 원소들의 교집합들의 모임을 뜻한다. 즉,

$$\begin{aligned} \beta_\varphi &= \{\varphi\text{의 유한개의 원소들의 교집합}\} \\ &= \{\cap_{S \in \Gamma} S \mid \text{는 } \varphi\text{의 유한부분집합}\} \end{aligned}$$

이다.

부분기저 $\varphi$에 의해 생성되는 집합 $X$상의 위상 $\mathcal{T}_\varphi$란 기저 $\beta_\varphi$가 생성하는 위상을 의미한다. 즉, $\mathcal{T}_\varphi = \mathcal{T}_{\beta_\varphi}$이다. 그러면 자명하게

$$\varphi \subset \beta_\varphi \subset \mathcal{T}_{\beta_\varphi} = \mathcal{T}_\varphi$$

이다. 따라서 $\mathcal{T}_\varphi$는 $\varphi$를 포함하는 $X$상의 가장 작은 위상이다.

### 예 1.4.9

집합 $X = \{a, b, c\}$에 대하여 다음과 같이 주어진 부분기저가 생성하는 $X$상의 위상을 구해보자.

(1) $\varphi = \{X\}$는 $X$의 부분기저가 된다. 그리고 $\varphi$가 생성하는 $X$상의 기저 $\beta_\varphi$는 $\varphi$의 유한개의 원소들의 교집합들이다. $X$는 $\varphi$의 원소 중 자신 하나만을 교집합한 것이므로 $X \in \beta_\varphi$이다. 따라서

$$\beta_\varphi = \{X\}$$

이다. 한편 $\varphi$가 생성하는 $X$상의 위상 $\mathcal{T}_\varphi$는 기저 $\beta_\varphi$가 생성하는 $X$상의 위상 $\mathcal{T}_{\beta_\varphi}$이므로 $\beta_\varphi$의 원소들의 합집합이다. 그리고 $\cup_{B \in \varnothing} B = \varnothing$이므로 $\varnothing \in \mathcal{T}_{\beta_\varphi}$이다. 따라서

$$\mathcal{T}_\varphi = \mathcal{T}_{\beta_\varphi} = \{\varnothing, X\}$$

이다.

(2) $\varphi = \{\{a\}, \{b\}\}$는 $X$의 부분기저가 아니다. 왜냐하면 점 $c \in X$에 대하여 $c \in S$인 $\varphi$의 원소 $S$가 존재하지 않는다.

(3) $\varphi = \{\{a\}, \{b\}, \{c\}\}$는 $X$의 부분기저가 된다. $\varphi$가 생성하는 $X$상의 기저는 다음과 같다.

$$\beta_\varphi = \{\varnothing, \{a\}, \{b\}, \{c\}, X\}$$

그리고 $\varphi$가 생성하는 $X$상의 위상은 이산위상이다. 즉,

$$\mathcal{T}_{\varphi} = \mathcal{T}_{\beta_{\varphi}} = P(X) = \mathcal{D}$$

이다.

**예 1.4.10**

$\varphi$를 $\{(a, +\infty) \mid a \in \mathbb{R}\} \cup \{(-\infty, b) \mid b \in \mathbb{R}\}$이라 하면, $\varphi$는 $\mathbb{R}$상의 위상 $\mathcal{U}$의 부분기저(subbase)이다. 왜냐하면 임의의 $(a, b) \in \mathcal{U}\,(a < b)$에 대하여, $(a, b) = (-\infty, b) \cap (a, +\infty)$를 만족하기 때문이다.

**예 1.4.11**

$\varphi$를 $\{[a, +\infty) \mid a \in \mathbb{R}\} \cup \{(-\infty, b) \mid b \in \mathbb{R}\}$이라 하면, $\varphi$는 $\mathbb{R}$상에서 위상 $\mathcal{H}$의 부분기저(subbase)이다. 왜냐하면 임의의 $[a, b) \in \mathcal{H}(a < b)$에 대하여, $[a, b) = (-\infty, b) \cap [a, +\infty)$를 만족하기 때문이다.

**예 1.4.12**

$X$를 두 개 이상의 원소를 갖는 집합(set)이라 하고, $\varphi$를 두 개의 원소를 포함하는, $X$이 모든 부분집합(subset)의 모임(collection)이라 하면, $\varphi$는 $X$상에서 위상 $\mathcal{D}$의 부분기저(subbase)이다. 왜냐하면 임의의 $a \in X$에 대하여, $\{a\} = \{a, b\} \cap \{a, c\}$를 만족하기 때문이다.

**정의 1.4.13**

위상공간(topological space) $(X, \mathcal{T})$의 임의의 $x \in X$에 대하여, $x$에 대하여, $\beta_x$가 $x$를 포함하는 개집합(open set)들의 모임일 때, $x$를 포함하는 임의의 개집합 $U$에 대하여, $x \in B_x \subset U$를 만족하는 $B_x \in \beta_x$가 존재하면, $\beta_x$를 $x$에서의 국소기저(local base)라 한다.

**예 1.4.14**

$(\mathbb{R}, \mathcal{U})$에서, 임의의 $x$에 대하여

$$\beta_x = \{(x-\delta,\ x+\delta) \mid \delta \in \mathbb{R},\ \delta > 0\}$$

는 $x$에서의 국소기저(local base)이다.

**예 1.4.15**

이산공간(discrete space) $(X,\ \mathscr{D})$에서, 임의의 $x \in X$에 대하여, $\beta_x = \{\{x\}\}$는 $x$에서의 국소기저(local base)이다.

**정리 1.4.16**

$\beta$를 위상공간(topological space) $(X,\ \mathscr{T})$의 기저라 하자. $x \in X$일 때, $x$를 포함하는 모든 $\beta$의 원소들의 집합 $\beta_x$는 $x$에서의 국소기저(local base)이다.

## 연습문제

**01.** 다음 집합족들이 $\mathbb{R}$상의 위상(topology)의 기저(base)가 아닌 이유를 설명하여라.

(a) $\{(n,\ n+1)\ :\ n\in\mathbb{Z}\}$ (b) $\{(x-1,\ x+1)\ :\ x\in\mathbb{R}\}$

(c) $\{(x,\ x+1)\ :\ x\in\mathbb{R}\}$

**02.** $\beta=\{(-x,\ x)\ :\ x\in\mathbb{R},\ x>0\}$가 $\mathbb{R}$상의 위상(topology)의 기저(base)가 됨을 보여라. $\beta$는 $\mathcal{U}$의 기저(base)인가?

**03.** $\beta=\{\{x\}\ :\ x\in\mathbb{R}\}$가 $\mathbb{R}$상의 위상(topology)의 기저(base)가 됨을 보여라. 그리고 그 위상(topology)을 설명하여라.

**04.** 모든 위상(topology)은 자신의 기저(base)가 됨을 증명하여라.

**05.** $\beta=\{(x,\ +\infty)\ :\ x\in\mathbb{Q}\}$가 $\mathcal{C}$ 위상(topology)의 기저(base)가 됨을 보여라.

**06.** $(X,\ \mathcal{T})$를 위상공간(topological space)이라 하자. $\beta$가 $\mathcal{T}$의 기저(base)이고, $A\subseteq X$일 때, $x\in\mathrm{Int}(A)$일 필요충분조건이 $x\in B\subseteq A$를 만족하는 $B\in\beta$가 존재하는 것임을 보여라.

**07.** $(X,\ \mathcal{T})$를 위상공간(topological space)이라 하자. $\beta$가 $\mathcal{T}$의 기저(base)이고, $A\subseteq X$일 때, $x\in\mathrm{Cl}(A)$일 필요충분조건이 $x\in B$인 임의의 $B\in\beta$에 대해서 $B\cap A\neq\varnothing$인 것임을 보여라.

**08.** 임의의 무한집합 $X$에 대하여 $\varphi=\{X-\{x\}\mid x\in X\}$는 $X$의 부분기저이고 $\varphi$가 생성하는 위상은 여유한위상임을 증명하여라.

**09.** 집합 $X=\{n\in\mathbb{N}\mid n\geq 2\}$의 각 원소 $n$에 대하여 $B_n=\{k\in X\mid k\text{는 }n\text{의 약수}\}$라 하자.

(1) $\beta=\{B_n\mid n\in X\}$가 $X$상의 위상의 기저가 됨을 보여라.

(2) (1)에서의 $\beta$가 생성하는 $X$상의 위상을 $\mathcal{T}$라 하자. 소수 전체의 집합을 $P$라 할 때, $P$는 $(X, \mathcal{T})$의 개집합이자 조밀부분집합임을 보여라.

(3) 임의의 $x \in X$에 대하여 $\mathrm{Cl}(\{x\}) = \{nx \mid n \in \mathbb{N}\}$임을 보여라.

**10.** (1) 집합 $X$상에 정의된 두 기저의 교집합은 $X$상의 기저가 되는가?

(2) 집합 $X$상에 정의된 두 기저의 합집합은 $X$상의 기저가 되는가?

**11.** $p$를 고정된 소수(prime number)라 하자. 각각의 자연수 $n \in \mathbb{N}$과 정수 $a \in \mathbb{Z}$에 대하여 $U_n(a) = \{a + kp^n \mid k \in \mathbb{Z}\}$라 하자. 그러면

$$\beta = \{U_n(a) \mid n \in \mathbb{N},\ a \in \mathbb{Z}\}$$

이 집합 $\mathbb{Z}$ 위의 위상의 기저가 됨을 보여라.

**12.** 실수 $a,\ b \in \mathbb{R}$에 대하여 $f_{a,b} : \mathbb{R} \to \mathbb{R}$를 $f_{a,b}(x) = ax + b$로 정의하고, $\varphi = \{f_{a,b}^{-1}(U) \mid a,\ b \in \mathbb{R},\ U \in \mathcal{H}\}$라 하자.

(1) $\varphi$가 $\mathbb{R}$의 부분기저가 됨을 보여라.

(2) $\varphi$가 생성하는 $\mathbb{R}$상의 위상이 이산위상임을 보여라.

**13.** 여유한공간 $(\mathbb{R}, \mathcal{T}_f)$는 가산(countable) 기저를 갖지 않음을 보여라.

**14.** 여가산공간 $(\mathbb{R}, \mathcal{T}_c)$는 가산(countable) 기저를 갖지 않음을 보여라.

**15.** $\beta$, $\beta'$를 집합 $X$상의 두 기저라 하고, $\beta$와 $\beta'$가 생성하는 $X$상의 위상을 각각 $\mathcal{T}_\beta$, $\mathcal{T}_{\beta'}$이라 하자. 그러면 $\mathcal{T}_{\beta'}$가 $\mathcal{T}_\beta$보다 더 섬세(finer)할 필요충분조건은 임의의 $B \in \beta$와 $x \in B$에 대하여 $x \in B' \subseteq B$인 $B' \in \beta'$가 존재하는 것임을 보여라.

**16.** $\beta$를 집합 $X$상의 위상의 기저라 하자. 그러면 $\beta$가 생성하는 $X$상의 위상은 $\beta$를 포함하는 $X$상의 모든 위상들의 교집합과 같음을 보여라.

**17.** (1) $\varphi$가 집합 $X$의 부분기저일 때, $\beta_{\varphi}$가 실제로 $X$상의 위상의 기저가 됨을 보여라.

(2) 그리고 $\beta_{\varphi}$가 생성하는 $X$상의 위상이 $\varphi$를 포함하는 가장 조잡한 위상임을 보여라.

**18.** 예 1.4.14, 1.4.15를 증명하여라.

**19.** 정리 1.4.16을 증명하여라.

**20.** 실수 전체의 집합 $\mathbb{R}$에 다음 조건 ①, ②에 의해 정의되는 부분집합족 $\beta$를 기저로 하는 위상 $\mathcal{T}$가 주어졌다고 하자.

① 모든 정수 $m$에 대하여 $\{m\} \in \beta$이다.

② 모든 정수 $n$과 음이 아닌 모든 정수 $k$에 대하여 $(n,\ n+2^{-k}) \in \beta$이다.

(1) $\beta$가 실제로 $\mathbb{R}$상의 위상의 기저가 됨을 보여라.

(2) $(\mathbb{R},\ \mathcal{T})$에서 집합 $A = \left\{\dfrac{1}{2}\right\}$의 도집합(derived set) $A'$를 구하여라.

# 2.

# 부분공간Subspace과 연속성Continuity

# 2.1 부분공간(Subspace)

**정리 2.1.1**

위상공간(topological space) $(X,\ \mathcal{T})$에서 $A \subseteq X$일 때,

$$\mathcal{T}_A = \{U \cap A \mid U \in \mathcal{T}\}$$

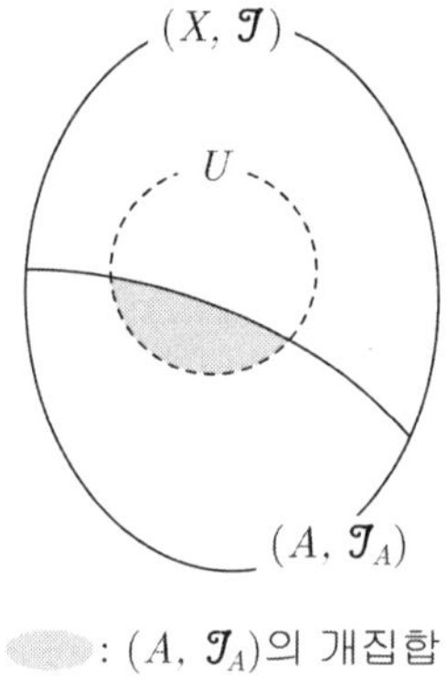


**그림 2.1.1**

는 집합 $A$상의 위상(topology)이다.

**증명** i) $A = X \cap A \in \mathcal{T}_A \quad (\because\ X \in \mathcal{T})$

$\varnothing = \varnothing \cap A \in \mathcal{T}_A \quad (\because\ \varnothing \in \mathcal{T})$

ii) $\{V_\alpha | \alpha \in \Lambda\}$를 $\mathcal{T}_A$의 원소들의 모임이라고 하자. 그러면 임의의 $V_\alpha$에 대하여, $U_\alpha \in \mathcal{T}$가 존재하여, $V_\alpha = U_\alpha \cap A$를 만족한다. 이때,

$$\bigcup_{\alpha \in \Lambda} V_\alpha = \bigcup_{\alpha \in \Lambda} (U_\alpha \cap A) = (\bigcup_{\alpha \in \Lambda} U_\alpha) \cap A$$

인데, $\bigcup_{\alpha \in \Lambda} U_\alpha \in \mathcal{T}$이므로, $\bigcup_{\alpha \in \Lambda} V_\alpha \in \mathcal{T}_A$이다.

iii) $V_1,\ V_2,\ \cdots,\ V_n \in \mathcal{T}_A$라 하자. 그러면 각각의 $V_i$에 대하여, $U_i \in \mathcal{T}$가 존재하여 $V_i = U_i \cap A$를 만족한다. 이때,

$$\bigcap_{i=1}^{n}(U_i \cap A) = (\bigcap_{i=1}^{n} U_i) \cap A$$

인데, $\bigcap_{i=1}^{n} U_i \in \mathcal{T}$이므로, $\bigcap_{i=1}^{n} V_i \in \mathcal{T}_A$이다.

여기서 $(A,\ \mathcal{T}_A)$를 $(X,\ \mathcal{T})$의 **부분공간(subspace)**이라 하고, $\mathcal{T}_A$를 $A$의 **상대 위상(relative topology)**이라고 한다.

**예 2.1.2**

$A = [0,\ 3)$를 $(\mathbb{R},\ \mathcal{U})$의 부분공간(subspace)이라 하자. 그러면,

$$[0,\ 1) = A \cap (-1,\ 1)$$

인데, $(-1,\ 1)$가 $\mathcal{U}$-개집합(open)이므로, $[0,\ 1)$은 $\mathcal{U}_A$-개집합(open)이다. 그러나 $\mathcal{U}$-개집합(open)은 아니다. 그리고 $(1,\ 3) = A \cap (1,\ 3)$이므로, $(1,\ 3)$은 $\mathcal{U}_A$-개집합(open)인 동시에 $\mathcal{U}$-개집합(open)이다.
한편, $(1,\ 2]$는 $\mathcal{U}_A$-개집합(open)도 $\mathcal{U}$-개집합(open)도 아니다.

**예 2.1.3**

$(\mathbb{R},\ \mathcal{H})$의 부분공간(subspace) $A = (0,\ 4]$를 생각하자.

$$[3,\ 4] = [3,\ 5) \cap A$$

이므로,
$[3,\ 4]$는 $\mathcal{H}_A$-개집합(open)이지만 $\mathcal{H}$-개집합(open)은 아니다.
$[2,\ 4)$는 $\mathcal{H}_A$-개집합(open)인 동시에 $\mathcal{H}$-개집합(open)이다.

**예 2.1.4**

집합 $X=\{a, b, c\}$상의 위상 $\mathcal{T}=\{X, \varnothing, \{a\}, \{a, b\}\}$에 대하여, $A=\{a, c\}$라 하면, $\mathcal{T}_A=\{A, \varnothing, \{a\}\}$이다.

($\because$ $X\cap A=\{a, c\}=A$, $\varnothing\cap A=\varnothing$, $\{a\}\cap A=\{a\}$, $\{a, b\}\cap A=\{a\}$)

**예 2.1.5**

$\mathbb{R}$상의 위상 $\mathcal{T}=\{U\subseteq X \mid 1\in U$ 또는 $U=\varnothing\}$에 대하여, $A=[2, 5]$라 하면 임의의 $x\in A$에 대하여, $\{x, 1\}\in\mathcal{T}$이고 $\{x\}=\{1, x\}\cap A$이므로,

$$\{x\}\in\mathcal{T}_A$$

이다. 따라서 $\mathcal{T}_A$는 이산위상(discrete topology)이다.

**예 2.1.6**

$X$가 임의의 집합(set)일 때,

(1) 만약 $(X, \mathcal{D})$가 이산공간(discrete space)이면, 임의의 $A\subseteq X$에 대하여 $(A, \mathcal{D}_A)$도 이산공간(discrete space)이다.

(2) 만약 $(X, \mathcal{I})$가 비이산위상(indiscrete space)이면, 임의의 $A\subseteq X$에 대하여 $(A, \mathcal{I}_A)$도 비이산위상(indiscrete space)이다.

## 정리 2.1.7

위상공간(topological space) $(X, \mathcal{T})$에서 $U\subseteq A\subseteq X$일 때, $U$가 $\mathcal{T}_A$-폐집합(closed)일 필요충분조건은 어떤 $\mathcal{T}$-폐집합(closed) $W$가 존재하여 $U=W\cap A$인 것이다.

**증명** ($\Rightarrow$) $U$를 $\mathcal{T}_A$-폐집합(closed)라 하자. 그러면 어떤 $V\in\mathcal{T}_A$가 존재하여, $U=A-V$를 만족한다. 그런데 $V\in\mathcal{T}_A$는 어떤 $K\in\mathcal{T}$가 존재하여 $V=A\cap K$를 만족하므로, $U=A-V=A-(A\cap K)$이다.

이때, $A-(A\cap K)=A\cap(A\cap K)^c=A\cap(A^c\cup K^c)=A\cap(X-K)$인데, $W=X-K$라 하면, $W$는 $\mathcal{T}$-폐집합(closed)이고, $U=A\cap W$

이다.

($\Leftarrow$) $\mathcal{T}$-폐집합(closed) $W$가 존재하여 $U = W \cap A$를 만족한다고 가정하자. 그러면 $X - W$가 $\mathcal{T}$-개집합(open)이므로, $(X - W) \cap A$는 $\mathcal{T}_A$-개집합(open)이다. 그런데

$$(X - W) \cap A = (X \cap A) - (W \cap A) = A - U$$

이므로 $A - U$는 $\mathcal{T}_A$-개집합(open)이다.
따라서 $U$는 $\mathcal{T}_A$-폐집합(closed)이다.

### 정리 2.1.8

위상공간(topological space) $(X, \mathcal{T})$에서 $U \subseteq A \subseteq X$일 때,

$$\mathrm{Cl}_A(U) = A \cap \mathrm{Cl}_X(U)$$

이다.

**증명** ($\subseteq$) $W$를 $U$를 포함하는 임의의 $\mathcal{T}$-폐집합(closed)이라고 하자. 그러면 $U \subseteq W \cap A$이므로, $W \cap A$는 $\mathcal{T}_A$-폐집합(closed)이다. 따라서 $\mathrm{Cl}_A(U) \subseteq W \cap A$이다. 그러므로 $\mathrm{Cl}_A(U) \subseteq \mathrm{Cl}_X(U) \cap A$ 이다.

($\supseteq$) $V$가 $U \subseteq V$를 만족하는 임의의 $\mathcal{T}_A$-폐집합(closed)이라고 하자. 그러면 정리 2.1.7에 의해, 어떤 $\mathcal{T}$-폐집합(closed) $K$가 존재하여 $V = K \cap A$를 만족한다. 즉, $U \subseteq K \cap A \subseteq K$이다. $U \subseteq K$이므로, $\mathrm{Cl}_X(U) \subseteq K$이고, 따라서 $\mathrm{Cl}_X(U) \cap A \subseteq K \cap A = V$이다. 그러므로 $\mathrm{Cl}_X(U) \cap A \subseteq \mathrm{Cl}_A(U)$이다.

### 정리 2.1.9

위상공간(topological space) $(X, \mathcal{T})$에서 $U \subseteq A \subseteq X$일 때

$$A \cap \mathrm{Int}_X(U) \subseteq \mathrm{Int}_A(U)$$

이다.

**증명** $x \in A \cap \text{Int}_X(U)$라 하자. 그러면 $x \in A$이고 $\mathcal{T}$-개집합(open) $V$가 존재하여 $x \in V \subseteq U$를 만족하므로, $x \in A \cap V \subseteq A \cap U = U$이다. 그런데 $V$가 $\mathcal{T}$-개집합이므로 $A \cap V$는 $\mathcal{T}_A$-개집합(open)이다. 그러므로 $x \in \text{Int}_A(U)$이다.

**예 2.1.10**

$(\mathbb{R}, \mathcal{U})$의 부분공간(subspace) $A = [0, 1]$에서 $U = A$라 하면,

$$\text{Int}_A(U) = \text{Int}_A(A) = A = [0, 1]$$

이고, $A \cap \text{Int}_{\mathbb{R}}(U) = [0, 1] \cap (0, 1) = (0, 1)$이다.

**정리 2.1.11**

위상공간(topological space) $(X, \mathcal{T})$에서 $U \subseteq A \subseteq X$일 때

$$\text{Bd}_A(U) \subseteq A \cap \text{Bd}_X(U)$$

이다.

**증명** $x \in \text{Bd}_A(U)$이라 하자. $x \in A$임은 자명하다. 이제 $x \in \text{Bd}_X(U)$임을 보이자. 임의의 $W(x) \in \mathcal{T}$에 대하여, $W \cap A \in \mathcal{T}_A$이다. $x \in \text{Bd}_A(U)$이기 때문에 $(G \cap A) \cap U \neq \varnothing$ 이고 $(G \cap A) \cap (A - U) \neq \varnothing$을 만족한다. 그런데 $(G \cap A) \cap U \subset G \cap U$이고 $(G \cap A) \cap (A - U) \subset G \cap (X - U)$이므로 $G \cap U \neq \varnothing$ 이고 $G \cap (X - U) \neq \varnothing$ 이다. 따라서 $x \in \text{Bd}_X(U)$이다.

**예 2.1.12**

$(\mathbb{R}, \mathcal{U})$의 부분공간(subspace) $A = [0, 1]$에서 $U = A$라 하면,
$\text{Bd}_A(U) = \text{Bd}_A(A) = \varnothing$ 이고, $A \cap \text{Bd}_{\mathbb{R}}(U) = [0, 1] \cap \{0, 1\} = \{0, 1\}$이다.

**정리 2.1.13**

$\beta$가 위상공간 $(X, \mathcal{T})$의 기저(base)이고 $A \subseteq X$이면,

$$\beta_A = \{B \cap A \mid B \in \beta\}$$

는 부분공간 $(A, \mathcal{T}_A)$의 기저(base)이다.

**증명** $V$를 $\mathcal{T}_A$-개집합(open)이라 하고 $y \in V$라 하자. 그러면 $\mathcal{T}$-개집합 $U$가 존재하여 $V = U \cap A$를 만족하고, $y \in U$이다. 그런데 $\beta$가 $(X, \mathcal{T})$의 기저(base)이므로 정리 1.4.6에 의해 $B \in \beta$가 존재하여 $y \in B \subseteq U$를 만족한다. 따라서 $y \in B \cap A \subseteq U \cap A = V$이고, $B \cap A \in \beta_A$이다. 그러므로 $\beta_A$는 $(A, \mathcal{T}_A)$의 기저(base)이다.

**정리 2.1.14**

위상공간(topological space) $(X, \mathcal{T})$에서 $A \subseteq X$일 때, $A$가 $\mathcal{T}$-개집합(open)일 필요충분조건은 $\mathcal{T}_A \subseteq \mathcal{T}$인 것이다.

**증명** $(\Rightarrow)$ $A$가 $\mathcal{T}$-개집합(open)이라고 하자. 임의의 $U \in \mathcal{T}_A$에 대하여, 어떤 $\mathcal{T}$-개집합(open) $V$가 존재하여, $U = V \cap A$를 만족한다. 그런데 $A$가 $\mathcal{T}$-개집합(open)이므로 $U = V \cap A$가 $\mathcal{T}$-개집합(open)이다. 즉, $U \in \mathcal{T}$이다.

$(\Leftarrow)$ $A \in \mathcal{T}_A$이므로 성립한다.

**정리 2.1.15**

$(X, \mathcal{T})$가 위상공간(topological space)일 때, $B \subseteq A \subseteq X$이면,

$$\mathcal{T}_B = (\mathcal{T}_A)_B$$

이다.

**증명** $(\subseteq)$ $U \in \mathcal{T}_B$라 하자. 그러면 $W \in \mathcal{T}$가 존재하여, $U = W \cap B$를 만족한

다. 그런데 $B \subseteq A$이므로

$$U = W \cap B = W \cap (A \cap B) = (W \cap A) \cap B$$

이고, $W \cap A \in \mathfrak{I}_A$이다. 따라서 $U = (W \cap A) \cap B \in (\mathfrak{I}_A)_B$이다.

($\supseteq$) $U \in (\mathfrak{I}_A)_B$라 하자. 그러면 어떤 $W \in \mathfrak{I}_A$가 존재하여, $U = W \cap B$를 만족한다. 그리고 어떤 $K \in \mathfrak{I}$가 존재하여, $W = K \cap A$를 만족한다. 즉, $U = W \cap B = (K \cap A) \cap B = K \cap (A \cap B)$이다. 그런데 $B \subseteq A$이므로 $U = K \cap (A \cap B) = K \cap B$이다. 따라서 $U \in \mathfrak{I}_B$이다.

## 연습문제

**01.** $(\mathbb{R}, \mathcal{U})$의 부분집합 $A = [0, 8)$에 대하여, 다음 중 $\mathcal{U}_A$-개집합(open)인 것은 어느 것인가? 각각의 $\mathcal{U}_A$-개집합(open) $V$들에 대하여, $V = W \cap A$를 만족하는 $\mathcal{U}$-개집합(open) $W$를 찾아라.

(a) $[0, 2)$　(b) $(0, 2]$　(c) $(2, 3)$
(d) $[7, 8)$　(e) $(7, 8)$　(f) $[0, 8)$
(g) $\varnothing$　(h) $\{4, 5\}$　(i) $[2, 6]$

**02.** $(\mathbb{R}, \mathcal{H})$의 부분집합 $A = (0, 8]$에 대하여, 다음 중 $\mathcal{H}_A$-개집합(open)인 것은 어느 것인가? 각각의 $\mathcal{H}_A$-개집합(open) $V$들에 대하여, $V = W \cap A$를 만족하는 $\mathcal{H}$-개집합(open) $W$를 찾아라.

(a) $(0, 8)$　(b) $[6, 8)$　(c) $[6, 7)$
(d) $(0, 1]$　(e) $[2, 4]$　(f) $[2, 4)$
(g) $(2, 4)$　(h) $\varnothing$　(i) $(0, 8]$

**03.** $(\mathbb{R}, \mathcal{C})$의 부분집합 $A = (-3, 0] \cup [1, 3)$에 대하여, 다음 중 $\mathcal{C}_A$-개집합(open)인 것은 어느 것인가? 각각의 $\mathcal{C}_A$-개집합(open) $V$들에 대하여, $V = W \cap A$를 만족하는 $\mathcal{C}$-개집합(open) $W$를 찾아라.

(a) $(-2, 0]$　(b) $(-2, 0)$　(c) $(-2, 0) \cup (1, 2)$
(d) $(-2, 0] \cup [1, 3)$　(e) $(-2, 0] \cup [2, 3)$　(f) $(1, 3)$
(g) $[1, 3)$　(h) $(2, 3)$　(i) $(-1, 0] \cup [1, 3)$

**04.** 집합 $X = \{a, b, c, d\}$상의 위상 $\mathcal{T} = \{X, \varnothing, \{a\}, \{b, c\}, \{a, b, c\}\}$에 대하여, 다음 위상(topology)들의 개집합들을 나열하여라.

(a) $\mathcal{T}\{a, d\}$　(b) $\mathcal{T}\{b, d\}$
(c) $\mathcal{T}\{a, b, c\}$　(d) $\mathcal{T}\{d\}$

**05.** 집합 $X = \{a, b, c\}$상의 위상 $\mathcal{T} = \{X, \varnothing, \{a\}, \{b\}, \{a, b\}\}$에 대하여, $A = \{a, c\}$일 때, 다음을 각각 구하여라.

(a) $\text{Int}_A(A)$ (b) $\text{Int}_X(A)$ (c) $\text{Int}_X(A) \cap A$

(d) $\text{Bd}_A(A)$ (e) $\text{Bd}_X(A)$ (f) $\text{Bd}_X(A) \cap A$

(g) $\text{Int}_A(\{a\})$ (h) $\text{Int}_X(\{a\})$ (i) $\text{Int}_X(\{b\})$

**06.** 집합 $X = \{a, b, c\}$상의 위상 $\mathcal{T} = \{X, \varnothing, \{a\}, \{a, b\}\}$에 대하여, $A = \{a, c\}$ 일 때, 다음을 각각 구하여라.

(a) $\text{Cl}_A(A)$ (b) $\text{Cl}_X(\{a\})$

(c) $\text{Ext}_A(\{a\})$ (d) $\text{Ext}_X(\{a\})$

**07.** $(X, \mathcal{T})$가 위상공간(topological space)이고, $U \subseteq A \subseteq X$일 때, $U$가 $\mathcal{T}$-개집합(open)이면, $U$는 $\mathcal{T}_A$-개집합(open)임을 증명하여라.

**08.** $(X, \mathcal{T})$가 위상공간(topological space)이고, $V \subseteq A \subseteq X$일 때, $V$가 $\mathcal{T}$-폐집합(closed)이면, $V$는 $\mathcal{T}_A$-폐집합(closed)임을 증명하여라.

**09.** $\mathcal{T}_A \not\subseteq \mathcal{T}$를 만족하는 공간 $(X, \mathcal{T})$와 $X$의 부분집합 $A$의 예를 들고 설명하여라.

**10.** $\beta$가 모든 개구간들로 이루어진 $\mathbb{R}$상의 $\mathcal{U}$의 기저(base)이고, $A = [0, 5]$일 때, 다음 집합들 중 $(A, \mathcal{T}_A)$의 기저(base)인 $\{B \cap A : B \in \beta\}$의 원소인 것은?

(a) $(0, 2)$ (b) $(0, 5]$ (c) $[0, 5]$

(d) $[0, 5)$ (e) $(1, 3)$ (f) $[2, 4]$

(g) $[2, 4) \cup (1, 3)$

**11.** (1) 이산공간의 부분공간은 이산공간임을 보여라.

(2) 비이산공간의 부분공간은 비이산공간임을 보여라.

**12.** 위상공간 $(X, \mathcal{T})$와 점 $p \not\in X$에 대해 $X^* = X \cup \{p\}$라 하고,

$$\mathcal{T}^* = \{U \cup \{p\} \mid U \in \mathcal{T}\} \cup \{\varnothing\}$$

이라 하자.

(1) $\mathcal{T}^*$가 집합 $X^*$상의 위상이 됨을 보여라.

(2) $X$의 부분집합 $A$에 대하여 $A$가 $(X^*, \mathcal{T}^*)$의 폐집합일 필요충분조건이 $A$가 $(X, \mathcal{T})$의 폐집합인 것임을 보여라.

(3) $(X, \mathcal{T})$가 $(X^*, \mathcal{T}^*)$의 부분공간임을 보여라. 즉, $(\mathcal{T}^*)_X = \mathcal{T}$임을 보여라.

**13.** $A = \left\{ \dfrac{1}{n} \mid n \in \mathbb{N} \right\}$, $B = A \cup \{0\}$이라 하자.

(1) $(A, \mathcal{U}_A)$는 이산공간임을 보여라.

(2) $(B, \mathcal{U}_B)$는 이산공간이 아님을 보여라.

**14.** 다음 명제의 참·거짓을 판별하고 그 이유를 설명하여라.

> 집합 $X$상에 두 개의 위상 $\mathcal{T}$와 $\mathcal{T}'$가 주어졌다고 하자. 만약 $\mathcal{T}$가 $\mathcal{T}'$보다 섬세(finer)하다면 $X$의 임의의 부분집합 $A$에 대하여 $\mathcal{T}_A$가 $\mathcal{T}'_A$가 더 섬세하다.

**15.** $\varphi$가 위상공간 $(X, \mathcal{T})$의 부분기저(subbase)이면 $\varphi_A = \{A \cap S \mid S \in \varphi\}$는 $(A, \mathcal{T}_A)$의 부분기저임을 보여라.

**16.** $(X, \mathcal{T})$를 위상공간이라 하고, $A_1$, $A_2$를 $X$의 부분집합이라 하자. 그리고 $B$를 $A = A_1 \cup A_2$의 부분집합이라 하자.

(1) $B$가 $(A, \mathcal{T}_A)$의 개집합이면 $B \cap A_1$은 $(A_1, \mathcal{T}_{A_1})$의 개집합이고 $B \cap A_2$는 $(A_2, \mathcal{T}_{A_2})$의 개집합임을 보여라.

(2) (1)의 역이 성립하지 않음을 보여라.

(3) $B$가 $(A, \mathcal{T}_A)$의 폐집합이면 $B \cap A_1$은 $(A_1, \mathcal{T}_{A_1})$의 폐집합이고 $B \cap A_2$는 $(A_2, \mathcal{T}_{A_2})$의 폐집합임을 보여라.

(4) (3)의 역이 성립하지 않음을 보여라.

## 2.2 연속성(Continuity)

**정의 2.2.1**

두 위상공간(topological spaces) $(X, \mathcal{T})$와 $(Y, \varphi)$에서, 임의의 $\varphi$-개집합(open) $V$에 대하여, $f^{-1}(V)$가 $\mathcal{T}$-개집합(open)일 때, 함수(function) $f : X \to Y$를 **연속(continuous)**이라고 한다.

**예 2.2.2**

함수 $f : \mathbb{R} \to \mathbb{R}$를

$$f(x) = \begin{cases} 3 & x \geq 0 \\ -3 & x < 0 \end{cases}$$

와 같이 정의하면, $V = (2, 5)$일 때 $f^{-1}(V) = [0, \infty)$는 $\mathcal{U}$-개집합(open)이 아니므로, $f$는 $\mathcal{U}$-$\mathcal{U}$ 연속(continuous)이 아니다. 그러나 $f$는 $\mathcal{H}$-$\mathcal{H}$ 연속(continuous)이다.

**정리 2.2.3**

두 위상공간(topological spaces) $(X, \mathcal{T})$, $(Y, \varphi)$와 함수 $f : X \to Y$에 대하여, 다음 명제들은 모두 동치이다.

$(a)$ $f : X \to Y$는 연속(continuous)이다.

$(b)$ $Y$의 임의의 폐집합(closed) $V$에 대하여, $f^{-1}(V)$가 $X$의 폐집합(closed)이다.

$(c)$ $\beta$가 $(Y, \varphi)$의 기저(base)이면, 임의의 $B \in \beta$에 대하여 $f^{-1}(B) \in \mathcal{T}$이다.

$(d)$ 임의의 $U \subseteq X$에 대하여, $f(\mathrm{Cl}(U)) \subseteq \mathrm{Cl}(f(U))$이다.

**증명** $(a) \Rightarrow (c)$

$\beta$를 $(Y, \varphi)$의 기저(base)라 하자. 그러면 임의의 $B(\in \beta)$는 $\varphi$-개집 합(open)인데, $(a)$에 의해 $f$가 연속이므로 $f^{-1}(B)$는 $\mathcal{T}$-개집합(open)이

다.

$(c) \Rightarrow (a)$

$U$를 $Y$의 임의의 개부분집합(open subset)이라 하자. 즉, $U \in \varphi$라 하자. 그러면 $B_\alpha \in \beta$ $(\alpha \in \Lambda)$가 존재하여 $U = \bigcup_{\alpha \in \Lambda} B_\alpha$이므로

$$f^{-1}(U) = f^{-1}(\bigcup_{\alpha \in \Lambda} B_\alpha) = \bigcup_{\alpha \in \Lambda} f^{-1}(B_\alpha) \in \mathcal{T}$$

이다. 따라서 $f$는 연속이다.

$(d) \Rightarrow (b)$

$V$를 $Y$의 폐집합(closed)이라 하자. 그러면 (d)에 의해

$$f(\mathrm{Cl}(f^{-1}(V))) \subseteq \mathrm{Cl}(f(f^{-1}(V))) \subseteq \mathrm{Cl}(V) = V$$

이다. 그러므로 $\mathrm{Cl}(f^{-1}(V)) \subseteq f^{-1}(V)$이다. 한편 정의에 의해 $f^{-1}(V) \subseteq \mathrm{Cl}(f^{-1}(V))$가 성립한다. 따라서 $\mathrm{Cl}(f^{-1}(V)) = f^{-1}(V)$이므로 $f^{-1}(V)$는 $X$의 폐집합(closed)이다.

$(b) \Rightarrow (a)$

$W$를 $Y$의 개집합(open)이라고 하자. 그러면 $Y-W$는 폐집합(closed)이므로 (b)에 의해, $f^{-1}(Y-W)$는 $X$의 폐집합(closed)이다. 그런데 $f^{-1}(Y-W) = X - f^{-1}(W)$이므로 $f^{-1}(W)$는 $X$의 개집합(open)이다. 그러므로 $f$는 연속(continuous)이다.

$(a) \Rightarrow (b)$

$F$를 $Y$의 폐집합(closed)이라고 하자. 그러면 $Y-F$가 $Y$의 개집합(open)이므로 (a)에 의해, $f^{-1}(Y-F)$는 $X$의 개집합(open)이다. 즉, $f^{-1}(Y-F) = f^{-1}(Y) - f^{-1}(F) = X - f^{-1}(F) \in T$이므로 $f^{-1}(F)$는 $X$의 폐집합(closed)이다.

$(a) \Rightarrow (d)$

임의의 $x \in \mathrm{Cl}(U)$에 대하여, $V$를 $f(x)$를 포함하는 $Y$의 개집합(open)

이라고 하자. 그러면 $f$가 연속이므로 $f^{-1}(V)$는 $x$를 포함하는 $X$의 개집합(open)이다. 그런데 $x \in \mathrm{Cl}(U)$이므로 $f^{-1}(V) \cap U \neq \varnothing$ 이다. 그러므로 $\varnothing \neq f(f^{-1}(V) \cap U) \subseteq f(f^{-1}(V)) \cap f(U) \subseteq V \cap f(U)$이다.
따라서 $f(x) \in \mathrm{Cl}(f(U))$이다. 그러므로 $f(\mathrm{Cl}(U)) \subseteq \mathrm{Cl}(f(U))$ 이다.

**예 2.2.4**

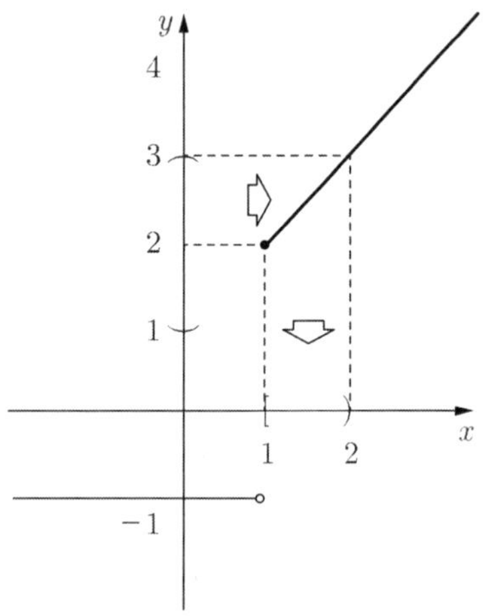


**그림 2.2.1**

$f : \mathbb{R} \rightarrow \mathbb{R}$를

$$f(x) = \begin{cases} x+1, & x \geq 1 \\ -1, & x < 1 \end{cases}$$

로 정의하면,

* $(1, 3)$는 $\mathcal{U}$-개집합(open)인데, $f^{-1}((1, 3)) = [1, 2)$(그림 2.2.1)가 $\mathcal{U}$-개집합(open)이 아니다. 따라서 $f$는 $\mathcal{U}$-$\mathcal{U}$연속(continuous)이 아니다.
* $(1, 3)$는 또한 $\mathcal{H}$-개집합(open)이므로 $f$는 $\mathcal{U}$-$\mathcal{H}$ 연속(continuous)도 아니다.
* $[1, 2)$가 $\mathcal{C}$-개집합(open)이 아니므로, $f$는 $\mathcal{C}$-$\mathcal{U}$ 연속(continuous)도 아니고, $\mathcal{C}$-$\mathcal{H}$ 연속(continuous)도 아니다.

* $f$는 $\mathscr{C}$-$\mathscr{C}$ 연속(continuous)도 아니다.

($\because f^{-1}((0, +\infty)) = [1, +\infty)$이 $\mathscr{C}$-개집합(open)이 아니다.)

* 그러나 $f$는 $\mathscr{H}$-$\mathscr{U}$ 연속(continuous)이고, 또한 $\mathscr{H}$-$\mathscr{H}$ 연속(continuous)이다.

**예 2.2.5**

집합 $X = \{a, b, c\}$상의 위상 $\mathscr{T} = \{X, \varnothing, \{a\}, \{b\}, \{a, b\}\}$에 대하여, $f : X \to X$를 $f(a) = c$, $f(b) = b$, $f(c) = a$로 정의하면, $\{a\}$는 개집합(open)이지만, $f^{-1}(\{a\}) = \{c\}$는 개집합(open)이 아니다. 그러므로 $f$는 연속(continuous)이 아니다.

**예 2.2.6**

$f : (\mathbb{R}, \mathscr{U}) \to (\mathbb{R}, \mathscr{U})$를 $f(x) = x^3$로 정의하고, $\beta$를 모든 개구간(openinterval)들로 이루어진 $\mathscr{U}$의 기저(base)라고 하자. 그리고 $B \in \beta$라 하자. 그러면 $a < b$인 어떤 실수 $a$와 $b$가 존재하여, $B = (a, b)$이다.

그리고 $f^{-1}(B) = (\sqrt[3]{a}, \sqrt[3]{b})$는 $\mathscr{U}$-개집합(open)이다.

그러므로 정리 2.2.3의 (c)에 의해 $f$는 연속(continuous)이다.

## 정리 2.2.7

세 위상공간(topological spaces) $(X, \mathscr{T})$, $(Y, \varphi)$, $(Z, \mathscr{F})$에서, 두 함수 $f : X \to Y$와 $g : Y \to Z$가 연속(continuous)이면, $f$와 $g$의 합성함수인 $g \circ f : (X, \mathscr{T}) \to (Z, \mathscr{F})$도 연속(continuous)이다.

**증명** $V$를 $Z$의 임의의 개집합(open)이라고 하자. 그러면,

$$(g \circ f)^{-1}(V) = (f^{-1} \circ g^{-1})(V) = f^{-1}(g^{-1}(V))$$

인데, $g$가 연속(continuous)이므로 $g^{-1}(V)$는 $Y$의 개집합(open)이고, 또한 $f$가 연속(continuous)이므로 $f^{-1}(g^{-1}(V))$는 $X$의 개집합(open)이다. 따라서 $g \circ f$는 연속(continuous)이다.

### 정리 2.2.8

두 위상공간(topological spaces) $(X, \mathcal{T})$, $(Y, \varphi)$에서 $A \subseteq X$일 때, 함수 $f : X \to Y$가 연속(continuous)이면, 제한함수 $f|_A : (A, \mathcal{T}_A) \to (Y, \varphi)$도 연속(continuous)이다.

**증명** $U$를 $Y$의 임의의 개집합(open)이라고 하자. 그러면 $f$가 연속(continuous)이므로 $f^{-1}(U) \in \mathcal{T}$이다. 그러므로 $A \cap f^{-1}(U) \in \mathcal{T}_A$이다.
그런데 $f|_A^{-1}(U) = A \cap f^{-1}(U)$이므로 $f|_A^{-1}(U) \in \mathcal{T}$이다. 따라서 $f|_A$는 연속(continuous)이다.

### 정리 2.2.9

$A \subseteq \mathbb{R}$일 때, 함수 $f : (A, \mathcal{U}_A) \to (\mathbb{R}, \mathcal{U})$가 연속(continuous)일 필요충분조건은 다음을 만족하는 것이다 :

$$^\forall x_0 \in A,\ ^\forall \varepsilon > 0,\ \exists\, \delta > 0 \text{ s.t } |x - x_0| < \delta \wedge x \in A \Rightarrow |f(x) - f(x_0)| < \varepsilon$$

## 연습문제

**01.** 함수 $f:\mathbb{R}\to\mathbb{R}$가

$$f(x)=\begin{cases}-x-1 & x\ge 0\\ 1 & x<0\end{cases}$$

와 같이 주어졌을 때, 다음을 결정하여라.

(a) $\mathcal{U}$ - $\mathcal{U}$ 연속(continuous)

(b) $\mathcal{U}$ - $\mathcal{H}$ 연속(continuous)

(c) $\mathcal{U}$ - $\mathcal{C}$ 연속(continuous)

(d) $\mathcal{H}$ - $\mathcal{U}$ 연속(continuous)

(e) $\mathcal{C}$ - $\mathcal{C}$ 연속(continuous)

(f) $\mathcal{C}$ - $\mathcal{U}$ 연속(continuous)

(g) $\mathcal{C}$ - $\mathcal{H}$ 연속(continuous)

(h) $\mathcal{H}$ - $\mathcal{H}$ 연속(continuous)

**02.** 함수 $f:\mathbb{R}\to\mathbb{R}$가

$$f(x)=\begin{cases}-1 & x>0\\ 1-x & x\le 0\end{cases}$$

와 같이 주어졌을 때, 다음을 결정하여라.

(a) $\mathcal{U}$ - $\mathcal{U}$ 연속(continuous)

(b) $\mathcal{U}$ - $\mathcal{H}$ 연속(continuous)

(c) $\mathcal{U}$ - $\mathcal{C}$ 연속(continuous)

(d) $\mathcal{H}$ - $\mathcal{U}$ 연속(continuous)

(e) $\mathcal{C}$ - $\mathcal{C}$ 연속(continuous)

(f) $\mathcal{C}$ - $\mathcal{U}$ 연속(continuous)

(g) $\mathcal{C}$ - $\mathcal{H}$ 연속(continuous)

(h) $\mathcal{H}$ - $\mathcal{H}$ 연속(continuous)

**03.** 집합 $X=\{a, b, c\}$상의 위상 $\mathcal{T}=\{X, \varnothing, \{a\}, \{b\}, \{a, b\}\}$에 대하여, 함수 $f : X \to Y$가

$$f(a)=a,\ f(b)=c \text{ 그리고 } f(c)=b$$

로 정의되었을 때, $f$가 $\mathcal{T}$-$\mathcal{T}$ 연속(continuous)인지 결정하여라.

**04.** $(X, \mathcal{D})$가 이산공간(discrete space)이고, $(Y, \mathcal{T})$가 임의의 위상공간일 때, 임의의 함수 $f : (X, \mathcal{D}) \to (Y, \mathcal{T})$가 연속(continuous)임을 증명하여라.

**05.** $(Y, \mathcal{I})$가 비이산공간(indiscrete space)이고, $(X, \mathcal{T})$가 임의의 위상공간(topological space)일 때, 임의의 함수 $f : (X, \mathcal{T}) \to (Y, \mathcal{I})$가 연속임을 증명하여라.

**06.** $(X, \mathcal{T})$와 $(Y, \varphi)$가 위상공간(topological space)들이고, $A \subseteq Y$이라 하고, $f : X \to A$가 함수라고 하자. 이때, $f$가 $\mathcal{T}-\varphi_A$ 연속(continuous)일 필요충분조건은 $^\forall x \in X,\ g(x)=f(x)$로 정의된 함수 $g : X \to Y$가 $\mathcal{T}-\varphi$ 연속(continuous)인 것임을 증명하여라.

**07.** $\mathcal{C}$ - $\mathcal{U}$연속(continuous)인 함수와 아닌 함수가 각각 존재하는가?

**08.** $(X, \mathcal{T})$, $(Y, \varphi)$를 위상공간이라 하자. 함수 $f : X \to Y$가 연속일 필요충분조건은 $Y$의 임의의 부분집합 $B$에 대하여 $\overline{f^{-1}(B)} \subseteq f^{-1}(\overline{B})$인 것임을 보여라.

**09.** $(X, \mathcal{T})$를 위상공간이라 하고, $(Y, \mathcal{D})$를 이산공간이라고 하자. 함수 $f : X \to Y$가 연속일 필요충분조건이 모든 $y \in Y$에 대하여 $f^{-1}(\{y\}) \in T$임을 증명하여라.

**10.** 집합 $X=\{1, 2, 3, 4, 5\}$상의 위상

$$\mathcal{T}=\{X, \varnothing, \{1, 2\}, \{2\}, \{3, 4, 5\}, \{2, 3, 4, 5\}, \{4\}, \{1, 2, 4\}, \{2, 4\}\}$$

에 대하여, 함수 $f : X \to X$를 다음과 같이 정의할 때, 다음 물음에 답하여라.

$$f(1)=f(2)=1, \quad f(3)=f(4)=f(5)=3$$

(1) $f:(X, \mathcal{T}) \to (X, \mathcal{D})$가 연속임을 보여라.

(2) $(X, \mathcal{T})$에서 $\{2\}$와 $\{4\}$의 폐포를 각각 구하여라.

(3) 집합 $\{h \mid h:(X, \mathcal{T}) \to (X, \mathcal{D})$는 연속, $h(2)=1$, $h(4)=3\}$의 원소의 개수를 구하고, 그 이유를 설명하여라.

**11.** 함수 $f:(\mathbb{Q}, \mathcal{U}_{\mathbb{Q}}) \to (\mathbb{R}, \mathcal{U})$를 $f(r)=r$로 정의하자.

(1) $f$가 연속임을 보여라.

(2) 임의의 위상공간 $(X, \mathcal{T})$와 함수 $g:(X, \mathcal{T}) \to (\mathbb{Q}, \mathcal{U}_{\mathbb{Q}})$에 대하여 $f \circ g$가 연속이면 $g$가 연속임을 보여라.

**12.** 정리 2.2.9를 증명하여라.

**13.** 함수 $f:\mathbb{R} \to \mathbb{R}$를 $f(x)=\begin{cases} x, & x \in \mathbb{Q} \\ 0, & x \in \mathbb{R}-\mathbb{Q} \end{cases}$로 정의하자.

그리고 $\mathcal{T}=\{f^{-1}(U) \mid U \in \mathcal{U}\}$로 정의하자.

(1) $\mathcal{T}$가 $\mathbb{R}$ 위의 위상이 됨을 보여라.

(2) $(\mathbb{R}, \mathcal{T})$에서 $\mathbb{Q}$의 경계를 구하여라.

(3) $(-1, 1) \cup (\mathbb{R}-\mathbb{Q}) \in \mathcal{T}$를 보여라.

(4) $[-1, 1] \cup (\mathbb{R}-\mathbb{Q})$가 $(\mathbb{R}, \mathcal{T})$에서 폐집합임을 보여라.

(5) $(\mathbb{R}, \mathcal{T})$에서 0이 $\mathbb{R}-\mathbb{Q}$의 집적점임을 보여라.

**14.** $f:(X, \mathcal{T}) \to (Y, \varphi)$를 함수라 하고, $x_0 \in X$라 하자. $f(x_0)$를 포함하는 임의의 $V \in \varphi$에 대하여 $x_0 \in U \subseteq f^{-1}(V)$를 만족하는 $U \in \mathcal{T}$가 존재할 때 $f$를 $x_0$에서 연속(continuous at $x_0$)이라 한다. $f$가 연속일 필요충분조건이 $f$가 임의의 $x \in X$에서 연속인 것임을 보여라.

**15.** $(X, \mathcal{T})$가 위상공간이고, $A$가 $X$의 부분집합일 때, 포함사상(inclusion map) $i:(A, \mathcal{T}_A) \to (X, \mathcal{T})$, $i(x)=x$는 연속임을 보여라.

**16.** $(X, \mathcal{T})$, $(Y, \varphi)$를 위상공간이라 하자. 함수 $f : X \to Y$가 연속일 필요충분조건이 $Y$의 각 부분집합 $B$에 대하여 $f^{-1}(\mathrm{Int}(B)) \subseteq \mathrm{Int}(f^{-1}(B))$인 것임을 보여라.

**17.** 집합 $X$상의 기저가 $\beta$가 조건

$$B \in \beta \Rightarrow X - B \in \beta$$

를 만족한다고 하고, $\beta$가 생성하는 $X$ 위의 위상을 $\mathcal{T}$라 하자. 그러면 임의의 $(X, \mathcal{T})$의 폐집합 $F$와 점 $p \in X - F$에 대하여 $f(p) = 0$, $f(F) = \{1\}$을 만족하는 연속함수 $f : (X, \mathcal{T}) \to (\mathbb{R}, \mathcal{U})$가 존재함을 보여라.

**18.** $(X, \mathcal{T})$와 $(Y, \varphi)$를 위상공간이라 하고, $A$, $B$를 $A \cup B = X$를 만족하는 $X$의 부분집합이라 하자. 만약 $A$, $B$가 모두 $X$의 개부분집합이거나 모두 폐부분집합이고, $f : (A, \mathcal{T}_A) \to (Y, \varphi)$와 $g : (B, \mathcal{T}_B) \to (Y, \varphi)$가 $f|_{A \cap B} = g|_{A \cap B}$를 만족하는 연속함수들이면,

$$h(x) = \begin{cases} f(x), & x \in A \\ g(x), & x \in B \end{cases}$$

로 정의된 함수 $h : (X, \mathcal{T}) \to (Y, \varphi)$도 연속함수임을 증명하여라.

**19.** 다음 명제들을 증명하여라.

(1) $\mathcal{T}$, $\varphi$가 집합 $X$상의 위상들일 때, $(X, \mathcal{T})$에서 $(X, \varphi)$로의 항등 함수가 연속(continuous)일 필요충분조건은 $\mathcal{T}$가 $\varphi$보다 섬세(finer)한 것이다.

(2) $\mathcal{T}$가 집합 $X$상의 위상이고, $\varphi$, $\mathcal{J}$가 집합 $Y$상의 위상들이라 하자. 함수 $f : X \to Y$가 $\mathcal{T}-\varphi$ 연속(continuous)이고, $\varphi$가 $\mathcal{J}$보다 섬세(finer)하면, $f$는 $\mathcal{T}-\mathcal{J}$ 연속(continuous)이다.

(3) $\mathcal{T}$, $\varphi$가 집합 $X$상의 위상들이고, $\mathcal{J}$가 집합 $Y$상의 위상일 때, 함수 $f : X \to Y$가 $\mathcal{T}-\mathcal{J}$ 연속(continuous)이고, $\varphi$가 $\mathcal{T}$보다 섬세(finer)하면, $f$는 $\varphi-\mathcal{J}$ 연속(continuous)이다.

## 2.3 위상동형사상(Homeomorphisms)

**정의 2.3.1**

$(X, \mathcal{T})$, $(Y, \varphi)$를 위상공간(topological spaces)이라 하고, $f : X \to Y$를 함수라 하자. 임의의 $\mathcal{T}$-개집합(open) $U$에 대하여, $f(U)$가 $\varphi$-개집합(open)일 때, $f : X \to Y$를 **개사상(open map)**이라고 한다.

**예 2.3.2**

$f : (\mathbb{R}, \mathcal{U}) \to (\mathbb{R}, \mathcal{H})$가 항등함수(identity function)이면, $f$는 개사상(open)이다. 왜냐하면 임의의 $\mathcal{U}$-개집합(open) $U$에 대하여, $f(U) = U$가 $\mathcal{H}$-개집합(open)이기 때문이다.

**주의** 위의 $f$는 연속(continuous)은 아니다.

**예 2.3.3**

집합 $X = \{a, b, c\}$에 위상 $\mathcal{T} = \{X, \varnothing, \{a\}\{a, b\}\}$이 주어지고, 집합 $Y = \{m, n, p\}$에 위상 $\varphi = \{Y, \varnothing, \{m\}, \{m, n\}\}$가 주어졌다고 하자. 함수 $f : X \to Y$를 $f(a) = m$, $f(b) = n$, $f(c) = p$로 정의하면, $f$는 개사상(open)이 아니다. 왜냐하면, $\{b\}$는 $\mathcal{T}$-개집합이지만, $f(\{b\}) = \{n\}$이 $\varphi$-개집합(open)이 아니기 때문이다.

**예 2.3.4**

$f : (\mathbb{R}, \mathcal{U}) \to (\mathbb{R}, \mathcal{U})$를 $f(x) = x^2$로 정의하면 $f$는 개사상(open)이 아니다. 왜냐하면 $(-1, 1)$는 $\mathcal{U}$-개집합(open)이지만,

$$f((-1, 1)) = [0, 1)$$

가 $\mathcal{U}$-개집합(open)이 아니기 때문이다.

### 정의 2.3.5

두 위상공간(topological spaces) $(X, \mathcal{T})$, $(Y, \varphi)$에서 함수 $f : X \to Y$가

(1) $f$ : 단사(one-to-one)

(2) $f$ : 전사(onto)

(3) $f$ : 연속(continuous)

(4) $f$ : 개사상(open map)

이면, $f$를 **위상동형사상(homeomorphism)** 또는 $\mathcal{T}-\varphi$ 위상동형사상(homeomorphism)이라 한다. 그리고 $(X, \mathcal{T})$에서 $(Y, \varphi)$로의 위상동형사상이 존재할 때, $(X, \mathcal{T})$와 $(Y, \varphi)$는 **위상동형(homeomorphic)**이라 하고 $(X, \mathcal{T}) \approx (Y, \varphi)$로 표기한다.

### 정리 2.3.6

두 위상공간(topological spaces) $(X, \mathcal{T})$, $(Y, \varphi)$에서 함수 $f : X \to Y$가 전 단사(bijective)일 때, $f$가 개사상(open)일 필요충분조건은 $f$의 역함수 $f^{-1} : Y \to X$가 연속(continuous)인 것이다.

**증명** ($\Rightarrow$) 임의의 $\mathcal{T}$-개집합(open) $U$에 대하여, $(f^{-1})^{-1}(U) = f(U)$인데, $f$가 개사상(open)이므로 $(f^{-1})^{-1}(U)$는 $\varphi$-개집합(open)이다. 그러므로 $f^{-1}$는 연속(continuous)이다.

($\Leftarrow$) 임의의 $\mathcal{T}$-개집합(open) $V$에 대하여, $f(V) = (f^{-1})^{-1}(V)$인데, $f^{-1}$가 연속(continuous)이므로 $f(V)$는 $\varphi$-집합(open)이다. 그러므로 $f$는 개사상(open)이다.

### 따름정리 2.3.7

두 위상공간(topological space) $(X, \mathcal{T})$와 $(Y, \varphi)$에서, 함수 $f : X \to Y$가 위상동형사상(homeomorphism)일 필요충분조건은 $f$가 전단사(bijevtive)이고, 연속(continuous)이며, 역함수 $f^{-1} : Y \to X$가 연속(continuous)인 것이다.

**예 2.3.8**

집합 $X=\{a,\ b,\ c\}$에 위상 $\mathcal{T}=\{X,\ \varnothing,\ \{a\},\ \{b\},\ \{a,\ b\}\}$와, 집합 $Y=\{x,\ y,\ z\}$에 위상 $\varphi=\{Y,\ \varnothing,\ \{x\},\ \{y\},\ \{x,\ y\}\}$가 주어졌다고 하자. 그러면

$$f(a)=x,\ f(b)=y,\ f(c)=z$$

로 정의된 함수 $f:X\to Y$는 위상동형사상(homeomorphism)이다. 그리고

$$g(a)=y,\ g(b)=x,\ g(c)=z$$

로 정의된 함수 $g:X\to Y$도 위상동형사상(homeomorphism)이다. 그러나

$$h(a)=x,\ h(b)=z,\ h(c)=y$$

로 주어진 함수 $h:X\to Y$는 위상동형사상(homeomorphism)이 아니다. 왜냐하면 $\{b\}$는 $\mathcal{T}$-개집합(open)이지만, $h(\{b\})=\{z\}$가 $\varphi$-개집합(open)이 아니다. 즉, $h$는 개사상이 아니다.

**예 2.3.9**

두 공간 $((0,\ 1),\ \mathcal{U}(0,\ 1))$와 $((0,\ 2),\ \mathcal{U}(0,\ 2))$는 위상동형(homeomorphic)이다.

$$f(x)=2x$$

로 정의된 함수 $f:(0,\ 1)\to(0,\ 2)$가 위상동형사상(homeomorphism)이다.

**예 2.3.10**

두 공간 $(\mathbb{R},\ \mathcal{U})$와 $((-\frac{\pi}{2},\ \frac{\pi}{2}),\ \mathcal{U}(-\pi/2,\ \pi/2))$는 위상동형(homeomorphic)이다.

$$f(x)=\tan x$$

로 정의된 함수 $f:(-\pi/2,\ \pi/2)\to\mathbb{R}$가 위상동형사상(homeomorphism)이다.

**정의 2.3.11**

위상공간(topological space) $X$가 갖는 어떤 성질을 $X$와 위상동형(homeomorphic)인 임의의 위상공간(topological space)도 가질 때, 이 성질을 **위상적 성질(topological property)**이라고 한다.

즉, 위상적 성질은 위상동형에 의해 보존되는 성질이다.

**예시 2.3.12**

$(\mathbb{R}, \mathcal{U})$와 $(\mathbb{R}, \mathcal{H})$는 위상동형(homeomorphic)이 아니다. 왜냐하면 집합 $[0, 1)$는 $\mathcal{H}$-개집합(open)인 동시에 $\mathcal{H}$-폐집합(closed)인 반면, $\mathbb{R}$에는 공집합이 아닌 진부분집합으로서 $\mathcal{U}$-개집합(open)인 동시에 $\mathcal{U}$-폐집합(closed)인 집합이 존재하지 않는다.

**예시 2.3.13**

$X=(0, 2)$, $Y=(0, 1)\cup(1, 2)$일 때, 두 공간 $(X, \mathcal{U}_X)$와 $(Y, \mathcal{U}_Y)$는 위상동형(homeomorphic)이 아니다. $(0, 1)$는 $Y$의 공집합이 아닌 진부분집합으로서, $\mathcal{U}_Y$-개집합(open)인 동시에 $\mathcal{U}_Y$-폐집합(closed)이다. 그러나 $(X, \mathcal{U}_X)$에는 그러한 부분집합이 없다.

**예시 2.3.14**

집합 $X=\{a, b, c\}$에 위상 $\mathcal{T}=\{X, \varnothing, \{a\}, \{a, b\}\}$이 주어지고, 집합 $Y=\{x, y, z\}$에 위상 $\varphi=\{Y, \varnothing, \{x\}\}$이 주어졌을 때, 두 공간 $(X, \mathcal{T})$와 $(Y, \varphi)$는 위상동형(homeomorphic)이 아니다. 만약 위상동형사상(homeomorphism) $f : X\to Y$가 존재한다면, $f(\{a, b\})$는 원소가 두 개인 $\varphi$-개집합(open)이어야 하지만, $\varphi$에는 원소가 두 개인 개집합이 없다.

**정리 2.3.15**

세 개의 위상공간(topological spaces) $(X, \mathcal{T})$, $(Y, \varphi)$, 그리고 $(Z, \mathcal{J})$에서, 두 함수 $f : X\to Y$와 $g : Y\to Z$가 위상동형사상이면, 합성함수 $g\circ f : X\to Z$도 위상동형사상이다.

### 정리 2.3.16

두 개의 위상공간(topological spaces) $(X, \mathcal{T})$, $(Y, \varphi)$에서, 함수 $f : X \to Y$가 위상동형사상(homeomophism)이면, 역함수 $f^{-1} : Y \to X$도 위상동형사상(homeomorphism)이다.

### 정리 2.3.17

두 개의 위상공간(topological spaces) $(X, \mathcal{T})$, $(Y, \varphi)$에서, 함수 $f : X \to Y$가 단사(one-to-one), 개사상(open), 연속(continuous)이면, $g(x) = f(x)$로 정의된 함수 $g : (X, \mathcal{T}) \to (f(X), \varphi_{f(X)})$는 위상동형사상(homeomorphism)이다.

(즉, $X$는 $Y$의 부분공간과 위상동형이다. 이런 함수 $f$를 매장(embedding)이라 부른다.)

# 연습문제

**01.** $f : (\mathbb{R}, \mathscr{H}) \to (\mathbb{R}, \mathscr{U})$이 $\mathbb{R}$상에서 항등 함수일 때, $f$가 개사상(open)이 아님을 보여라.

**02.** 집합 $X = \{a, b, c\}$에 위상 $\mathscr{T} = \{X, \varnothing, \{a\}, \{a, b\}\}$가 주어지고, 집합 $Y = \{x, y, z\}$에 위상 $\varphi = \{Y, \varnothing, \{x\}, \{y\}, \{x, y\}\}$가 주어졌다고 하자. $g(a) = x$이고, $g(b) = g(c) = y$로 정의된 함수 $g : (X, \mathscr{T}) \to (Y, \varphi)$가 개사상(open map)임을 보여라. $g$는 위상동형사상(homeomorphism)인가?

**03.** 집합 $X = \{a, b, c, d\}$에 위상 $\mathscr{T} = \{X, \varnothing, \{a, b\}, \{c, d\}\}$가 주어지고, 집합 $Y = \{x, y, z, w\}$에 위상 $\varphi = \{Y, \varnothing, \{x, w\}, \{y, z\}\}$가 주어졌다고 하자. $(X, \mathscr{T})$에서 $(Y, \varphi)$로의 다음 함수들 중 위상동형사상(homeomorphism)인 것은 어느 것인가? 만약 위상동형사상(homeomorphism)이 아니라면 그 이유를 설명하여라.

(a) $g(a) = x, g(b) = y, g(c) = z, g(d) = w$

(b) $g(a) = y, g(b) = z, g(c) = w, g(d) = x$

(c) $g(a) = g(c) = x, g(b) = g(d) = w$

(d) $g(a) = x, g(b) = w, g(c) = y, g(d) = z$

**04.** 임의의 위상공간(topological space)은 자기 자신과 위상동형임을 보여라.

**05.** $(X, \mathscr{T})$와 $(Y, \varphi)$가 위상동형(homeomorphic)인 위상공간(topological spaces)들이고, $X$와 $Y$가 유한집합(finite sets)이면, $X$와 $Y$가 같은 수의 원소들을 가지고 있음을 보여라.

**06.** 두 공간 $((0, 1), \mathscr{U}(0, 1))$와 $((0, 4), \mathscr{U}(0, 4))$가 위상동형임을 보여라.

**07.** $(a, b)$와 $(c, d)$가 개구간(open interval)들일 때, 두 공간 $((a, b), \mathscr{U}(a, b))$와

$((c,\ d),\ \mathcal{U}(c,\ d))$가 위상동형(homeomorphic)임을 증명하여라.

**08.** $(a,\ b)$가 개구간(open interval)일 때, 두 공간 $((a,\ b),\ \mathcal{U}(a,\ b))$와 $(\mathbb{R},\ \mathcal{U})$가 위상동형(homeomorphic)임을 보여라.

**09.** $(X,\ \mathcal{T})$에서 $(X,\ \varphi)$로의 항등 함수로 연속(continuous)이지만 위상동형사상(homeomorphism)은 아닌, 집합 $X$와 $X$상의 위상 $\mathcal{T}$와 $\varphi$의 예를 들어라.

**10.** $\mathbb{R}$상의 위상 $\mathcal{T}=\{\mathbb{R},\ \varnothing,\ (-\infty,\ 0),\ [0,\ +\infty)\}$에 대하여, $(\mathbb{R},\ \mathcal{T})$가 $(\mathbb{R},\ \mathcal{U})$와 위상동형(homeomorphic)이 아닌 이유를 설명하여라.

**11.** $X=(0,\ 1)\cup(2,\ 4)$이고, $Y=(0,\ 4)$이라 할 때, $(X,\ \mathcal{U}_X)$가 $(Y,\ \mathcal{U}_Y)$와 위상동형(homeomorphic)이 아닌 이유를 설명하여라.

**12.** 집합 $X=\{a,\ b,\ c,\ d\}$상의 두 위상 $\mathcal{T}=\{X,\ \varnothing,\ \{a\},\ \{a,\ b\},\ \{a,\ b,\ c\}\}$와 $\varphi=\{X,\ \varnothing,\ \{a,\ b\},\ \{c,\ d\}\}$에 대하여, $(X,\ \mathcal{T})$가 $(X,\ \varphi)$와 위상동형(homeomorphic)이 아닌 이유를 설명하여라.

**13.** 집합 $X=\{a,\ b,\ c\}$에 위상 $\mathcal{T}=\{X,\ \varnothing,\ \{a\},\ \{b,\ c\}\}$가 주어지고, 집합 $Y=\{m,\ n,\ p\}$에 위상 $\varphi=\{Y,\ \varnothing,\ \{m\},\ \{m,\ n\}\}$가 주어졌다고 하자. 두 공간 $(X,\ \mathcal{T})$와 $(Y,\ \varphi)$가 위상동형(homeomorphic)이 아닌 이유를 설명하여라.

**14.** $\beta=\{(a,\ b]\mid a,\ b\in\mathbb{R},\ a<b\}$라 하자.

(1) $\beta$가 $\mathbb{R}$상의 위상의 기저가 됨을 보여라.

(2) $\beta$가 생성하는 $\mathbb{R}$상의 위상을 $\mathcal{T}$라 하자. $(\mathbb{R},\ \mathcal{T})$와 $(\mathbb{R},\ \mathcal{H})$가 위상동형임을 보여라.

**15.** 두 집합 $X=\{a,\ b,\ c,\ d\}$와 $Y=\{p,\ q,\ r,\ s,\ t\}$에 대하여, $(X,\ \mathcal{T})$와 $(Y,\ \varphi)$가 위상동형(homeomorphic)이 되게 하는 위상(topology) 집합 $X$상의 $\mathcal{T}$와 집

합 $Y$상의 위상 $\varphi$가 존재하는가?

**16.** 공간 $(\mathbb{R},\ \mathcal{U})$는 개집합(open)인 동시에 폐집합(closed)이며, 공집합이 아닌 진부분집합이 존재하지 않음을 증명하여라.

**17.** $(X,\ \mathcal{T})$, $(Y,\ \varphi)$를 위상공간이라 하고, $\beta$를 $(X,\ \mathcal{T})$의 기저라 하자. 함수 $f:(X,\ \mathcal{T})\rightarrow(Y,\ \varphi)$가 개사상일 필요충분조건이 임의의 $B\in\beta$에 대하여 $f(B)\in\varphi$인 것임을 보여라.

**18.** $(X,\ \mathcal{T})$, $(Y,\ \varphi)$를 위상공간이라 하자. 함수 $f:(X,\ \mathcal{T})\rightarrow(Y,\ \varphi)$가 개사상일 필요충분조건이 임의의 $A\subseteq X$에 대하여 $f(\mathrm{Int}(A))\subseteq\mathrm{Int}(f(A))$인 것임을 보여라.

**19.** 정리 2.3.17을 증명하여라.

**20.** 함수 $f:(X,\ \mathcal{T})\rightarrow(Y,\ \varphi)$가 위상동형사상이면 임의의 $A\subseteq X$에 대하여 함수 $f|_A:(A,\ \mathcal{T}_A)\rightarrow(f(A),\ \varphi_{f(A)})$도 위상동형사상임을 보여라.

**21.** 공간 $(\mathbb{R},\ \mathcal{U})$의 두 부분공간 $\mathbb{Z}$와 $\mathbb{Q}$가 위상동형인지 아닌지를 판단하여라.

**22.** $(X,\ \mathcal{T})$와 $(Y,\ \varphi)$를 위상공간이라 하고, $\mathbb{S}$를 $\mathcal{T}$를 생성하는 $X$의 부분기저라 하자. 함수 $f:(X,\ \mathcal{T})\rightarrow(Y,\ \varphi)$가 조건

$$\text{모든 } S\in\mathbb{S}\text{에 대하여 } f(S)\in\varphi$$

를 만족하면 $f$는 개사상인가?

**23.** $(X,\ \mathcal{T})$와 $(Y,\ \varphi)$가 위상동형인 위상공간들이라 하자. $(X,\ \mathcal{T})$에 공집합이 아니고, 개집합인 동시에 폐집합인 $X$의 진부분집합이 존재하면 $(Y,\ \varphi)$에도 공집합이 아니고, 개집합인 동시에 폐집합인 $Y$의 진부분집합이 존재함을 보여라.

# 3.

# 적공간

## Product Spaces

# 3.1 두 위상공간의 적 (The Product of Two Topological Spaces)

**정리 3.1.1**

두 위상공간(topological spaces) $(X,\ \mathcal{T})$, $(Y,\ \varphi)$에서

$$\beta = \{U \times V \mid U \in \mathcal{T},\ V \in \varphi\}$$

는 집합 $X \times Y$상의 위상(topology)의 기저(base)이다.

**증명** 정리 1.4.7의 (a), (b)를 보이자.

(a) $X \times Y = \cup \{B \mid B \in \beta\}$

$\left(\because X \in \mathcal{T},\ Y \in \varphi \Rightarrow X \times Y = \bigcup_{U \in \mathcal{T},\ V \in \varphi} (U \times V)\right)$

(b) 임의의 $B_1,\ B_2 \in \beta$에 대하여, $U_1,\ U_2 \in \mathcal{T}$와 $V_1,\ V_2 \in \varphi$가 존재하여 $B_1 = U_1 \times V_1,\ B_2 = U_2 \times V_2$를 만족한다. 여기서 $B_1 \cap B_2 = (U_1 \times V_1) \cap (U_2 \times V_2) = (U_1 \cap U_2) \times (V_1 \cap V_2) \in \beta$이므로,

$$B_3 = (U_1 \cap U_2) \times (V_1 \cap V_2)$$

라 하면, 임의의 $(x,\ y) \in B_1 \cap B_2$에 대하여 $(x,\ y) \in B_3 \subseteq B_1 \cap B_2$이다.

그러므로 $\beta$는 $X \times Y$상의 위상(topology)의 기저(base)이다.

**주의** $\beta$ 자신은 $X \times Y$에서의 위상이 되지 못한다. (연습문제 7번 참고)

**정의 3.1.2**

두 위상공간(topological spaces) $(X,\ \mathcal{T})$, $(Y,\ \varphi)$에서, 정리 3.1.1에서 주어진 기

저(base) $\beta$에 의해 생성된 위상(topology)을 $X \times Y$에 대한 **적 위상(product topology)**이라고 부른다. 그리고 집합 $X \times Y$와 이 적 위상(product topology)을 함께 **적공간(product space)**이라 한다.

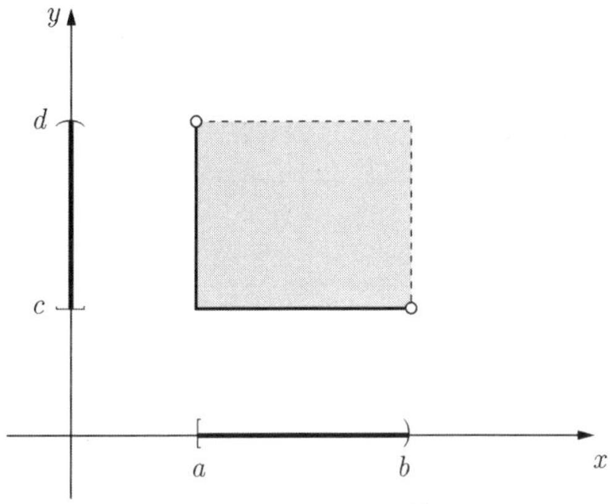


**그림 3.1.1**

**주의** 적공간(product space) $X \times Y$의 부분집합(subset) $W$가 개집합(open)일 필요충분조건은 임의의 $(x, y) \in W$에 대하여, $X$의 개집합(open) $U$와 $Y$의 개집합(open) $V$가 존재하여 $(x, y) \in U \times V \subseteq W$를 만족하는 것이다.

**예 3.1.3**

위상공간(topological space) $(\mathbb{R}, \mathcal{U})$에서 $\mathbb{R} \times \mathbb{R}$의 기저 개집합(basic open set)은 $(a, b) \times (c, d)$꼴이다.

**예 3.1.4**

위상공간(topological space) $(\mathbb{R}, \mathcal{H})$에서 $\mathbb{R} \times \mathbb{R}$의 기저 개집합(basic open set)은 $[a, b) \times [c, d)$꼴이다(그림 3.1.1).

**예 3.1.5**

$X = (\mathbb{R}, \mathcal{U})$, $Y = (\mathbb{R}, \mathcal{C})$일 때, 적공간 $X \times Y$의 기저 개집합(basic open set)은 $(b, c) \times (a, +\infty)$꼴이다(그림 3.1.2).

**예 3.1.6**

(1) $X$와 $Y$가 이산공간(discrete space)이면,
$X \times Y$도 이산공간(discrete space)이다.

(2) $X$와 $Y$가 비이산공간(indiscrete space)이면,
$X \times Y$도 비이산공간(indiscrete space)이다.

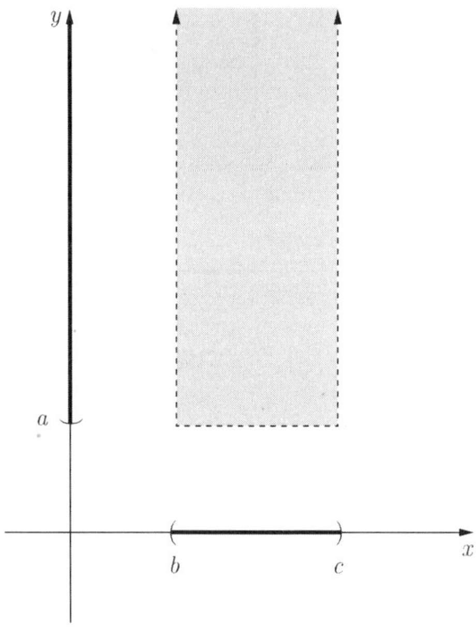


**그림 3.1.2**

**예 3.1.7**

$X=\{a, b, c\}$, $\mathcal{T}=\{X, \varnothing, \{a\}, \{a, b\}\}$이고, $Y=\{m, n\}$, $\varphi=\{Y, \varnothing, \{m\}\}$이라 하면, $\beta=\{X\times Y, \varnothing, X\times\{m\}, \{a\}\times\{m\}, \{a\}\times Y, \{a, b\}\times Y, \{a, b\}\times\{m\}\}$이다.

**정리 3.1.8**

두 위상공간(topological spaces) $(X, \mathcal{T})$, $(Y, \varphi)$에서, $\beta_1$과 $\beta_2$가 각각 $(X, \mathcal{T})$와 $(Y, \varphi)$의 기저(base)이면, 집합족

$$\beta = \{B_1 \times B_2 \mid B_1 \in \beta_1,\ B_2 \in \beta_2\}$$

는 적공간(product space) $X \times Y$의 기저(base)이다.

**증명** $W$를 $X \times Y$의 개집합(open)이라고 하고, $(x,\ y) \in W$라 하자. 그러면 기저 원소(base element) $U \times V$가 존재하여 $(x,\ y) \in U \times V \subseteq W$를 만족한다. $\beta_1$과 $\beta_2$가 각각 $X$와 $Y$의 기저(base)이므로, 기저 원소(base element) $B_1 \in \beta_1$, $B_2 \in \beta_2$가 각각 존재하여, $x \in B_1 \subset U$와 $y \in B_2 \subset V$를 만족한다. 따라서

$$(x,\ y) \in B_1 \times B_2 \subseteq U \times V \subseteq W$$

이다. 그리고 $B_1 \times B_2 \in \beta$이다. 그러므로 $\beta$는 $X \times Y$상의 적 위상(product topology)의 기저(base)이다.

### 정리 3.1.9

두 위상공간(topological spaces) $(X,\ \mathcal{T})$와 $(Y,\ \varphi)$에서, $A \subseteq X$, $B \subseteq Y$일 때, $\mathrm{Cl}(A \times B) = \mathrm{Cl}(A) \times \mathrm{Cl}(B)$ 이다.

**증명** ($\subseteq$) 임의의 $(x,\ y) \in \mathrm{Cl}(A \times B)$에 대하여, $U$를 $x$를 포함하는 $X$의 임의의 개집합(open)이라 하고, $V$를 $y$를 포함하는 $Y$의 임의의 개집합(open)이라 하자. 그러면 $U \times V$는 $(x,\ y)$를 포함하는 $X \times Y$의 개집합(open)이 된다. 이때, $(x,\ y) \in \mathrm{Cl}(A \times B)$이므로 $(U \times V) \cap (A \times B) \neq \varnothing$ 이다. 그런데

$$(U \times V) \cap (A \times B) = (U \cap A) \times (V \cap B)$$

이므로, $U \cap A \neq \varnothing$ 이고 $V \cap B \neq \varnothing$ 이다. 따라서 $x \in \mathrm{Cl}(A)$이고 $y \in \mathrm{Cl}(B)$이다. 그러므로 $(x,\ y) \in \mathrm{Cl}(A) \times \mathrm{Cl}(B)$이다.

($\supseteq$) 임의의 $(x,\ y) \in \mathrm{Cl}(A) \times \mathrm{Cl}(B)$에 대하여, $W$를 $(x,\ y)$를 포함하는 $X \times Y$의 임의의 개집합(open)이라 하자. 그러면 기저 개집합(basic open) $U \times V(U \in \mathcal{T},\ V \in \varphi)$가 존재하여, $(x,\ y) \in U \times V \subseteq W$를 만족한다. 따라서 $x \in U$이고 $y \in V$이다. 그런데 $x \in \mathrm{Cl}(A)$이고 $y \in \mathrm{Cl}(B)$이므로 $U \cap A \neq \varnothing$이고 $V \cap B \neq \varnothing$이다. 따라서

$$(U \times V) \cap (A \times B) = (U \cap A) \times (V \cap B) \neq \varnothing$$

이다. 즉, $W \cap (A \times B) \neq \varnothing$이다. 그러므로 $(x,\ y) \in \mathrm{Cl}(A \times B)$이다.

### 정리 3.1.10

두 위상공간(topological spaces) $(X,\ \mathcal{T})$, $(Y,\ \varphi)$에서, $A$가 $X$의 폐집합(closed)이고 $B$가 $Y$의 폐집합(closed)이면, $A \times B$는 $X \times Y$의 폐집합(closed)이다.

**증명** $A$와 $B$가 각각 $X$와 $Y$의 폐집합(closed)이므로,

$$\mathrm{Cl}(A \times B) = \mathrm{Cl}(A) \times \mathrm{Cl}(B) = A \times B$$

이다. 그러므로 $A \times B$는 $X \times Y$의 폐집합(closed)이다.

### 정리 3.1.11

두 위상공간(topological spaces) $(X,\ \mathcal{T})$, $(Y,\ \varphi)$에서 $A \subseteq X$, $B \subseteq Y$일 때,

$$\mathrm{Int}(A \times B) = \mathrm{Int}(A) \times \mathrm{Int}(B)$$

이다.

**증명** ($\subseteq$) 임의의 $(x,\ y) \in \mathrm{Int}(A \times B)$에 대하여, $X \times Y$의 개집합(open) $W$가 존재하여 $(x,\ y) \in W \subseteq A \times B$를 만족한다. 이때, $X \times Y$의 기저 개집합(basic open) $U \times V$가 존재하여,

$$(x,\ y) \in U \times V \subseteq W (\subseteq A \times B)$$

를 만족한다. 따라서 $x \in U \subseteq A, y \in V \subseteq B\ (U \in \mathcal{T})$, $V \in \varphi)$이다.

즉, $x \in \mathrm{Int}(A)$, $y \in \mathrm{Int}(B)$이므로 $(x, y) \in \mathrm{Int}(A) \times \mathrm{Int}(B)$이다.

($\supseteq$) 임의의 $(x, y) \in \mathrm{Int}(A) \times \mathrm{Int}(B)$에 대하여, $x \in \mathrm{Int}(A)$, $y \in \mathrm{Int}(B)$이므로 $U \in \mathcal{T}$와 $V \in \varphi$가 존재하여 $x \in U \subseteq A, y \in V \subseteq B$를 만족한다. 따라서 $(x, y) \in U \times V \subseteq A \times B$이고 $U \times V$는 $X \times Y$의 개집합(open)이다. 그러므로 $(x, y) \in \mathrm{Int}(A \times B)$이다.

# 연습문제

**01.** 집합 $X$와 $Y$에서, $U$와 $A$가 $X$의 부분집합이고, $V$와 $B$가 $Y$의 부분집합일 때, $(A \times B) \cap (U \times V) = (A \cap U) \times (B \cap V)$임을 증명하여라.

**02.** $X = (\mathbb{R}, \mathcal{U})$이고 $Y = (\mathbb{R}, \mathcal{H})$일 때, 다음 공간의 기저 개집합(basic open set)을 설명하여라.

(a) 적공간(product space) $X \times Y$

(b) 적공간(product space) $Y \times X$

**03.** $X = (\mathbb{R}, \mathcal{C})$일 때, 적공간(product space) $X \times X$의 기저 개집합(basic open set)을 설명하여라.

**04.** $X = (\mathbb{R}, \mathcal{D})$이고 $Y = (\mathbb{R}, \mathcal{I})$일 때, 적공간(product space) $X \times Y$의 기저 개집합(basic open set)을 설명하여라.

**05.** $X = \mathbb{R}$가 위상(topology) $\mathcal{T} = \{U \subseteq X : 1 \in U \text{ or } U = \varnothing\}$를 가진다고 하고, $Y = \mathbb{R}$가 위상(topology) $\varphi = \{U \subseteq Y : 2 \in U \text{ or } U = \varnothing\}$를 가진다고 할 때, $X \times Y$상의 적 위상(product topology)을 설명하여라.

**06.** $X = \{a, b, c\}$일 때, $\mathcal{T} = \{X, \varnothing, \{a\}, \{b\}, \{a, b\}\}$이고, $Y = \{p, q\}$일 때, $\varphi = \{Y, \varnothing, \{q\}\}$이라 할 때, 정리 3.1.1에 주어진 $X \times Y$상의 적 위상(product topology)에 대한 기저 개집합들을 나열하여라.

**07.** $\mathbb{R}$이 보통 위상(usual topology)을 가진다고 할 때, 적공간(product space)의 개집합(open)은 되지만, $\mathbb{R}$의 개부분집합(open subset)들의 적(product)은 되지 않는, $\mathbb{R}^2 = \mathbb{R} \times \mathbb{R}$의 부분집합들에 대해 설명하여라.

**08.** $(X, \mathcal{T})$와 $(Y, \varphi)$가 위상공간(topological space)이고, $A \subseteq X$, $B \subseteq Y$이라

할 때, $\mathrm{Ext}(A \times B) \supseteq \mathrm{Ext}(A) \times \mathrm{Ext}(B)$가 성립함을 보여라. 일반적으로 등호가 성립하지 않음을 보여라.

**09.** $X$를 두 공간 $(\mathbb{R}, \mathcal{U})$와 $(\mathbb{R}, \mathcal{D})$의 적공간이라 하자. $X$의 부분집합 $A = (-1, 1) \times (-1, 1)$의 폐포와 경계를 각각 구하여라.

**10.** $\mathcal{T}$를 $\mathbb{R}$ 위의 여가산위상이라 하자. $(\mathbb{R}, \mathcal{T})$에서 $\mathbb{R} - \mathbb{Q}$의 내부, 도집합, 폐포와 경계를 각각 구하여라.

**11.** 실수 전체의 집합 $\mathbb{R}$ 위의 두 위상 $\mathcal{T}_1$, $\mathcal{T}_2$를 $\mathcal{T}_1 = \{\varnothing, \mathbb{R}, \mathbb{Q}, \mathbb{R} - \mathbb{Q}\}$, $\mathcal{T}_2 = \{\varnothing, \mathbb{R}, \mathbb{N}, \mathbb{R} - \mathbb{N}\}$으로 정의하자. 적공간 $(\mathbb{R}, \mathcal{T}_1) \times (\mathbb{R}, \mathcal{T}_2)$에서 다음 명제들이 성립함을 보여라.

(a) $[0, 1] \times [0, 1]$은 조밀하다.

(b) 함수 $F : (\mathbb{R}, \mathcal{T}_1) \to (\mathbb{R}, \mathcal{T}_1) \times (\mathbb{R}, \mathcal{T}_2)$를 $F(x) = \begin{cases} (x, 1), & x \in \mathbb{Q} \\ (x, -1), & x \in \mathbb{R} - \mathbb{Q} \end{cases}$ 로 정의하면 $F$는 연속이다.

**12.** 각각의 $n \in \mathbb{N}$에 대하여 $A_n = \{k \in \mathbb{N} \mid k \geq n\}$이라 하고, $\beta = \{A_n \mid n \in \mathbb{N}\}$이라 하자. $\beta$를 기저로 하는 $\mathbb{N}$ 위의 위상을 $\mathcal{T}$라 하자. $X = (\mathbb{N}, \mathcal{T})$라 하고, $Y = ([0, 1], \mathcal{U}_{[0, 1]})$라 하자. 그리고 $X \times Y$를 $X$와 $Y$의 적공간(product space)이라 하자.

(1) $\beta$가 실제로 $\mathbb{N}$ 위의 위상의 기저가 됨을 보여라.

(2) 집합 $\{2n \mid n \in \mathbb{N}\} \times \{Y \cap \mathbb{Q}\}$는 $X \times Y$의 조밀부분집합임을 보여라.

(3) $f(n) = \left(2n, \dfrac{1}{n}\right)$로 정의된 함수 $f : X \to X \times Y$가 연속이 아님을 보여라.

**13.** 함수 $f : \mathbb{Z} \to \mathbb{R}$를 $f(n) = n^2$으로 정의하고, $\mathbb{Z}$ 위의 위상 $\mathcal{T}$를 $\mathcal{T} = \{f^{-1}(U) \mid U \in \mathcal{U}\}$로 정의하자. $A = \{0\} \cup \mathbb{N}$, $B = \{-1, 1\}$이라 하자.

(1) $\mathcal{T}$가 실제로 $\mathbb{Z}$ 위의 위상이 됨을 보여라.

(2) 적공간 $(\mathbb{Z}, \mathcal{T}) \times (\mathbb{Z}, \mathcal{T})$에서 집합 $A \times B$의 폐포, 내부, 경계를 구하여라.

**14.** 실수 전체의 집합 $\mathbb{R}$에서 $\beta_1 = \{[a,\ b) \mid a,\ b \in \mathbb{R},\ a < b\}$을 기저로 하는 위상을 $\mathcal{T}_1$, $\beta_2 = \{(a,\ b] \mid a,\ b \in \mathbb{R},\ a < b\}$를 기저로 하는 위상을 $\mathcal{T}_2$라 하자. 적공간 $(\mathbb{R},\ \mathcal{T}_1) \times (\mathbb{R},\ \mathcal{T}_2)$에서 집합 $A = \{(x,\ y) \in \mathbb{R} \times \mathbb{R} \mid x^2 + y^2 \leq 1\}$의 내부, 폐포와 경계를 구하여라.

**15.** $A = \{(x,\ y) \in \mathbb{R}^2 \mid x^2 + y^2 < 4\}$를 적공간 $(\mathbb{R},\ \mathcal{U}) \times (\mathbb{R},\ \mathcal{U})$의 부분공간이라 하고, 집합 $X = \{-3,\ -2,\ -1,\ 0,\ 1,\ 2,\ 3\}$에 대하여 함수 $f : A \to X$를 $f(x,\ y) = [x^2 + y^2]$으로 정의하자. 그리고 집합 $X$ 위의 위상 $\mathcal{T}$를

$$\mathcal{T} = \{U \subseteq X \mid f^{-1}(U)\text{는 } A\text{의 개부분집합}\}$$

로 정의하자.

(1) 3을 원소로 갖는 $X$의 모든 개부분집합을 구하여라.

(2) $(X,\ \mathcal{T})$에서 집합 $B = \{1,\ 2\}$의 집적점을 모두 구하여라.

**16.** 예 3.1.6을 증명하여라.

**17.** 위상공간 $X$, $Y$에 대하여, 적공간(product space) $X \times Y$의 부분집합(subset) $W$가 개집합(open)일 필요충분조건은 임의의 $(x,\ y) \in W$에 대하여, $X$의 개집합(open) $U$와 $Y$의 개집합(open) $V$가 존재하여

$$(x,\ y) \in U \times V \subseteq W$$

를 만족하는 것임을 증명하여라.

**18.** 두 위상공간(topological spaces) $(X,\ \mathcal{T})$, $(Y,\ \varphi)$에서 $A \subseteq X$, $B \subseteq Y$일 때, $\mathrm{Bd}(A \times B) = \mathrm{Bd}(A) \times \mathrm{Bd}(B)$가 성립하는가?

# 3.2 유한 적(Finite Products)과 사영(Projections)

**정리 3.2.1**

유한개의 위상공간(topological spaces) $(X_1, \mathcal{T}_1)$, $(X_2, \mathcal{T}_2)$, $\cdots$, $(X_n, \mathcal{T}_n)$에서

$$\beta = \{U_1 \times U_2 \times \cdots U_n \mid U_i \in \mathcal{T}_i \text{ for } i = 1, 2, \cdots, n\}$$

는 집합(set) $X_1 \times X_2 \times \cdots \times X_n$상의 위상(topology)의 기저(base)이다.

**증명** 정리 1.4.7의 (a), (b)를 보이자.

(a) $i = 1, 2, \cdots, n$에 대하여 $X_i \in \mathcal{T}_i$이므로, $X_1 \times X_2 \times \cdots \times X_n \in \beta$이다. 따라서 $X_1 \times X_2 \times \cdots X_n = \cup\{B \mid B \in \beta\}$이다.

(b) $B_1$, $B_2 \in \beta$라 하자. 그러면

$$U_i \in \mathcal{T}_i \text{와 } V_i \in \mathcal{T}_i \ (i = 1, 2, \cdots n)$$

들이 존재하여, $B_1 = U_1 \times U_2 \times \cdots \times U_n$와 $B_2 = V_1 \times V_2 \times \cdots \times V_n$를 만족한다. 이때,

$$\begin{aligned} B_1 \cap B_2 &= (U_1 \times U_2 \times \cdots \times U_n) \cap (V_1 \times V_2 \times \cdots \times V_n) \\ &= (U_1 \cap V_1) \times (U_2 \cap V_2) \times \cdots \times (U_n \cap V_n) \in \beta \end{aligned}$$

이므로, $B_3 = (U_1 \cap V_1) \times \cdots \times (U_n \cap V_n)$라 하면, 임의의

$$(x_1, x_2, \cdots, x_n) \in B_1 \cap B_2$$

에 대하여, $(x_1, \cdots, x_n) \in B_3 \subseteq B_1 \cap B_2$이다.

**정의 3.2.2**

유한개의 위상공간(topological space)

$$(X_1,\ \mathcal{T}_1),\ (X_2,\ \mathcal{T}_2),\ \cdots,\ (X_n,\ \mathcal{T}_n)$$

에서, 정리 3.2.1에서 주어진 기저(base) $\beta$에 의해 생성된 위상(topology)을 $X_1 \times X_2 \times \cdots \times X_n$의 **적 위상(product topology)**이라 부른다. 그리고 집합 $X_1 \times X_2 \times \cdots \times X_n$와 이 적 위상(product topology)을 함께 **적공간(product space)**이라고 한다.

**정리 3.2.3**

유한개의 위상공간(topological space)

$$(X_1,\ \mathcal{T}_1),\ (X_2,\ \mathcal{T}_2),\ \cdots,\ (X_n,\ \mathcal{T}_n)$$

에서 $\beta_i$가 각각 $\mathcal{T}_i\,(i=1,\ 2,\ \cdots n)$의 기저(base)이면,

$$\beta = \{B_1 \times B_2 \times \cdots B_n \,|\, B_i \in \beta_i,\quad i=1,\ 2,\ \cdots,\ n\}$$

는 적공간(product space) $X_1 \times \cdots \times X_n$의 기저(base)이다.

**예 3.2.4**

위상공간(topological space) $(\mathbb{R},\ \mathcal{U})$에서, $\beta$를 모든 개구간(open intervals)들을 포함하는 $\mathcal{U}$의 기저(base)라고 할 때, 위의 정리를 적용시키면 $\mathbb{R}^3 = \mathbb{R} \times \mathbb{R} \times \mathbb{R}$는 $I_1 \times I_2 \times I_3$ 형태의 "열린 상자(open box)"들로 구성된 기저(base)를 갖게 된다. 이 적공간(product space)은 '열린 공(open ball)'들로 이루어진 기저(base)를 갖는 $\mathbb{R}^3$상의 위상(topology)과 같고 결국 열린 상자들로 구성된 기저(base)와 열린 공들로 구성된 기저(base)는 같은 위상(topology)에 대한 다른 두 기저(base)들이다.

**예 3.2.5**

$(\mathbb{R},\ \mathcal{H})$에서 적공간(product space) $\mathbb{R}^3$의 대표적인(typical) 기저 개집합(basic open)은 $[a,\ b) \times [c,\ d) \times [e,\ f)$ 형태의 "반 열린 상자(half-open box)"이다.

**정의 3.2.6**

$X_1$, $X_2$, $\cdots$, $X_n$들을 집합(sets)이라고 하자. 각각의 $i=1,\ 2,\ \cdots,\ n$에 대하여, $P_i(x_1,\ x_2,\ \cdots,\ x_n)=x_i$로 정의된 함수

$$P_i\ :\ \prod_{i=1}^{n} X_i \to X_i$$

를 $i$ 번째 **사영(projection)** 또는 $i$ 번째 **사영 함수(projection function)**라 한다.

**예 3.2.7**

$X_1=X_2=\mathbb{R}$이고, $P_1\ :X_1\times X_2\to X_1$와 $P_2\ :X_1\times X_2\to X_2$를 사영(projections)이라 할 때, $A=\{(x,\ y)\mid 1\le\ x\ \le 3,\ 2\le\ y\ \le 2x\}$라 두면,

$$P_1(A)=[1,\ 3],\quad P_2(A)=[2,\ 6]$$
$$P_1^{-1}[1,\ 3]=[1,\ 3]\times\mathbb{R},\quad P_2^{-1}[2,\ 6]=\mathbb{R}\times[2,\ 6]$$

이다(그림 3.2.1).

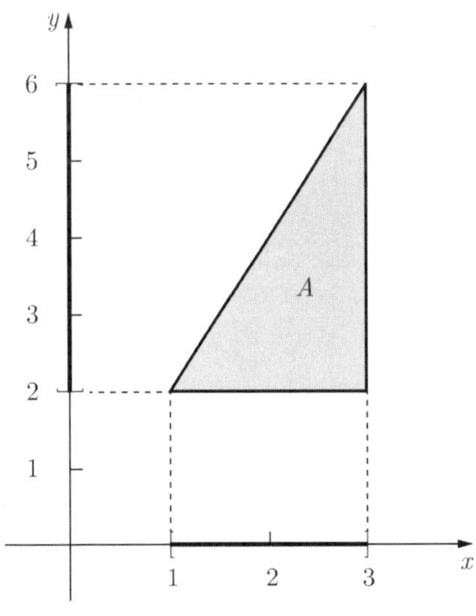


그림 3.2.1

**보조정리 3.2.8**

$X_1, X_2, \cdots, X_n$들을 집합(sets)이라 할 때, 각각의 $i=1, 2, \cdots, n$에 대하여, $V_i \subseteq X_i$이면,

$$P_i^{-1}(V_i) = X_1 \times X_2 \times \cdots \times X_{i-1} \times V_i \times X_{i+1} \times \cdots \times X_n$$

이다($P_i(X_1 \times \cdots \times V_i \times \cdots \times X_n) = V_i$).

**증명** 임의의 $(x_1, x_2, \cdots, x_n) \in X_1 \times X_2 \times \cdots \times X_n$에 대하여,

$$\begin{aligned} &(x_1, x_2, \cdots, x_n) \in P_i^{-1}(V_i) \\ &\Leftrightarrow P_i(x_1, x_2, \cdots, x_n) \in V_i \\ &\Leftrightarrow x_i \in V_i \\ &\Leftrightarrow (x_1, x_2, \cdots, x_n) \in X_1 \times X_2 \times \cdots \times V_i \times X_{i-1} \times \cdots \times X_n \end{aligned}$$

**보조정리 3.2.9**

$X_1, X_2, \cdots, X_n$들이 집합(sets)이고 각각의 $i=1, 2, \cdots, n$에 대하여 $V_i \subseteq X_i$이면, $\cap \{P_i^{-1}(V_i) \mid i=1, 2, \cdots, n\} = V_1 \times V_2 \times \cdots \times V_n$이다.

**증명** 임의의 $(x_1, x_2, \cdots, x_n) \in X_1 \times X_2 \times \cdots \times X_n$에 대하여,

$(x_1, x_2, \cdots, x_n) \in \cap \{P_i^{-1}(V_i) \mid i=1, 2, \cdots, n\}$

$\Leftrightarrow$ 각각의 $i=1, 2, \cdots, n$에 대하여, $(x_1, x_2, \cdots, x_n) \in P_i^{-1}(V_i)$.

$\Leftrightarrow$ 각각의 $i=1, 2, \cdots, n$에 대하여, $P_i(x_1, x_2, \cdots, x_n) \in V_i$.

$\Leftrightarrow$ 각각의 $i=1, 2, \cdots, n$에 대하여, $x_i \in V_i$.

$\Leftrightarrow$ $(x_1, x_2, \cdots, x_n) \in V_1 \times V_2 \times \cdots \times V_n$.

**예 3.2.10**

$X_1 = X_2 = \mathbb{R}$이고, $P_1 : X_1 \times X_2 \to X_1$와 $P_2 : X_1 \times X_2 \to X_2$를 사영(projections)

이라 할 때, $V_1 = [1,\ 2] \subseteq X_1$, $V_2 = [3,\ 4] \subseteq X_2$라 두면, $P_1^{-1}(V_1) = [1,\ 2] \times \mathbb{R}$이고, $P_2^{-1}(V_2) = \mathbb{R} \times [3,\ 4]$이다. 또한

$$P_1^{-1}(V_1) \cap P_2^{-1}(V_2) = [1,\ 2] \times [3,\ 4]$$

이다(그림 3.2.2).

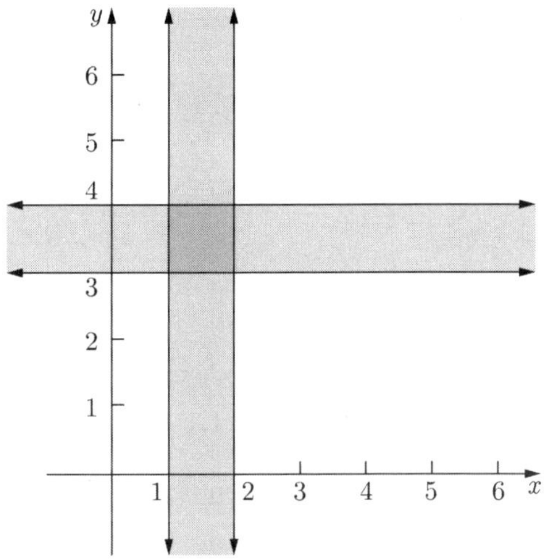


**그림 3.2.2**

**정리 3.2.11**

각각의 $i = 1,\ 2,\ \cdots,\ n$에 대하여 $(X_i,\ \mathcal{T}_i)$가 위상공간(topological space)일 때, 각각의 $i$에 대하여 사영(projection)

$$P_i\ :\ X_1 \times X_2 \times \cdots \times X_n \rightarrow X_i$$

는 개사상(open map)이고, 연속(continuous)이다.

**증명** (i) $P_i$는 개사상(open map)이다:

$P_i$이 개사상임을 보이기 위해서 임의의 기저 개집합(basic open set)의 상(image)이 개집합임을 보이면 충분하다. $U$를

$$U = U_1 \times U_2 \times \cdots \times U_n$$
$$(\text{각각의 } i = 1,\ 2,\ \cdots,\ n\text{에 대하여, } U_i \in \mathcal{T}_i)$$

형태의 기저 개집합(basic open set)이라고 하자. 그러면 $P_i(U) = U_i$는 $X_i$의 개집합(open)이다. 따라서 $P_i$는 개사상이다.

(ii) $P_i$는 연속(continuous)이다:
$V_i$를 $X_i$의 개집합(open)이라고 하자. 보조정리 3.2.8에 의하여

$$P_i^{-1}(V_i) = X_1 \times \cdots \times X_{i-1} \times V_i \times X_{i+1} \times \cdots \times X_n$$

이고 이는 적공간(product space)에서 개집합(open)이다.

### 정리 3.2.12

각각의 $i = 1,\ 2,\ \cdots,\ n$에 대하여 $(X_i,\ \mathcal{T}_i)$가 위상공간(topological space)일 때, 적위상(product topology)은 $X_1 \times X_2 \times \cdots \times X_n$상에서 모든 사영(projection)이 연속(continuous)인, 가장 조잡한 위상(topology)이다.

**증명** $\mathscr{T}$를 모든 사영(projection)이 연속(continuous)인, $X_1 \times X_2 \times \cdots \times X_n$의 임의의 위상(topology)이라 하자. 이때, 적 위상(product topology)이 $\mathscr{T}$에 포함됨을 보인다. 즉, 적 위상(product topology)의 임의의 기저 개집합(basic open set)이 $\mathscr{T}$에도 역시 포함됨을 보이면 충분하다.
$W$를 $W = U_1 \times U_2 \times \cdots \times U_n$ $(U_i \in \mathcal{T}_i$, for *all* $i = 1,\ 2,\ \cdots,\ n)$의 형태를 갖는 적공간(product space)의 기저 개집합(basic open set)이라 하자. 그러면 보조정리 3.2.9에 의해 $W = \cap \{P_i^{-1}(U_i) \mid i = 1,\ 2,\ \cdots,\ n\}$인데, $P_i$가 모든 $i$에 대하여 $\mathscr{T} - \mathcal{T}_i$ 연속(continuous)이므로, $P_i^{-1}(U_i)$는 모든 $i$에 대하여 $\mathscr{T}$-개집합(open)이다. 이때, $\cap \{P_i^{-1}(U_i) \mid\ i = 1,\ 2,\ \cdots,\ n\}$는 $\mathscr{T}$-개집합(open)이다($\because$ $\mathscr{T}$-개집합(open)의 유한 교집합(finite intersection)이므로). 그러므로 적 위상(product topology)은 $\mathscr{T}$에 포함된다.

**정리 3.2.13**

각각의 $i=1, 2, \cdots, n$에 대하여 $(Y_i, \mathcal{T}_i)$와 $(X, \varphi)$가 위상공간(topological space)일 때, 함수 $f : X \to \prod_{i=1}^{n} Y_i$가 연속(continuous)일 필요충분조건은 각각의 $i=1, 2, \cdots, n$에 대하여 $P_i \circ f : X \to Y_i$가 연속(continuous)인 것이다.

**증명** ($\Rightarrow$) $f$가 연속(continuous)이라고 가정하자.

정리 3.2.11에 의하여 $P_i$가 연속(continuous)이므로, 정리 2.2.6에 의하여 $P_i \circ f$는 연속(continuous)이다.

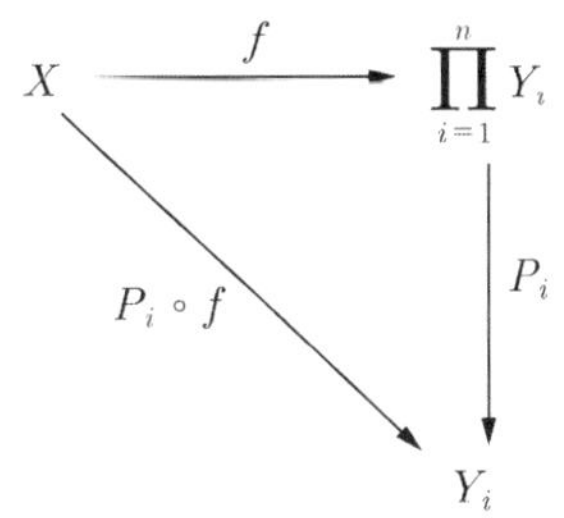


($\Leftarrow$) 각각의 $i$에 대하여 $P_i \circ f$이 연속(continuous)이라고 가정하자. $f$가 연속임을 보이기 위하여 임의의 기저 개집합(basic open set)의 역상(inverse image)이 개집합(open)임을 보이면 충분하다.

$W = V_1 \times V_2 \times \cdots \times V_n$ $(V_i \in \mathfrak{I}_i)$를 적공간(product space)의 기저 개집합(basic open set)이라 하자. 그러면 보조정리 3.2.9에 의해 $W = \cap\{P_i^{-1}(V_i) \mid i=1, 2, \cdots, n\}$이다.

따라서

$$\begin{aligned} f^{-1}(W) &= f^{-1}(\cap\{P_i^{-1}(V_i) \mid i=1, 2, \cdots, n\}) \\ &= \cap\{f^{-1}(P_i^{-1}(V_i)) \mid i=1, 2, \cdots, n\} \\ &= \cap\{(P_i \circ f)^{-1}(V_i) \mid i=1, 2, \cdots, n\} \end{aligned}$$

인데, 이는 $\varphi$-개집합(open)들의 유한 교집합(finite intersection)이므로, 역시 $\varphi$-개집합(open)이다. 그러므로 $f$는 연속(continuous)이다.

## 연습문제

**01.** $\mathbb{R}$이 $\mathscr{H}$ 위상(topology)을 가질 때, $\mathbb{R}^3 = \mathbb{R}\times\mathbb{R}\times\mathbb{R}$상의 적 위상(product topology)의 기저 개집합을 설명하여라.

**02.** $\mathbb{R}$이 위상(topology) $\mathcal{T} = \{U \subseteq X \mid U = \varnothing \text{ or } 1 \in U\}$를 가질 때, 적공간 $\mathbb{R}^4$의 기저 개집합(basic open set)을 설명하여라.

**03.** $\mathbb{R}$상의 위상 $\mathcal{T}$, $\varphi$, $\mathcal{I}$를 다음과 같이 정의하자.

$$\mathcal{T} = \{U \subseteq \mathbb{R} : U = \varnothing \text{ or } 1 \in U\}$$
$$\varphi = \{U \subseteq \mathbb{R} : U = \mathbb{R} \text{ or } 2 \notin U\}$$
$$\mathcal{I} = \{U \subseteq \mathbb{R} : U = \varnothing \text{ or } 2 \in U\}$$

$X = (\mathbb{R}, \mathcal{T})$, $Y = (\mathbb{R}, \varphi)$, $Z = (\mathbb{R}, \mathcal{I})$이라 할 때, 적공간(product space) $X\times Y\times Z$의 기저 개집합(basic open set)을 설명하여라.

**04.** $X_1 = X_2 = \mathbb{R}$이고

$$P_1 : X_1\times X_2 \rightarrow X_1,\ P_2 : X_1\times X_2 \rightarrow X_2$$

가 사영(projection)일 때, 집합 $A = \{(x, y) : 1 \le x \le 2,\ 3 \le y \le 3x\}$에 대하여, $P_1(A)$과 $P_2(A)$를 각각 구하여라. 그리고 평면에 집합 $A$를 그리고, 집합 $P_1(A)$와 $P_2(A)$를 $x$축과 $y$축 위에 각각 그려라.

**05.** $X_1 = X_2 = \mathbb{R}$이고

$$P_1 : X_1\times X_2 \rightarrow X_1,\ P_2 : X_1\times X_2 \rightarrow X_2$$

가 사영(projection)일 때, 집합 $A = \{(x, y) : x^2 + 3y^2 \le 12\}$에 대하여, 집합 $P_1(A)$와 $P_2(A)$를 각각 구하여라. 그리고 평면에 집합 $A$를 그리고, 집합 $P_1(A)$와 $P_2(A)$를 $x$축과 $y$축 위에 각각 그려라.

**06.** $X_1 = X_2 = \mathbb{R}$이고, $P_1 : X_1 \times X_2 \rightarrow X_1$, $P_2 : X_1 \times X_2 \rightarrow X_2$가 사영일 때, 다음 집합들을 각각 구하고 그려 보아라.

(a) $P_1^{-1}([1,\ 3])$ (b) $P_2^{-1}([2,\ 4])$

(c) $P_1^{-1}([1,\ 3]) \cap P_2^{-1}([2,\ 4])$

**07.** $(X,\ \mathcal{T})$, $(Y,\ \varphi)$를 위상공간(topological spaces)이라 하자. $a \in Y$이고, $A = X \times \{a\}$일 때, 집합 $A$에 제한된 사영(projection) $P_1|_A : A \rightarrow X$가 위상동형사상(homeomorphism)임을 보여라.

**08.** $(X_1,\ \mathcal{T}_1)$, $(X_2,\ \mathcal{T}_2)$, $\cdots$, $(X_n,\ \mathcal{T}_n)$가 위상공간들(topological spaces)이고, 각각의 $i \in \{1,\ 2,\ \cdots,\ n\}$에 대하여 $F_i$가 $X_i$의 폐부분집합(closed subset)이면, 집합 $F_1 \times F_2 \times \cdots \times F_n$가 적공간(product space) $X_1 \times X_2 \times \cdots \times X_n$의 폐부분집합(closed subset)임을 증명하여라.

**09.** $(X_1,\ \mathcal{T}_1)$, $(X_2,\ \mathcal{T}_2)$, $\cdots$, $(X_n,\ \mathcal{T}_n)$가 위상공간들(topological spaces)이고, 각각의 $i \in \{1,\ 2,\ \cdots,\ n\}$에 대하여 $U_i \subseteq X_i$일 때,

$$\mathrm{Cl}(U_1) \times \mathrm{Cl}(U_2) \times \cdots \times \mathrm{Cl}(U_n) = \mathrm{Cl}(U_1 \times U_2 \times \cdots \times U_n)$$

임을 증명하여라.

**10.** $(X_1,\ \mathcal{T}_1)$, $(X_2,\ \mathcal{T}_2)$, $\cdots$, $(X_n,\ \mathcal{T}_n)$가 위상공간들(topological spaces)이고, 각각의 $i \in \{1,\ 2,\ \cdots,\ n\}$에 대하여 $U_i \subseteq X_i$일 때,

$$\mathrm{Int}(U_1) \times \mathrm{Int}(U_2) \times \cdots \times \mathrm{Int}(U_n) = \mathrm{Int}(U_1 \times U_2 \times \cdots \times U_n).$$

임을 증명하여라.

**11.** 위상공간 $X$, $Y$에 대하여 함수 $f : X \rightarrow Y$가 다음 조건을 만족할 때, $f$를 폐사상(closed map)이라 한다.

| 임의의 폐집합 $A(\subset X)$에 대하여, $f(A)$는 폐집합이다. |
|---|

보통위상공간 $\mathbb{R}$에 대하여 함수 $f: \mathbb{R} \times \mathbb{R} \rightarrow \mathbb{R}$를 $f(x, y) = x$로 정의할 때, $f$는 연속이지만 폐사상은 아님을 보여라.

## 3.3 무한 적(Infinite Products)

* 두 집합 $X_1$과 $X_2$의 카르테시안 적(cartesian product)

$$X_1 \times X_2 = \{(x_1,\ x_2) \mid x_1 \in X_1,\ x_2 \in X_2\}$$

에서 임의의 순서쌍 $(x_1,\ x_2)$는 집합 $\{1,\ 2\}$에서 집합 $X_1 \bigcup X_2$로 가는 함수로서

$$x : \{1,\ 2\} \to X_1 \bigcup X_2,\ x(1) = x_1 \in X_1,\ x(2) = x_2 \in X_2$$

로 정의된다. 즉, $X_1 \times X_2$의 원소인 순서쌍 $(x_1,\ x_2)$를 하나의 함수로 생각함으로써 $X_1 \times X_2$의 정의할 수 있다.

예

$X_1 = \{m,\ n\},\ X_2 = \{a,\ b,\ c\}$

$X_1 \times X_2 = \{(m,\ a),\ (m,\ b),\ (m,\ c),\ (n,\ a),\ (n,\ b),\ (n,\ c)\}$

$= \{x \mid x$는 $x(1) \in X_1,\ x(2) \in X_2$를 만족하는 함수

$x : \{1,\ 2\} \to X_1 \bigcup X_2\}$

$x_1$: $x_1(1) = m,\ x_1(2) = a,$ $x_2$: $x_2(1) = m,\ x_2(2) = b$

$x_3$: $x_3(1) = m,\ x_3(2) = c,$ $x_4$: $x_4(1) = n,\ x_4(2) = a$

$x_5$: $x_5(1) = n,\ x_5(2) = b,$ $x_6$: $x_6(1) = n,\ x_6(2) = c$

**정의 3.3.1 $n$ 차원으로의 확장**

유한개의 집합(set) $X_1,\ X_2,\ \cdots,\ X_n$의 적 $X_1 \times X_2 \times \cdots \times X_n$는

$$\{x \mid x : \{1,\ 2,\ \cdots,\ n\} \to X_1 \bigcup X_2 \bigcup \cdots X_n \text{ s.t } x(i) \in X_i \text{ for } \forall i\}$$

로 정의된다.

그림 3.3.1은 $\mathbb{R}^3$에 대한 위 정의의 설명이다.

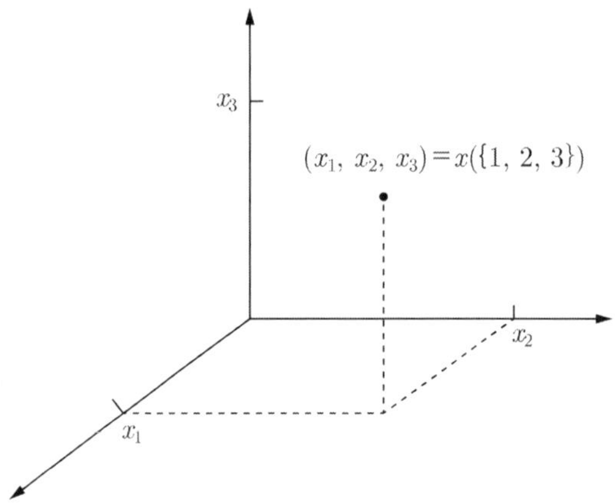


**그림 3.3.1**

### 정의 3.3.2 무한차원으로의 확장

임의의 집합족 $\{X_\alpha \mid \alpha\in\Lambda\}$의 적(product) $\prod_{\alpha\in\Lambda} X_\alpha$는

$$\{x \mid x:\ \Lambda \to \bigcup_{\alpha\in\Lambda} X_\alpha\ :\ x(\alpha)\in X_\alpha \text{ for } \ \forall\alpha\in\Lambda\}$$

로 정의된다. $\forall x\in \prod_{\alpha\in\Lambda} X_\alpha$에 대하여 $x(\alpha)=x_\alpha$로 나타내기로 하고 $x_\alpha$는 $\prod_{\alpha\in\Lambda} X_\alpha$의 한 점 $x$의 $\alpha$번째 좌표(coordinate)라 부른다.

### 정리 3.3.3

$\{(X_\alpha,\ \mathfrak{T}_\alpha) \mid \alpha\in\Lambda\}$를 위상공간들(topological spaces)의 모임이라고 할 때, $\mathcal{B}=$

$$\{\prod_{\alpha\in\Lambda} U_\alpha \mid \text{모든 } \alpha\in\Lambda\text{에 대하여 } U_\alpha\in\mathfrak{T}_\alpha\text{이고,}$$
$$\text{유한개의 제외한 } \alpha\text{에 대하여 } U_\alpha = X_\alpha\text{이다.}\}$$

는 적 집합(product set) $\prod_{\alpha\in\Lambda} X_\alpha$상에 위상(topology)의 기저(base)이다.

**증명** 정리 1.4.7 (a), (b)를 보인다.

(a) $\prod_{\alpha\in\Lambda} X_\alpha \in \mathcal{B} \Rightarrow \bigcup\{B \mid B\in\mathcal{B}\} = \prod_{\alpha\in\Lambda} X_\alpha$

(b) 모든 $B_1$, $B_2\in\mathcal{B}$에 대하여 $x\in B_1\cap B_2$이라 하면 모든 $\alpha\in\Lambda$에 대하여 $U_\alpha$, $V_\alpha\in\mathfrak{T}_\alpha$가 존재하여 $B_1 = \prod_{\alpha\in\Lambda} U_\alpha$, $B_2 = \prod_{\alpha\in\Lambda} V_\alpha$를 만족한다. 그리고 $\Lambda$의 유한 부분집합(finite subset) $F_1$과 $F_2$가 존재하여 만약 $\alpha\notin F_1$이면 $U_\alpha = X_\alpha$,이고, $\alpha\notin F_2$이면 $V_\alpha = X_\alpha$이다. 이때, $B_1\cap B_2 = \prod_{\alpha\in\Lambda} U_\alpha \cap \prod_{\alpha\in\Lambda} V_\alpha = \prod_{\alpha\in\Lambda}(U_\alpha\cap V_\alpha)$인데, 모든 $\alpha\in\Lambda$에 대하여 $U_\alpha\cap V_\alpha\in\mathfrak{T}_\alpha$이고, $\alpha\notin F_1\cup F_2$이면 $U_\alpha\cap V_\alpha = X_\alpha\cap X_\alpha = X_\alpha$이므로 $B_1\cap B_2\in\mathcal{B}$이다.

따라서 $B_3 = B_1\cap B_2$라 놓으면,

$$\forall x\in B_1\cap B_2,\ x\in B_3 \subseteq B_1\cap B_2$$

이다. 그러므로 $\mathcal{B}$는 집합 $\prod_{\alpha\in\Lambda} X_\alpha$상에 위상(topology)의 기저(base)이다.

### 정의 3.3.4

$\{(X_\alpha, \mathfrak{T}_\alpha) \mid \alpha\in\Lambda\}$를 위상공간들(topological spaces)의 모임(collection)이라고 할 때, 정리 3.3.3에 주어진 기저 B를 가지는 위상(topology)을 집합 $X = \prod\{X_\alpha \mid \alpha\in\Lambda\}$에 대한 **적 위상(product topology)**이라 부른다. 그리고 집합 $X$와 이 적 위상(product topology)을 함께 **적 공간(product spaces)**이라고 한다.

### 정의 3.3.5

$\{X_\alpha \mid \alpha\in\Lambda\}$를 집합들(sets)의 모임(collection)이라 할 때, 모든 $\beta\in\Lambda$에 대하여, $P_\beta(x) = x_\beta$로 정의되고, $x_\beta = x(\beta)$인 함수

$$P_\beta \ : \ \prod_{\alpha \in \Lambda} X_\alpha \to X_\beta$$

를 $\beta$ **번째 사영(projection)** 또는 $\beta$ **번째 사영 함수(projection function)**라고 한다.

### 정의 3.3.6

$(X, \mathfrak{I})$를 위상공간(topological space)이라 하고, $\varphi$를 $X$의 부분집합들(subsets)의 모임(collection)이라 할 때, $\varphi$의 원소들의 모든 유한교집합(finite intersections)의 모임(collection)이 $\mathfrak{I}$이 기저(base)를 이룰 때, $\varphi$를 $\mathfrak{I}$의 **부분기저(subbase)**라고 한다.

### 예 3.3.7

$\varphi$를 $\{(a, +\infty) \mid a \in \mathbb{R}\} \bigcup \{(-\infty, b) \mid b \in \mathbb{R}\}$이라 하면, $\varphi$는 $\mathbb{R}$상에서 위상 $\mathcal{U}$의 부분기저(subbase)이다. 왜냐하면 모든 $(a, b) \in \mathcal{U}(a < b)$에 대하여, $(a, b) = (-\infty, b) \bigcap (a, +\infty)$를 만족하기 때문이다.

### 예 3.3.8

$\varphi$를 $\{[a, +\infty) \mid a \in \mathbb{R}\} \bigcup \{(-\infty, b) \mid b \in \mathbb{R}\}$이라 하면, $\varphi$는 $\mathbb{R}$상에서 위상 $\mathcal{H}$의 부분기저(subbase)이다. 왜냐하면 모든 $[a, b) \in \mathcal{H}(a < b)$에 대하여, $[a, b) = (-\infty, b) \bigcap [a, +\infty)$를 만족하기 때문이다.

### 예 3.3.9

$X$를 두 개 이상의 원소를 갖는 집합(set)이라 하고, $\varphi$를 두 개의 원소를 포함하는, $X$의 모든 부분집합(subset)의 모임(collection)이라 하면, $\varphi$는 $X$상에서 위상 $\mathcal{D}$의 부분기저(subbase)이다. 왜냐하면 모든 $a \in X$에 대하여, $\{a\} = \{a, b\} \bigcap \{a, c\}$를 만족하기 때문이다.

## 정리 3.3.10

$\{(X_\alpha, \mathfrak{I}_\alpha) \mid \alpha \in \Lambda\}$를 위상공간들(topological spaces)의 모임(collection)이라 할 때,

$$\varphi = \{P_\alpha^{-1}(U_\alpha) \mid U_\alpha \in \mathfrak{I}_\alpha,\ \alpha \in \Lambda\}$$

는 집합 $\prod_{\alpha \in \Lambda} X_\alpha$상에서 적 위상(product topology)의 부분기저(subbase)이다.

**증명** $\mathcal{B}$를 정리 3.3.3에서 주어진, $\prod_{\alpha \in \Lambda} X_\alpha$의 기저(base)라고 하고,

$$U = \prod\{U_\alpha | \alpha \in \Lambda\} \in \mathcal{B}$$

를 모든 $\alpha$에 대하여 $U_\alpha \in \mathfrak{I}_\alpha$이고, $\Lambda$의 유한 부분집합(subset) $F$가 존재하여 모든 $\alpha \notin F$에 대하여 $U_\alpha = X_\alpha$라고 하자. 그러면,

$$U = \bigcap\{P^{-1}(U_\alpha) | \alpha \in F\}$$

를 보이면 충분하다.

($\subseteq$) $x \in U$라 하면, $x : \Lambda \to \bigcup_{\alpha \in \Lambda} U_\alpha$는 모든 $\alpha \in \Lambda$에 대하여,

$$x(\alpha) = x_\alpha \in U_\alpha$$

를 만족한다. 이때, 모든 $\alpha \in F$에 대하여, $P_\alpha(x) = x_\alpha \in U_\alpha$이므로, $x \in P_\alpha^{-1}(x_\alpha) \subseteq p_\alpha^{-1}(U_\alpha)$이다. 따라서, $x \in \bigcap_{\alpha \in F} P_\alpha^{-1}(U_\alpha)$이다. 그러므로, $U \subseteq \bigcap\{P_\alpha^{-1}(U_\alpha) | \alpha \in F\}$이다.

($\supseteq$) $x \in \bigcap\{P_\alpha^{-1}(U_\alpha) \mid \alpha \in F\}$라 하면, 모든 $\alpha \in F$에 대하여 $x \in P_\alpha^{-1}(U_\alpha)$이고, $x_\alpha = P_\alpha(x) \in U_\alpha$이다. 또한 모든 $\alpha \in \Lambda - F$에 대하여, $X_\alpha = U_\alpha$이므로 $P_\alpha(x) = x_\alpha \in U_\alpha$이다. 즉, 모든 $\alpha$에 대하여 $P_\alpha(x) = x_\alpha \in U_\alpha$이므로 $x \in \prod_{\alpha \in \Lambda} U_\alpha = U$이다. 그러므로,

$$\bigcap\{\mathrm{P}_{\alpha}^{-1}(\mathrm{U}_{\alpha})\mid\alpha\in F\}\subseteq U\text{이다.}$$

### 정리 3.3.11

$\{(X_{\alpha}, \mathfrak{I}_{\alpha})\mid\alpha\in\Lambda\}$를 위상공간들(topological spaces)의 모임(collection)이라 하면, 모든 $\beta\in\Lambda$에 대하여

$$P_{\beta}\ :\ \prod_{\alpha\in\Lambda}X_{\alpha}\ \rightarrow\ X_{\beta}$$

는 개사상(open)이고, 연속(continuous)이다.

**증명** i) 연속(continuous)

모든 $V_{\beta}\in\mathfrak{I}_{\beta}$에 대하여 $P_{\beta}^{-1}(V_{\beta})$가 $\prod_{\alpha\in\Lambda}X_{\alpha}$상에서 적 위상(product topology)의 부분기저(subbase)인 $\{P_{\alpha}^{-1}(U_{\alpha})\mid U_{\alpha}\in\mathfrak{I}_{\alpha},\ \alpha\in\Lambda\}$의 원소이므로, $P_{\beta}^{-1}(V_{\beta})$는 적공간(product space)의 기저 개집합(basic open)이다. 그러므로 $P_{\beta}$는 연속(continuous)이다.

ii) 개사상(open map)

모든 기저 개집합(basic open) $U$에 대하여 $P_{\beta}(U)$가 개사상(open)임을 보인다. $U$를 다음과 같은 형태를 갖는, 적공간(product space)의 기저 개부분집합(basic open subset)이라 하자.

$$U=\prod_{\alpha\in\Lambda}U_{\alpha}$$

인데, 모든 $\alpha\in\Lambda$에 대하여 $U_{\alpha}\in\mathfrak{I}_{\alpha}$이고, $\Lambda$의 유한 부분집합 $F$가 존재하여 모든 $\alpha\notin F$에 대하여 $U_{\alpha}=X_{\alpha}$이다. 그러면 사영(projection) $P_{\beta}$의 정의에 의해,

$$P_{\beta}(U)=\{P_{\beta}(x)=x_{\beta}\in U_{\beta}\mid x\in U\}\subseteq U_{\beta}$$

이다. 그리고 $x_{\beta_{\circ}}\in U_{\beta}$에 대하여, $x\ :\ \Lambda\rightarrow\bigcup_{\alpha\in\Lambda}U_{\alpha}$를 모든 $\alpha\in\Lambda$에 대하여

$x(\alpha) = x_\alpha \in U_\alpha$라고 정의하자. 그러면 $x(\beta) = x_\beta \in U_\beta$이므로 $x \in U$이고, $x_{\beta_\circ} = P_\beta(x) \in P_\beta(U)$이다. 즉, $U_\alpha \subseteq P_\beta(U)$이다. 그러므로 $P_\beta(U) = U_\beta \in \mathfrak{I}_\beta$이다. 그러므로 $P_\beta$는 개사상(open)이다.

**정리 3.3.12**

$\{(X_\alpha, \mathfrak{I}_\alpha) \mid \alpha \in \Lambda\}$를 위상공간들(topological spaces)의 모임(collection)이라 하면, 적 위상(product topology)은 모든 사영(projection)들이 연속(continuous)인, $\prod_{\alpha \in \Lambda} X_\alpha$상에서 가장 조잡(coarse)한 위상(topology)이다.

**증명** $\varphi$를 모든 사영(projection)이 연속(continuous)인, $\prod_{\alpha \in \Lambda} X_\alpha$상의 임의의 위상(topology)이라고 하고, $U$를 적 위상(product topology)의 임의의 기저 개집합(basic open set)이라 하자. 이때, $U = \prod_{\alpha \in \Lambda} U_\alpha$인데, 모든 $\alpha \in \Lambda$에 대하여 $U_\alpha \in \mathfrak{I}_\alpha$이고, $\Lambda$의 유한 부분집합 $F$가 존재하여 모든 $\alpha \notin F$에 대하여 $U_\alpha = X_\alpha$이다. 그러면 $U = \bigcap_{\alpha \in F} P_\alpha^{-1}(U_\alpha)$이다. 그런데, $P_\alpha$가 모든 $\alpha \in F$에 대하여 $\varphi - \mathfrak{I}_\alpha$ 연속(continuous)이므로 모든 $\alpha \in F$에 대하여 $P_\alpha^{-1}(U_\alpha)$는 $\varphi$-개집합(open)이다. 따라서 $F$가 유한이므로 $\bigcap_{\alpha \in F} P_\alpha^{-1}(U_\alpha)$도 $\varphi$-개집합(open)이다. 그러므로 $U \in \varphi$이다.

**보조정리 3.3.13**

$(X, \mathfrak{I})$, $(Y, \mathscr{I})$가 위상공간들(topological spaces)이라 하고, $\varphi$가 $\mathscr{I}$의 부분기저(subbase)라 할 때, $f : X \to Y$가 연속(continuous)일 필요충분조건은 모든 $s \in \varphi$에 대하여 $f^{-1}(S)$가 개집합(open)인 것이다.

**증명** ($\Rightarrow$) 모든 $S \in \varphi$에 대하여, $S$ 한 개만의 교집합도 기저 개집합(basic open)이 되므로, $S$는 $\mathscr{I}$-개집합(open)이다. 그런데 $f$가 연속(continuous)이므로, $f^{-1}(S)$는 $\mathfrak{I}$-개집합(open)이다.

($\Leftarrow$) 모든 $U \in \mathscr{T}$에 대하여, 어떤 $S \in \varphi$가 있어 $U = \bigcup(\bigcap S)$이다. 이때, $f^{-1}(U) = f^{-1}(\bigcup(\bigcap S)) = \bigcup(\bigcap f^{-1}(S))$인데, 모든 $s \in \varphi$에 대하여 $f^{-1}(S)$가 개집합(open)이므로 $\bigcup(\bigcap f^{-1}(S))$도 $\mathfrak{T}$-개집합(open)이다. 그러므로, $f$는 연속(continuous)이다.

**정리 3.3.14**

$\{(Y_\alpha, \mathfrak{T}_\alpha) \mid \alpha \in \Lambda\}$를 위상공간들(topological spaces)의 모임(collection)이라 하고, $(X, \mathscr{T})$를 위상공간(topological space)이라 할 때,

$$f : X \to \prod_{\alpha \in \Lambda} Y_\alpha$$

이 연속(continuous)일 필요충분조건은 모든 $\alpha \in \Lambda$에 대하여,

$$P_\alpha \circ f : X \to Y_\alpha$$

가 연속(continuous)인 것이다.

**증명** ($\Rightarrow$) $f$가 연속(continuous)이라고 가정하자. 그러면 정리 2.2.13에 의하여 모든 $\alpha \in \Lambda$에 대하여 $P_\alpha \circ f$도 연속(continuous)이다.

($\Leftarrow$) 모든 $\alpha \in \Lambda$에 대하여 $P_\alpha \circ f$가 연속(continuous)이라고 가정하자. 보조정리 3.3.13에 의하여, $f$가 연속(continuous)임을 보이기 위해 $\prod_{\alpha \in \Lambda} Y_\alpha$의 임의의 부분기저 개집합(subbasic open set)의 역상이 $\mathscr{T}$의 개집합임을 보이면 충분하다.

$S$를 적공간(product space)의 임의의 부분기저 개집합(subbasic open set)으로 $P_\alpha^{-1}(V_\alpha)(\forall \alpha \in \Lambda, V_\alpha \in \mathfrak{T}_\alpha)$의 형태를 갖는다고 하자. 그러면

$$f^{-1}(S) = f^{-1}(P_\alpha^{-1}(V_\alpha)) = (P_\alpha \circ f)^{-1}(V_\alpha)$$

인데, $P_\alpha \circ f$가 연속(continuous)이므로, $f^{-1}(S)$가 $\mathscr{T}$-개집합(open)이다.

**예 3.3.15**

모든 $i \in \Lambda$에 대하여 $\Lambda = \mathbb{Z}^+$라고 하고, $X_i = \mathbb{R}$이고, $\Im_i = \mathcal{U}$이라 하자. 그리고, $X = \prod\{X_i \mid i \in \Lambda\}$라 하자.

(a) $U_1$이 개구간(open interval) $(0,\ 1)$이고, $i \neq 1$인 $i$에 대하여, $U_i = X_i$인 $\prod\{U_i \mid i \in \Lambda\}$는 적공간(product space) $X$의 개집합(open)이다.

(b) 모든 $i \in \{2,\ 4,\ 6,\ 8,\ 10\}$에 대하여 $V_i$가 개구간(open interval) $(-i,\ i)$이고, 그 외에는 $V_i = X_i$인 $\prod\{V_i \mid i \in \Lambda\}$는 적공간(product space) $X$의 개집합(open)이다.

(c) $W_i$가 모든 $i \in \Lambda$에 대하여, 개구간(open interval) $(0,\ 1)$인 $\prod\{W_i \mid i \in \Lambda\}$는 적공간(product space) $X$에서 개집합(open)도 폐집합(closed)도 아니다.

(d) 모든 $i \in \Lambda$에서 $F_i = [0,\ 1]$인 $\prod\{F_i \mid i \in \Lambda\}$는 적공간(product space) $X$의 폐집합(closed)이다.

(e) $G_i$가 모든 홀수 정수 $i$에 대하여 개구간(open interval) $(0,\ 1)$이고, 모든 짝수 정수 $i$에 대하여 $G_i = X_i$인 $\prod\{G_i \mid i \in \Lambda\}$는 적공간(product space) $X$에서 개집합(open)도 폐집합(closed)도 아니다.

(f) $x \in X$가 모든 $i \in \Lambda$에 대하여, $x(i) = x_i = 1$를 만족한다고 하면, 집합(set) $\{x\}$는 적공간(product spaces) $X$의 폐집합(closed)이다. 이를 보이기 위해 $y \in X - \{x\}$라 하자. 그러면 $y_j \neq 1$를 만족하는 $j \in \Lambda$가 존재한다. $U_j$를 $y_j$은 포함하지만 1은 포함하지 않는 개구간(open interval)이라 하고, $i \neq j$에 대하여 $U_i = X_i$라 하자. 그러면 집합 $U = \prod\{U_i \mid i \in \Lambda\}$는 적공간(product spaces) $X$의 개집합(open)이고, $y \in U \subseteq X - \{x\}$이다.

**예 3.3.16**

$\Lambda = \mathbb{Z}^+$ 라 하자. 그리고 각각의 $i \in \Lambda$에 대하여, $X_i = \mathbb{R}$이고, $\mathcal{T}_i = \mathcal{D}$라 하면 $\prod\{X_i \mid i \in \Lambda\}$는 이산위상(discrete topology)이 아니다.

예를 들어 모든 $i \in \Lambda$에 대하여 $U_i = \{i\}$라 하면, 적공간(product space) $\prod\{X_i \mid i \in \Lambda\}$에서 $\prod\{\mathrm{U_i} | \mathrm{i} \in \Lambda\}$는 개집합(open)이 아니다.

## 연습문제

**01.** $\{(X_\alpha, \mathfrak{I}_\alpha) : \alpha \in \Lambda\}$를 위상공간(topological space)들의 모임이라 하자. $W$를 적공간(product space) $\prod_{\alpha \in \Lambda} X_\alpha$의 공집합이 아닌 개부분집합(open subset)이라 할 때, 모든 $\alpha \in X_\beta$에 대하여, $x \in W$가 존재하여, $x_\beta = \alpha$를 만족하는 $\beta \in \Lambda$가 존재함을 증명하여라. 즉, $W$원소의 $\beta$번째 좌표가 제한되지 않는 $\beta \in \Lambda$가 존재함을 보여라. $W$원소의 $\beta$번째 좌표가 제한되지 않는 $\beta \in \Lambda$의 수를 무엇이라 할 수 있겠는가?

**02.** $\Lambda = [0, 9]$이라 하자. 그리고, 모든 $\alpha \in \Lambda$에 대하여, $X_\alpha = \mathbb{R}$이고, $\mathfrak{I}_\alpha = \mathfrak{D}$라 할 때, 다음 중 적공간(product space) $\prod_{\alpha \in \Lambda} X_\alpha$의 개부분집합(open subset)은 어느 것인가? 만약 개집합(open)이 아니라면, 그 이유를 설명하여라.

(a) 모든 $\alpha \in \Lambda$에 대하여, $U_\alpha = \{\alpha, \alpha+1\}$일, $\prod_{\alpha \in \Lambda} U_\alpha$.

(b) $\alpha \in \{1, 2, 7\}$에 대하여, $V_\alpha = \{\alpha, \alpha+1\}$이고, 그 외에는 $V_\alpha = X_\alpha$일 때, $\prod_{\alpha \in \Lambda} V_\alpha$.

(c) $\alpha \in [0, 1]$에 대하여, $W_\alpha = \{\alpha, \alpha+1\}$이고, 그 외에는 $W_\alpha = X_\alpha$일 때, $\prod_{\alpha \in \Lambda} W_\alpha$.

**03.** $\Lambda = [0, 1)$라 하고, 모든 $\alpha \in \Lambda$에 대하여 $X_\alpha = \mathbb{R}$이고, $\mathfrak{I}_\alpha = \mathcal{I}$이라 할 때, 다음 중 적공간(product space) $\prod_{\alpha \in \Lambda} X_\alpha$의 개집합(open)인 것은 어느 것인가? 만약 개집합(open)이 아니라면, 그 이유를 설명하여라.

(a) 모든 $\alpha \in \Lambda$에 대하여 $U_\alpha = \varnothing$일 때, $\prod_{\alpha \in \Lambda} U_\alpha$.

(b) $V_0 = \varnothing$이고, $\alpha \neq 0$에 대하여, $V_\alpha = \{\alpha\}$일 때, $\prod_{\alpha \in \Lambda} V_\alpha$.

(c) $W_0 = \varnothing$이고, $\alpha \neq 0$에 대하여, $W_\alpha = X_\alpha$일 때, $\prod_{\alpha \in \Lambda} W_\alpha$.

**04.** $\Lambda = \mathbb{Z}^+$라 하고, 모든 $i \in \Lambda$에 대하여, $X_i = \mathbb{R}$이고, $\mathfrak{I}_i = \mathscr{H}$이라 할 때, 다음 중 적공간(product space) $\prod_{\alpha \in \Lambda} X_\alpha$의 개부분집합(open subset)은 어느 것인가? 만약 개집합(open)이 아니라면, 그 이유를 설명하여라.

(a) 모든 $i \in \Lambda$에 대하여, $U_i = [0, 1)$일 때, $\prod_{\alpha \in \Lambda} U_\alpha$.

(b) $i$가 홀수이면, $V_i = [0, 1)$이고, $i$가 짝수이면, $V_i = X_i$일 때,

$$\prod_{\alpha \in \Lambda} V_\alpha.$$

(c) $W_5 = [0, 5)$이고, $i \neq 5$에 대하여, $W_i = X_i$일 때, $\prod_{\alpha \in \Lambda} W_\alpha$.

**05.** $\Lambda = \mathbb{Z}^+$라 하고, 모든 $i \in \Lambda$에 대하여, $X_i = \mathbb{R}$이고, $\mathfrak{I}_i = \mathscr{H}$이라 할 때, 예 3.3.15 (f)과 유사한 방법으로 다음 각 집합이 적공간(product space) $\prod_{\alpha \in \Lambda} X_\alpha$의 폐부분집합(closed subset)임을 보여라.

(a) 모든 $i \in \Lambda$에 대하여, $x(i) = x_i = 3$일 때, $\{x\}$.

(b) 모든 $i \in \Lambda$에 대하여, $x(i) = x_i = i$일 때, $\{x\}$.

(c) 모든 $i \in \Lambda$에 대하여, $x(i) = x_i = 2$이고, $y(i) = y_i = 4$일 때, $\{x, y\}$.

**06.** $\{X_\alpha : \alpha \in \Lambda\}$이 집합족이라 하자. 모든 $\alpha \in \Lambda$에 대하여, $U_\alpha$와 $V_\alpha$가 $X_\alpha$의 부분집합이라 할 때, $\left(\prod_{\alpha \in \Lambda} U_\alpha \cap \prod_{\alpha \in \Lambda} V_\alpha\right) = \prod_{\alpha \in \Lambda} (U_\alpha \cap V_\alpha)$를 증명하여라.

**07.** $W = \prod_{\alpha \in \Lambda} W_i$를 예 3.3.15 (c)와 같다고 하자. $x$가 모든 $i \in \Lambda$에 대하여, $x(i) = x_i = 0$로 정의된, $X$의 원소라 할 때, $x$가 $W$의 집적점(limit point)임을 보여라. 이 사실을 사용하여 $W$가 폐집합(closed)이 아님을 보여라.

**08.** $\{(X_\alpha, \mathfrak{I}_\alpha) : \alpha \in \Lambda\}$를 위상공간(topological space)들의 모임이라고 하자. $\Lambda$을 무한집합이라고 가정하고, 모든 $\alpha \in \Lambda$에 대하여, $A_\alpha \subseteq X_\alpha$이라 할 때,

$\text{Int}\left(\prod_{\alpha\in\Lambda} \text{A}_\alpha\right) = \prod_{\alpha\in\Lambda} \text{Ini}(\text{A}_\alpha)$를 증명하거나 반례를 들어라.

**09.** 예 4.3.15 (d)에 주어진 집합 $\prod_{i\in\Lambda} F_i$가 적공간(product space)$X$의 폐부분집합(closed subset)임을 증명하여라.

**10.** $\{(X_\alpha, \mathfrak{I}_\alpha) : \alpha\in\Lambda\}$가 위상공간(topological space)의 모임이라고 하자. 모든 $\alpha\in\Lambda$에 대하여 $A_\alpha \subseteq X_\alpha$일 때, $\text{Cl}\left(\prod_{\alpha\in\Lambda} \text{A}_\alpha\right) = \prod_{\alpha\in\Lambda} \text{Cl}(\text{A}_\alpha)$을 증명하여라.

**11.** $\{(X_\alpha, \mathfrak{I}_\alpha) : \alpha\in\Lambda\}$가 위상공간(topological space)의 모임이라고 하자. 모든 $\alpha\in\Lambda$에 대하여 $F_\alpha$가 $X_\alpha$의 폐부분집합(closed subset)이라 할 때, $\prod_{\alpha\in\Lambda} F_\alpha$가 적공간(product space) $\prod_{\alpha\in\Lambda} X_\alpha$의 폐부분집합(closed subset)임을 증명하여라.

## 3.4 ℝ상의 대수적 연산들(Algebraic Operations)의 연속성(Continuity)

$a : \mathbb{R} \times \mathbb{R} \to \mathbb{R}$를 $a(p,\ q) = p + q$로 정의한다.

$m : \mathbb{R} \times \mathbb{R} \to \mathbb{R}$를 $m(p,\ q) = p + q$로 정의한다.

$i_a : \mathbb{R} \to \mathbb{R}$ (덧셈 역원(additive inverse))를 $i_a(p) = -p$ 라고 정의한다.

$i_m : \mathbb{R} - \{0\} \to \mathbb{R}$ (곱셈 역원(multiplicative inverse))를 $i_m(p) = \dfrac{1}{p}$ 라고 정의한다.

**예 3.4.1**

$a^{-1}(\{3\}) = \{(x,\ y) \in \mathbb{R}^2 \mid y = -x + 3\}$.

$a^{-1}((-1,\ 2)) = \{(x,\ y) \mid -x-1 < y < -x-2\}$.

$a : \mathbb{R} \times \mathbb{R} \to \mathbb{R}$은 $\mathcal{U}$-위상(topology)상에서 연속(continuous)이다.

(그림 3.4.1)

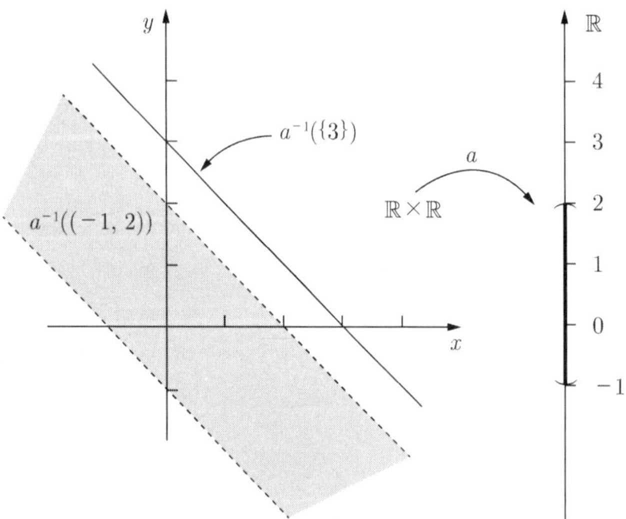


**그림 3.4.1**

**예 3.4.2**

$m^{-1}(\{-1\}) = \{(x,\ y) \mid y = -\dfrac{1}{x}\}$

$m^{-1}((1,\ 2)) = \{(x,\ y) \mid \dfrac{1}{x} < y < \dfrac{2}{x}\}$ : 개집합(open)

(그림 3.4.2)

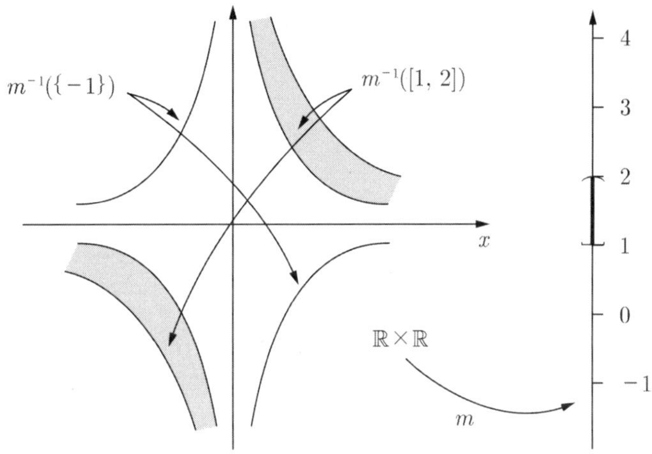


**그림 3.4.2**

**예 3.4.3**

${i_a}^{-1}((3,\ +\infty)) = (-\infty,\ -3)$ : 개집합(open)

$i_m^{-1} = ([2,\ 4)) = (\dfrac{1}{4},\ \dfrac{1}{2}]$

## 연습문제

**01.** 집합들 $(1,\ 2)$, $[1,\ 2)$, $(1,\ +\infty)$의 함수들 $a$, $m$, $i_a$, $i_m$에 의해 생성되는 역상을 각각 찾고 그려 보아라.

**02.** 함수들 $a$, $m$, $i_a$, $i_m$이 위상(topology) $\mathcal{U}$, $\mathcal{H}$, $\mathcal{C}$상에서 각각 연속(continuous)인지 아닌지 판별하고 설명하여라.

**03.** $a$가 연속(continuous)이고, $f : \mathbb{R} \to \mathbb{R}$와 $g : \mathbb{R} \to \mathbb{R}$가 모두 연속(continuous)이면, $f+g : \mathbb{R} \to \mathbb{R}$도 연속(continuous)임을 증명하여라. (단, 여기서 $\mathbb{R}$은 하나의 고정된 위상 $\mathcal{T}$를 가진다.)

**04.** 다음 명제들이 참인지 거짓인지 판별하고 설명하여라. 이 문제에서 $f : \mathbb{R} \to \mathbb{R}$, $g : \mathbb{R} \to \mathbb{R}$이며, $\mathbb{R}$은 보통 위상(usual topology)을 가진다.

(a) $f+g$가 연속(continuous)이면, $f$와 $g$가 연속(continuous)이다.

(b) $fg$가 연속(continuous)이면, $f$와 $g$가 연속(continuous)이다.

(c) $f$와 $g$가 연속(continuous)이면, $f+g$는 연속(continuous)이 아니다.

(d) $f$와 $g$가 연속(continuous)이 아니면, $fg$도 연속(continuous)이 아니다.

(e) $f$가 연속(continuous)이고, $g$가 연속(continuous)이 아니면, $f+g$는 연속(continuous)이 아니다.

**05.** $f : \mathbb{R} \to \mathbb{R}$가 $f(x)=x$로 정의되었다고 하자. 이때, $\mathbb{R}$이 위상(topology) $\mathcal{H}$ 또는 $\mathcal{C}$를 가진다면, $(f \cdot f)(x)=x^2$는 연속(continuous)이 아님을 보여라.

# 4.

# 연결성

Connectedness

# 4.1 연결공간(Connected Spaces)

**정의 4.1.1**

위상공간(topological space) $X$가 $U\cap V=\varnothing$와 $U\cup V=X$를 만족하는 공집합이 아닌 개부분집합 $U$와 $V$가 존재할 때, $X$를 **비연결(disconnected)**이라 한다. $X$가 비연결이 아니면 $X$를 **연결(connected)**이라 한다(그림 4.1.1).

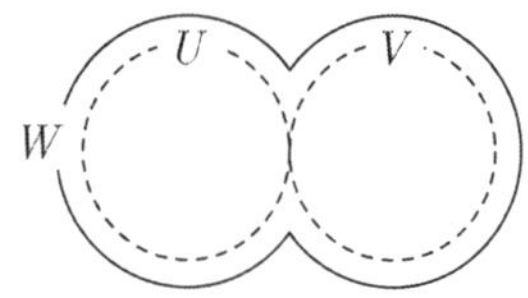


**그림 4.1.1**

**예 4.1.2**

공간 $(\mathbb{R}, \mathcal{U})$는 연결(connected)이다.

**예 4.1.3**

공간 $(\mathbb{R}, \mathcal{H})$는 비연결(disconnected)이다. 왜냐하면 공집합이 아닌 개집합(open) $U=(-\infty, 0)$ $V=[0, +\infty)$가 $U\cap V=\varnothing$와 $\mathbb{R}=U\cup V$를 만족하기 때문이다.

**예 4.1.4**

공간 $(\mathbb{R}, \mathcal{C})$는 연결(connected)이다. 왜냐하면 이 공간에는 서로소이고 공집합이 아닌 개집합들이 존재하지 않기 때문이다.

**예 4.1.5**

집합 $X=\{a, b, c\}$상의 위상 $\mathcal{T}=\{X, \varnothing, \{a\}, \{b, c\}\}$에 대하여, $U=\{a\}$, $V=\{b, c\}$라 하면, $U$와 $V$는 서로소이고 $U\cup V=X$이다. 따라서 공간 $(X, \mathcal{T})$는 비연결(disconnected)이다.

**예 4.1.6**

집합 $X=\{a,\ b,\ c\}$상의 위상 $\mathcal{T}=\{X,\ \varnothing,\ \{a\},\ \{a,\ b\}\}$에 대하여, 공간 $(X,\ \mathcal{T})$는 연결(connected)이다. 왜냐하면 $X$에 서로소이고 공집합이 아닌 개집합(open)들이 존재하지 않는다.

**예 4.1.7**

두 개 이상의 원소를 갖는 임의의 이산공간(discrete space) $(X,\ \mathfrak{D})$는 비연결(disconnected)이고, 임의의 비이산공간(indiscrete space) $(X,\ \mathcal{I})$는 연결(connected)이다.

**정리 4.1.8**

위상공간 $X$에 대하여 다음은 서로 동치이다.

(a) $X$는 비연결이다.

(b) $C\neq\varnothing$, $D\neq\varnothing$, $C\cup D=X$, $C\cap D=\varnothing$를 만족하는 폐집합 $C$, $D$가 존재한다.

(c) 개집합이면서 폐집합인 $X$의 공집합이 아닌 진부분집합 $A$가 존재한다.

**증명** (a)⇒(b)

$X$를 비연결이라고 가정하자. 정의에 의해 공집합이 아닌 개부분집합 $U$와 $V$가 존재하여 $U\cap V=\varnothing$와 $X=U\cup V$를 만족한다. 이때 $U^c=C$, $V^c=D$라 하면 $C$와 $D$는 폐집합이고 $C\cup D=X$, $C\cap D=\varnothing$를 만족한다. 또한 $U$, $V\neq X$이므로 $C$, $D\neq\varnothing$이다.

(b)⇒(c)

$C\cup D=X$, $C\cap D=\varnothing$를 만족하는 폐집합 $C$, $D$가 존재한다고 가정하자. 그러면 $C^c=D$가 되고 $D$는 개집합인 동시에 폐집합이다. 또한 $D=C^c\neq X$이고 $D\neq\varnothing$이므로 $D=A$로 놓으면 된다.

(c)⇒(a)

개집합인 동시에 폐집합인 $X$의 진부분집합 $A(\neq\varnothing)$가 존재한다고 가정하자. 그러면 $A^c$이 개집합이다. 또한 $A$가 $X$의 진부분집합이므로 $A^c \neq \varnothing$이다. 그리고 $A \cup A^c = X, A \cap A^c = \varnothing$이므로 $X$는 비연결이다.

### 정의 4.1.9

$U$를 공집합이 아닌 $\mathbb{R}$의 부분집합(subset)이라 하자.

① 어떤 $b \in \mathbb{R}$가 존재하여 임의의 $x \in U$에 대하여 $x \leq b$를 만족할 때, $U$를 **위로 유계(bounded above)**라고 한다. 그리고 $b$를 $U$의 **상계(upper bound)**라고 한다.

② 어떤 $a \in \mathbb{R}$가 존재하여 임의의 $x \in U$에 대하여 $x \geq a$를 만족할 때, $U$를 **아래로 유계(bounded below)**라고 한다. 그리고 $a$를 $U$의 **하계(lower bound)**라고 한다.

③ $U$가 위로 유계(bounded above)이고 아래로 유계(bounded below)일 때, $U$를 **유계(bounded)**라고 한다.

④ $m \in \mathbb{R}$이 $U$의 상계이고, $U$의 임의의 상계보다 작거나 같을 때, $m$을 $U$의 **최소 상계(least upper bound)**라고 한다.

⑤ $n \in \mathbb{R}$이 $U$의 하계이고, $U$의 임의의 하계보다 크거나 같을 때, $n$을 $U$의 **최대 하계(greatest lower bound)**라고 한다.

**주의** 만약 어떤 집합이 최소 상계(least upper bound) 또는 최대 하계(greatest lower bound)를 가진다면 그것은 유일하다.
($\because$ $m_1, m_2$이 최소 상계(least upper bound)라고 가정하자. 그러면 $m_1 \leq m_2$이고 $m_2 \leq m_1$이므로, $m_1 = m_2$이다.)

### 성질 4.1.10 완비성 공리(Completeness Axiom)

$\mathbb{R}$의 공집합이 아닌 부분집합들 중,

- 상계(upper bound)를 갖는 부분집합은 최소 상계(least upper bound)도 가진다.
- 하계(lower bound)를 갖는 부분집합은 최대 하계(greatest lower bound)도 가진다.

### 보조정리 4.1.11

$\mathbb{R}$의 부분집합 $U$가 위로 유계(bounded above)라 하고, $m$을 $U$의 최소 상계(least upper bound)라고 하자. 만약 $I$가 $m$을 포함하는 임의의 개구간(open interval)이면, $I \cap U \neq \varnothing$이다.

**증명** $I = (a, b)$를 $m$을 포함하는 개구간(open interval)이라 하자. 이때, $I \cap U = \varnothing$라고 가정하면, $a$가 $U$의 상계(upper bound)가 되는데, $a < m$이고 $m$이 $U$의 최소 상계(least upper bound)라 했으므로 이는 모순이다. 그러므로 $I \cap U \neq \varnothing$이다.

### 보조정리 4.1.12

$\mathbb{R}$의 부분집합 $U$가 아래로 유계(bounded below)라 하고, $n$을 $U$의 최대 하계(greatest lower bound)라고 하자. 만약 $I$가 $n$을 포함하는 임의의 개구간(open interval)이면, $I \cap U \neq \varnothing$이다.

**증명** $I = (a, b)$를 $n$을 포함하는 개구간(open interval)이라 하자. 이때, $I \cap U = \varnothing$라고 가정하면, $b$가 $U$의 하계(lower bound)가 되는데, $b > n$이고 $n$이 $U$의 최대 상계(greatest lower bound)라 했으므로 이는 모순이다. 그러므로 $I \cap U \neq \varnothing$이다.

### 정리 4.1.13

위상공간(topological space) $(\mathbb{R}, \mathcal{U})$는 연결(connected)이다.

**증명** $(\mathbb{R}, \mathcal{U})$가 비연결(disconnected)이라고 가정하자. 그러면 정리 4.1.8에 의하여 $A \neq \varnothing$, $B \neq \varnothing$, $A \cup B = X$, $A \cap B = \varnothing$를 만족하는 폐집합 $A$, $B$가 존재한다. 이제 $a \in A$, $b \in B$인 두 점 $a$, $b$에 대하여 $a < b$라고 가정하자. 이때 $V = \{x \in A \mid x < b\}$이라 하면 $V$는 $b$를 상계로 갖는 $A$의 부분집합이다. 이제 $v$를 $V$의 최소상계라고 하면 $v \in V \subseteq A$이다. 그리고 $W = \{y \in \mathbb{R} \mid v < y \leq b\}$이라 하면 $W = (v, b] \subset B$를 만족한다. 이때

$v \in \mathrm{Cl}(B)$이므로 $v \in B$이다. 따라서 $v \in A \cap B$이다. 이는 모순이다. 그러므로 $(\mathbb{R}, \mathcal{U})$는 연결(connected)이다.

**정리 4.1.14**

위상공간(topological space) $X$가 비연결(disconnected)일 필요충분조건은 $X$의 공집합이 아닌 진부분집합(nonempty proper subset)이 존재하여, 그 집합이 개집합(open)인 동시에 폐집합(closed)인 것이다.

**증명** ($\Rightarrow$) $X$를 위상공간(topological space)이라 하자. 그리고 $X$를 비연결(disconnected)이라고 가정하자. 그러면 $X$의 공집합이 아니고 서로소인 개집합 $U$와 $V$가 존재하여 $X = U \cup V$를 만족한다. 그러면 $U = X - V$는 폐집합(closed)이고, $V \neq \varnothing$이므로 $U$는 $X$의 진부분집합(proper subset)이다. 그러므로 $U$는 $X$의 공집합이 아닌 진부분집합(proper subset)이고, 개집합(open)인 동시에 폐집합(closed)이다.

($\Leftarrow$) $X$가 공집합이 아니고, 개집합(open)인 동시에 폐집합(closed)인 진부분집합(proper subset) $U$를 가지고 있다고 가정하자. 그러면 $U$와 $X - U$는 서로 만나지 않고, $U \cup (X - U) = X$를 만족하는 개집합(open)이므로, $X$는 비연결(disconnected)이다.

**예 4.1.15**

$\mathbb{R}$의 부분집합 $[0, 1)$는 $\mathcal{H}$-개집합(open)인 동시에 $\mathcal{H}$-폐집합(closed)이다. 그러므로 정리 4.1.14에 의해 $(\mathbb{R}, \mathcal{H})$는 비연결(disconnected)이다.

**예 4.1.16**

집합 $X = \{a, b, c, d\}$상의 위상 $\mathcal{T} = \{X, \varnothing, \{a, b\}\{c, d\}\}$에 대하여, $\{a, b\}$가 $\mathcal{T}$-개집합(open)인 동시에 $\mathcal{T}$-폐집합(closed)이므로, 공간 $(X, \mathcal{T})$는 비연결(disconnected)이다.

## 연습문제

**01.** $\mathbb{R}$상의 위상 $\mathcal{T} = \{U \subseteq \mathbb{R} \mid 1 \in U \text{or } U = \varnothing\}$에 대하여, 공간 $(\mathbb{R}, \mathcal{T})$가 연결(connected)임을 증명하여라.

**02.** 집합 $X = \{a, b, c, d\}$상의 위상 $\mathcal{T} = \{X, \varnothing, \{a\}, \{c\}, \{a, c\}, \{b, c, d\}\}$에 대하여, 공간 $(X, \mathcal{T})$가 비연결(disconnected)임을 보여라.

**03.** $X = [0, 1] \cup \{5\} \cup [8, 9]$일 때, 공간 $(X, \mathcal{U}_X)$가 비연결(disconnected)임을 보여라.

**04.** $X$를 무한집합이라 하고, $\mathcal{T}$를 $X$상의 여유한위상(finite complement topology)이라 하자. 공간 $(X, \mathcal{T})$는 연결(connected)임을 증명하여라.

**05.** 공간 $(X, \mathcal{T})$가 연결(connected)이고, $\varphi$가 $\varphi \subseteq \mathcal{T}$를 만족하는 집합 $X$상의 위상(topology)이면, 공간 $(X, \varphi)$는 연결(connected)임을 증명하여라.

**06.** 집합 $X$상의 두 위상(topology) $\mathcal{T}$와 $\mathcal{F}$에 대하여, $\mathcal{T} \subseteq \mathcal{F}$이고 $(X, \mathcal{T})$는 연결(connected)이지만, $(X, \mathcal{F})$는 연결(connected)이 아닌 예를 들어라.

**07.** 위상공간(topological space) $X$의 두 개의 공집합이 아닌 부분집합 $A$와 $B$가 $\mathrm{Cl}(A) \cap B = A \cap \mathrm{Cl}(B) = \varnothing$를 만족할 때, $A$와 $B$는 **분리되어 있다(separated)**라고 한다. 공간 $X$가 연결(connected)일 필요충분조건은 $X$가 두 개의 분리되어 있는 집합들의 합집합이 아님을 증명하여라.

**08.** 다음 조건을 만족시키는 $(\mathbb{R}, \mathcal{U})$의 부분집합 $W, X, Y, Z$의 예를 하나씩 구하여라.

(a) $W, Y, Z$는 연결집합이고, $X$는 비연결집합이다.

(b) $Y \subsetneq W \subsetneq Z$, $Y \subsetneq X \subsetneq Z$.

**09.** (a) $(X, \mathcal{T})$가 여유한 공간(cofinite space)일 때, $(X, \mathcal{T})$가 연결일 필요충분조건은 $X$가 무한집합이거나 한 원소 집합인 것임을 보여라.

(b) $(X, \mathcal{T})$가 여가산 공간(cocountable space)일 때, $(X, \mathcal{T})$가 연결일 필요충분조건은 $X$가 비가산집합이거나 한 원소 집합인 것임을 보여라.

**10.** 두 공간 $(\mathbb{R}, \mathcal{U})$과 $(\mathbb{R}, \mathcal{H})$가 위상동형(homeomorphic)이 아님을 보여라.

**11.** 집합 $X=\{a, b, c\}$에서 정의된 두 위상 $\mathfrak{I}_1$, $\mathfrak{I}_2$는 다음 조건을 만족시킨다.

| |
|---|
| (가) $\vert\mathfrak{I}_1\vert = \vert\mathfrak{I}_2\vert = 4$ |
| (나) $(X, \mathfrak{I}_1)$은 연결공간(connected space)이다. |
| (다) $(X, \mathfrak{I}_1)$은 비연결공간(disconnected space)이다. |

이때 $\mathfrak{I}_1$, $\mathfrak{I}_2$를 각각 1개씩 구하여라. (단, $|A|$는 집합 $A$의 원소의 개수이다.)

## 4.2 연결 부분공간(Connected Subspaces)과 연결공간들 (Connected Spaces)의 연속 상들(Continuous Images)

**정리 4.2.1**

$(X, \mathcal{T})$를 위상공간(topological space)이라 하고, $A \subseteq X$이라 할 때, $A$가 비연결(disconnected)일 필요충분조건은 $\mathcal{T}$-개집합(open) $U$와 $V$가 존재하여,

$$(\text{i})\ A \subseteq U \cup V,\ (\text{ii})\ A \cap U \neq \varnothing,\ A \cap V \neq \varnothing,\ (\text{iii})\ A \cap U \cap V = \varnothing$$

를 만족하는 것이다(그림 4.2.1).

**증명** (⇒) $A$가 비연결(disconnected)이라고 가정하자. 그러면 공집합이 아니고, 서로 만나지 않는, $\mathcal{T}_A$-개집합(open) $O_1$와 $O_2$가 존재하여 $A = O_1 \cup O_2$를 만족한다.

$O_1$와 $O_2$가 $\mathcal{T}_A$-개집합(open)이므로, $\mathcal{T}$-개집합(open) $U$와 $V$가 존재하여 $O_1 = U \cap A$와 $O_2 = V \cap A$를 만족한다. 이때, $U \cap A \neq \varnothing$, $V \cap A \neq \varnothing$이고, $A = O_1 \cup O_2$이므로 $A \subseteq U \cup V$이다. 또한 $O_1$과 $O_2$가 서로 만나지 않으므로,

$$A \cap U \cap V = (A \cap U) \cap (A \cap V) = O_1 \cap O_2 = \varnothing$$

이다.

(⇐) $\mathcal{T}$-개집합(open) $U$와 $V$가 존재하여

$$A \subseteq U \cup V,\ A \cap U \neq \varnothing,\ A \cap V \neq \varnothing,\ A \cap U \cap V = \varnothing$$

를 만족한다고 가정하자. 이때, $O_1 = U \cap A$이고, $O_2 = V \cap A$라고 하면 $O_1$과 $O_2$는 공집합이 아닌, $\mathcal{T}_A$-개집합(open)이고,

$$O_1 \cap O_2 = (U \cap A) \cap (V \cap A) = A \cap U \cap V = \varnothing$$

$$\begin{aligned} O_1 \cup O_2 &= (U \cap A) \cup (V \cap A) \\ &= A \cap (U \cup V) \\ &= A \quad (\because\ A \subseteq U \cup V) \end{aligned}$$

이므로, $A$는 비연결(disconnected)이다.

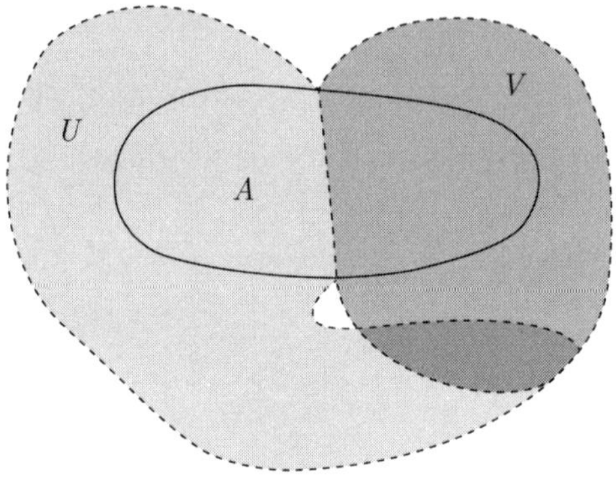


**그림 4.2.1**

**예 4.2.2**

$A = [0,\ 1] \cup \{3\} \cup (5,\ 6]$를 $(\mathbb{R},\ \mathcal{U})$의 부분집합이라 하자. 이때,

$$U = (-1,\ 5),\ \ V = (3,\ 7)$$

라 놓으면, 이들은 $\mathcal{U}$-개집합(open)이고,

$$U \cap A \neq \varnothing,\ \ V \cap A \neq \varnothing,\ \ A \subseteq U \cup V,\ \ A \cap U \cap V = \varnothing$$

를 만족하므로, $A$는 비연결(disconnected)이다.

**예 4.2.3**

$\mathbb{Q}$는 $(\mathbb{R},\ \mathcal{U})$의 비연결(disconnected)부분집합이다.

$$U = (-\infty,\ \sqrt{2}\,),\ \ V = (\sqrt{2},\ +\infty)$$

라 놓으면, 정리 4.2.1의 조건을 만족함을 알 수 있다.

**정리 4.2.4**

$X$와 $Y$가 위상공간(topological space)이라 하자.

$A \subseteq X$이고, $f : X \to Y$가 연속 함수(continuous function)일 때, $A$가 연결(connected)이면, $f(A)$도 연결(connected)이다.

**증명** $f(A)$가 비연결(disconnected)이라고 가정하자. 그러면 $Y$의 개부분집합들(open subsets) $U$와 $V$가 존재하여,

$$f(A) \subseteq U \cup V, \quad f(A) \cap U \neq \varnothing,$$
$$f(A) \cap V \neq \varnothing, \quad f(A) \cap U \cap V = \varnothing$$

를 만족한다. 그리고 $f$가 연속이므로 $f^{-1}(U)$와 $f^{-1}(V)$는 $X$의 개집합이다. (i) $f(A) \subseteq U \cup V$이므로,

$$A \subseteq f^{-1}(f(A)) \subseteq f^{-1}(U \cup V) = f^{-1}(U) \cup f^{-1}(V)$$

이다. 그리고

(ii) $f(A) \cap U \neq \varnothing$ 이고, $f(A) \cap V \neq \varnothing$ 이므로,

$$A \cap f^{-1}(U) \neq \varnothing, \quad A \cap f^{-1}(V) \neq \varnothing$$

이다. 마지막으로, (iii) $f(A) \cap U \cap V = \varnothing$ 이므로,

$f^{-1}(f(A) \cap U \cap V) = f^{-1}(f(A)) \cap f^{-1}(U) \cap f^{-1}(V) = \varnothing$ 인데,

$A \subseteq f^{-1}(f(A))$이므로, $A \cap f^{-1}(U) \cap f^{-1}(V) = \varnothing$ 이다.

따라서 정리 4.2.1에 의하여, $A$는 비연결(disconnected)인데, 이는 가정에 모순이다. 그러므로 $f(A)$는 연결(connected)이다.

**예 4.2.5**

$f(x) = \dfrac{1}{1+x^2}$로 정의된 함수 $f : \mathbb{R} \to \mathbb{R}$는 $\mathcal{U}$-$\mathcal{U}$ 연속(continuous)이고, $(\mathbb{R}, \mathcal{U})$가 연결(connected)이므로, 정리 4.2.4에 의하여 $f(\mathbb{R}) = (0, 1]$는 $(\mathbb{R}, \mathcal{U})$의 연결(connected) 부분집합이다.

**정리 4.2.6**

연결성(connectedness)은 위상적 성질(topological property)이다.

**증명** $X$를 연결(connected)이라 하고 $Y$를 $X$와 위상동형(homeomorphic)인 임의의 공간이라 하자. 그러면 함수 $f : X \to Y$가 존재하여 위상동형 사상(homeomorphism)이다. 이때, $f$가 연속(continuous)이므로, $f(X) = Y$도 연결(connected)이다.

**예시 4.2.7**

$I$가 임의의 개구간(open interval)일 때, $(I, \mathcal{U}_I)$는 연결(connected)이다. 왜냐하면 $(I, \mathcal{U}_I)$와 $(\mathbb{R}, \mathcal{U})$가 위상동형(homeomorphic)이기 때문이다.

**정리 4.2.8**

$X$가 위상공간(topological space)이고, $A \subseteq X$일 때, $A$가 연결(connected)이고 $A \subseteq B \subseteq \mathrm{Cl}(A)$이면 $B$도 연결(connected)이다.

**증명** $B$가 비연결(disconnected)이라고 가정하자. 그러면 $X$의 개부분집합(open subsets) $U$, $V$가 존재하여

$$B \subseteq U \cup V,\ B \cap U \neq \varnothing,\ B \cap V \neq \varnothing,\ B \cap U \cap V = \varnothing$$

를 만족한다. 그런데 $A \subseteq B$이므로 $A \subseteq U \cup V$이고 $A \cap U \cap V = \varnothing$이다. 그리고 $A$는 연결(connected)이므로 $A \cap U = \varnothing$ 또는 $A \cap V = \varnothing$이다.

일반성을 잃지 않고 $A \cap U = \varnothing$라고 가정하자. 한편 $B \cap U \neq \varnothing$이므로 $x_0 \in B \cap U$가 존재한다. 그러면 $x_0 \in B \subseteq \mathrm{Cl}(A)$이고, $x_0 \in U$이므로 $A \cap U \neq \varnothing$이어야 한다. 따라서 모순이다. 그러므로 $B$는 연결이다.

**따름정리 4.2.9**

$A$가 위상공간(topological space) $X$의 연결(connected)부분집합일 때, $\mathrm{Cl}(A)$도 연결(connected)이다.

**증명** $\mathrm{Cl}(A)$가 $A \subseteq \mathrm{Cl}(A) \subseteq \mathrm{Cl}(A)$를 만족하므로, 정리 4.2.8에 의하여, $\mathrm{Cl}(A)$도 연결(connected)이다.

**예 4.2.10**

임의의 폐구간(closed interval) $[a,\ b]$는 $(\mathbb{R},\ \mathcal{U})$의 연결(connected) 부분집합이다. 왜냐하면, $(a,\ b)$가 연결(connected)이고,

$$[a,\ b] = \mathrm{Cl}((a,\ b))$$

이기 때문이다.

**정리 4.2.11 중간값 정리(Intermediate Value Theorem)**

$[a,\ b]$가 폐구간(closed interval)이고, $f : ([a,\ b],\ \mathcal{U}_{[a,\ b]}) \to (\mathbb{R},\ \mathcal{U})$가 연속 함수(continuous function)라고 할 때, 모든 $y \in (f(a),\ f(b))$에 대하여, $x \in (a,\ b)$가 존재하여, $f(x) = y$를 만족한다(그림 4.2.2).

**증명** 어떤 $y_0 \in (f(a),\ f(b))$가 존재하여, 모든 $x \in (a,\ b)$에 대하여, $f(x) \neq y_0$라고 가정하자. 이때, $U = (-\infty,\ y_0)$, $V = (y_0,\ +\infty)$라고 하면, $U$와 $V$는 $\mathcal{U}$-개집합(open)이다. 그리고 $y_0 \in (f(a),\ f(b))$이므로, $f(a) \in U$이고 $f(b) \in V$이다. 따라서 (ii) $(f(a) \in) f([a,\ b]) \cap U \neq \varnothing$, $(f(b) \in) f([a,\ b]) \cap V \neq \varnothing$이다.

그리고, 모든 $x \in (a,\ b)$에 대하여 $f(x) \neq y_0$라고 했으므로,

$$\text{(i)}\ f([a,\ b]) \subseteq U \cup V\ (= \mathbb{R} - \{y\})$$

이고, $U \cap V = \varnothing$이므로,

$$\text{(iii)}\ f([a,\ b]) \cap U \cap V = \varnothing$$

이다.

따라서 정리 4.2.1에 의하여 $f([a,\ b])$는 $\mathbb{R}$의 비연결(disconnected) 부분집합이다. 그런데 $[a,\ b]$는 예 4.2.10에 의하여 연결(connected)이고, $f$가 연속(continuous)이므로, 정리 4.2.4에 의해 $f([a,\ b])$도 연결이 된다. 따라서 모순이다.

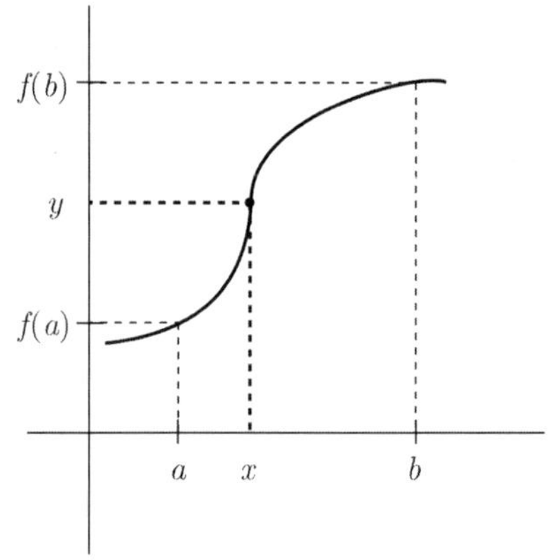


**그림 4.2.2**

### 따름정리 4.2.12

$[a,\ b]$가 폐구간(closed interval)이고, $f : ([a,\ b],\ \mathcal{U}_{[a,\ b]}) \to (\mathbb{R},\ \mathcal{U})$가 $f(a)$와 $f(b)$가 반대의 부호를 갖는 (즉, $f(a) \cdot f(b) < 0$) 연속 함수(continuous function)라고 할 때, $x \in (a,\ b)$가 존재하여, $f(x) = 0$을 만족한다.

**증명** $f(a)$와 $f(b)$가 반대의 부호를 갖는다고 하자. 즉, $f(a) \cdot f(b) < 0$이므로, $f(a) > 0,\ f(b) < 0$ 또는 $f(a) < 0,\ f(b) > 0$이다. 따라서 $0 \in (f(a),\ f(b))$이고, $f$가 연속(continuous)이므로, 정리 4.2.11에 의하여 $f(x) = 0$를 만족하는 $x \in (a,\ b)$가 존재한다.

### 따름정리 4.2.13

$I$를 임의의 구간(interval)[유계(bounded) 또는 비유계(unbounded)]이라 하고, $f : (I, \mathcal{U}_I) \to (\mathbb{R}, \mathcal{U})$ 가 $0 \notin f(I)$를 만족하는 연속 함수(continuous function)라고 하면, 모든 $x \in I$에 대하여 $f(x) > 0$이거나, 모든 $x \in I$에 대하여 $f(x) < 0$이다.

**증명** 위의 사실이 아니라고 가정하자. 즉, $x_1, x_2 \in I$이 존재하여, $f(x_1) < 0$이고, $f(x_2) > 0$을 만족한다고 하자. 그러면 따름정리 4.2.12에 의하여 $f(x_0) = 0$을 하는 $x_0$가 $x_1$과 $x_2$ 사이에 존재한다. 그런데 $0 \in f(I)$이므로 이는 $0 \notin f(I)$에 모순이다.

### 정의 4.2.14

$X$에서 그 자신으로의 함수 $f$가 어떤 $x_0 \in X$에 대하여 $f(x_0) = x_0$를 만족할 때, $f$가 **고정점(fixed point)**을 가진다고 한다. 그리고 $X$에서 그 자신으로의 모든 연속(continuous)인 함수가 고정점을 가질 때, $X$가 **고정점 성질(fixed point property)**을 가진다고 한다.

### 정리 4.2.15

$\mathcal{U}$-위상(relative topology)을 가지는 폐구간(closed interval)은 고정점 성질(fixed point property)을 갖는다. 즉, 모든 연속(continuous) 함수

$$f : ([a, b], \mathcal{U}_{[a, b]}) \to f : ([a, b], \mathcal{U}_{[a, b]})$$

가 고정점(fixed point)을 가진다.

**증명** $[a, b]$를 $\mathcal{U}$-상대위상(relative topology)을 갖는 폐구간(closed interval)이라고 하고, 고정점(fixed point)을 가지지 않는 연속 함수(continuous function) $f : [a, b] \to [a, b]$가 존재한다고 가정하자.
함수 $g : ([a, b], \mathcal{U}_{[a, b]}) \to (\mathbb{R}, \mathcal{U})$를 $g(x) = f(x) - x$로 정의하면 $g$는 연속(continuous)이고, $f$는 고정점을 갖지 않으므로 모든 $x \in [a, b]$에 대

하여 $f(x) \neq x$이기 때문에 $[a, b]$에서 $g(x_0) = 0$을 만족하는 $x_0$가 존재하지 않는다. 그러므로 따름정리 4.2.13에 의하여 모든 $x \in [a, b]$에 대하여 $g(x) > 0$이거나 모든 $x \in [a, b]$에 대하여 $g(x) < 0$이다.

(1) 모든 $x \in [a, b]$에 대하여 $g(x) > 0$라고 가정하자. 그러면 $g(b) = f(b) - b > 0$이다. 즉, $f(b) \not\in f([a, b]) \subseteq [a, b]$인데 이는 모순이다. ($\because f(b) \in [a, b]$)

(2) 모든 $x \in [a, b]$에 대하여 $g(x) < 0$라고 가정하자. 그러면 $g(a) = f(a) - a < 0$이다. 즉, $f(a) \not\in f([a, b]) \subseteq [a, b]$인데 이는 모순이다. ($\because f(a) \in [a, b]$)

기하학적으로, 위 정리는 $[a, b]$에서 그 자신으로 가는 연속(continuous) 함수가 직선 $y = x$와 반드시 만나야 한다는 것을 의미한다(그림 4.2.3).

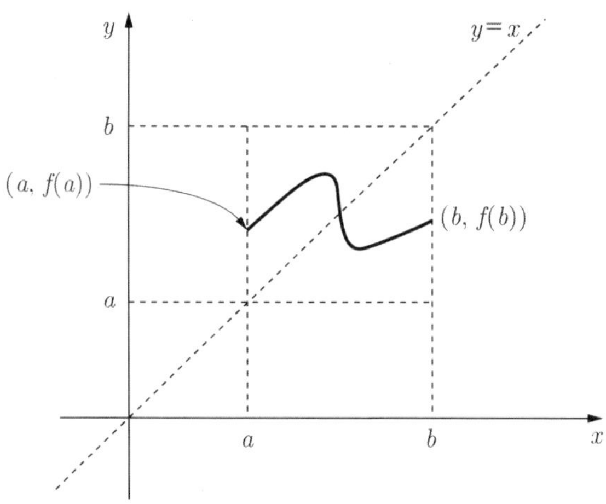


**그림 4.2.3**

**예 4.2.16**

$f : (0, 1) \to (0, 1)$를 $f(x) = \dfrac{x}{2}$라고 정의하면, $f(x) = x$를 만족하는 $x \in (0, 1)$가 존재하지 않으므로, $f$는 고정점(fixed point)을 가지지 않는다. 즉, 개구간(open interval)에 대해서는 정리 4.2.15가 성립하지 않을 수도 있다.

**정리 4.2.17**

고정점 성질(fixed point property)은 위상적 성질(topological property)이다.

**증명** $X$와 $Y$를 위상동형(homeomorphic)인 위상공간(topological space)이라 하고, $h: X \to Y$를 위상동형 사상(homeomorphism)이라고 하자. 이때, $X$가 고정점(fixed point property)을 가진다고 가정하고, $f: Y \to Y$를 연속 함수(continuous function)라 하자. 그러면 합성함수(composite function) $h^{-1} \circ f \circ h$가 $X$에서 $X$로의 연속 함수(continuo us function)이고, $X$가 고정점 성질(fixed point property)을 가지므로 함수 $h^{-1} \circ f \circ h$는 고정점 $x_0 \in X$을 가진다. 즉, $h^{-1}(f(h(x_0)) = x_0$이다. 따라서 $f(h(x_0)) = h(x_0)$이고, $h(x_0) \in Y$이다. 그러므로 $h(x_0)$는 $f$의 고정점(fixed point)이다.

**주의** $(\mathbb{R}, \mathcal{U})$와 $((0, 1), \mathcal{U}(0, 1))$는 위상동형인데, $(0, 1)$이 고정점 성질을 가지지 않으므로, $(\mathbb{R}, \mathcal{U})$도 고정점 성질을 가지지 않는다.

**정의 4.2.18**

$X$가 연결(connected)공간이고, $x \in X$라 하자. $X - \{x\}$가 비연결(disconnected)일 때, $x$를 **절단점(cut point)**이라 한다.

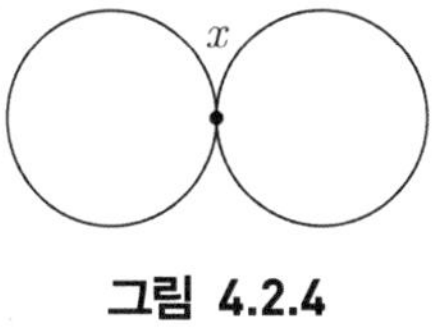


**그림 4.2.4**

**예 4.2.19**

모든 $x \in (\mathbb{R}, \mathcal{U})$는 절단점(cut point)이다. 왜냐하면,

$$\mathbb{R} - \{x\} = (-\infty, x) \bigcup (x, +\infty)$$

이기 때문이다.

**예 4.2.20**

점 1은 공간$([0,\ 2],\ \mathcal{U}_{[0,\ 2]})$의 절단점(cut point)이다. 왜냐하면,

$$[0,\ 2]-\{1\}=[0,\ 1)\bigcup(1,\ 2]$$

이기 때문이다. 즉, 양 끝점을 제외하고는 모두 절단점(cut point)이다.

**예 4.2.21**

$X=\mathbb{R}$이고, $\mathscr{C}$위상(topology)이 있을 때, $X$에는 절단점(cut point)이 없다.

* 두 개의 원(circle)으로 이루어진, $\mathbb{R}^2$의 부분공간(subspace)에서는 만나는 점이 정확히 하나일 때 그 하나가 절단점(cut point)이다(그림 4.2.3).

**정리 4.2.22**

$X$와 $Y$가 위상공간(topological space)이고, $f : X \to Y$가 위상동형 사상(homeomorphism)일 때, $x$가 $X$의 절단점(cut point)이면, $f(x)$는 $Y$의 절단점(cut point)이다. ($X-\{x\}$가 비연결(disconnected)이면, $Y-\{f(x)\}$ 비연결임을 보여라.)

**증명** $X-\{x\}$가 비연결(disconnected)이라고 하자 그러면, $X$의 개부분집합(open subset) $U$와 $V$가 존재하여,

$$X-\{x\} \subseteq U\bigcup V,\ (X-\{x\})\bigcap U \neq \varnothing \neq (X-\{x\})\bigcap V$$
$$(X-\{x\})\bigcap U\bigcap V=\varnothing$$

를 만족한다. 이때,

$$\begin{aligned} f(X-\{x\}) &= f(X)-\{f(x)\} \\ &= Y-\{f(x)\} \subseteq f(U\bigcup V)=f(U)\bigcup f(V) \end{aligned}$$

이고, $f((X-\{x\})\bigcap U) = (Y-\{f(x)\})\bigcap f(U) \neq \varnothing$ 이다.

또한, $(Y-\{f(x)\})\bigcap f(V) \neq \varnothing$ 이다. 그리고,

$$f((X-\{x\})\bigcap U\bigcap V) = (Y-\{f(x)\})\bigcap f(U)\bigcap f(V) = \varnothing$$

이다. 그러므로, $Y-\{f(x)\}$ 도 비연결(disconnected)이다. 즉, $f(x)$는 $Y$의 절단점(cut point)이다.

**예 4.2.23**

좌측 선분은 양 끝점을 제외하고는 전부 절단점(cut point)이지만 우측 원은 절단점(cut point)을 가지지 않는다.

**예 4.2.24**

$\mathbb{R}$과 $\mathbb{R}^2$이 보통 위상(usual topology)을 가질 때, $\mathbb{R}$은 $\mathbb{R}^2$와 위상동형(homeomorphic)이 아니다. $\mathbb{R}$상의 모든 점은 절단점(cut point)이지만 $\mathbb{R}^2$는 절단점(cut point)을 가지지 않는다.

**정의 4.2.25**

위상공간 $X$의 부분공간 $C$가 연결공간이고, $C$를 포함하는 다른 연결공간 $C'$가 존재하면, $C=C'$일 때 $C$를 $X$의 **성분**(component)이라 한다. 그리고 각 점 $p\in X$에 대해서, $p$를 포함하는 $X$의 성분을 $p$의 **성분**(component of $p$)이라 한다.

위의 정의에 의해, 위상공간에서 **성분**을 포함하는 더 큰 연결공간은 없다. 따라서 위상공간 $X$가 연결공간이면 $X$의 성분은 $X$ 자신밖에 없다. 만약 $X$가 이산위상을 가지면, 각 점들이 $X$의 성분이다.

**예 4.2.26**

보통 위상공간 $\mathbb{R}$의 부분공간 $Y=[-1, 0)\cup(0, 1]$의 성분은 $[-1, 0)$과 $(0, 1]$이다.

**예 4.2.27**

$X=\{a, b, c, d, e\}$, $\mathfrak{I}=\{X, \emptyset, \{a\}, \{c, d\}, \{a, c, d\}, \{b, c, d, e\}\}$일 때 $X$의 성분은 $\{a\}$와 $\{b, c, d, e\}$이다. $\{b, d, e\}$와 같은 $X$의 임의의 다른 연결 부분집합은 하나의 연결 성분의 부분집합이다.

## 연습문제

**01.** 집합 $A=\{1,\ 2\}$는 $(\mathbb{R},\ \mathcal{U})$의 비연결(disconnected)부분집합임을 보여라.

**02.** $B=(-\infty,\ 0]\cup\{3\}\cup[6,\ 8]$는 $(\mathbb{R},\ \mathcal{U})$의 비연결(disconnected)부분집합임을 보여라.

**03.** $X$가 위상공간(topological space)이고, $x\in X$일 때, $\{x\}$가 연결(connected)임을 보여라.

**04.** 무리수들의 집합은 $(\mathbb{R},\ \mathcal{U})$의 비연결(disconnected)부분집합임을 보여라.

**05.** $X$가 연결 위상공간(connected topological space)이고, $a,\ b\in X$이라 하자. 그리고 $f:X\rightarrow\mathbb{R}$가 연속(continuous)함수[$\mathbb{R}$은 보통위상(usual topology)을 가진다.]라 하자. 만약 $y$가 $f(a)$와 $f(b)$ 사이의 임의의 수라 하면, 원소 $x\in X$가 존재하여 $f(x)=y$를 만족함을 증명하여라. (이는 중간값 정리(Intermediate Value Theorem)보다 약간 강한 정리이다.)

**06.** 만약에 $[a,\ b]$상의 $\mathcal{U}$-상대 위상(relative topology)을 $\mathcal{H}$-상대 위상(relative topology)으로 바꾸면 중간값 정리(Intermediate Value Theorem)가 성립하는지 알아보아라.

**07.** 구간 $(1,\ 2)$가 $\mathcal{U}$-상대 위상(relative topology)을 가진다고 할 때, 고정점(fixed point)을 가지지 않는 연속(continuous) 함수 $f:(1,\ 2)\rightarrow(1,\ 2)$의 예를 하나 들어라.

**08.** 연속(continuous)이고, 고정점(fixed point.)을 가지지 않는 함수 $f:(\mathbb{R},\ \mathcal{U})\rightarrow(\mathbb{R},\ \mathcal{U})$의 예를 하나 들어라.

**09.** 공간$([0,\ 1],\ \mathcal{H}_{[0,\ 1]})$가 고정점 성질(fixed point property)을 가지는지 알아보아라.

**10.** 위상공간의 두 개의 연결(connected)부분집합들의 합집합이 반드시 연결(connected)은 아님을 보여주는 예를 하나 들어라.

**11.** 위상공간의 두 개의 연결(connected)부분집합들의 교집합이 반드시 연결(connected)은 아님을 보여주는 예를 하나 들어라.

**12.** 위상공간의 두 개의 비연결(disconnected)부분집합들의 합집합이 연결(connected)이 될 수 있음을 보여주는 예를 하나 들어라.

**13.** $((0,\ 1),\ \mathcal{U}(0,\ 1))$과 $([0,\ 1],\ \mathcal{U}[0,\ 1])$은 위상동형이 아님을 보여라.

**14.** 다음 명제들 중 옳은 것은 증명하고, 틀린 것은 반례를 들어라.

(a) 연결 위상공간의 닫힌 부분공간은 연결이다.

(b) 연결집합의 내부는 연결이다.

(c) 연결집합의 경계는 연결이다.

(d) $X$가 위상공간이고, $A$는 $X$의 부분집합일 때, $\overline{A}$가 연결이면 $A$가 연결이다.

(e) $f : X \to Y$가 연속이고, $B$가 $Y$의 연결부분집합일 때, $f^{-1}(B)$는 연결이다.

**15.** $X$를 위상공간이라 하자. 임의의 $x_0,\ x_1 \in X$에 대하여, $f(0) = x_0,\ f(1) = x_1$을 만족하는 연속함수 $f : [0,\ 1] \to X$가 존재할 때, $X$를 호연결(path connected)이라 한다. 모든 호연결 공간은 연결공간임을 보여라.
(단, 여기서 $[0,\ 1]$은 $(\mathbb{R},\ \mathcal{U})$의 부분공간이다.)

**16.** 호연결성(path-connectedness)은 위상적 성질임을 보여라.

**17.** 임의의 $(x_0,\ y_0) \in \mathbb{R} \times \mathbb{R}$에 대하여 $(\mathbb{R} \times \mathbb{R}) - \{(x_0,\ y_0)\}$가 $\mathbb{R} \times \mathbb{R}$의 호연결 부분집합임을 보여라. (여기서 $\mathbb{R}$은 보통위상을 가진다.)

**18.** $X$를 위상공간이라 하고, $\{A_\alpha\}_{\alpha \in \Lambda}$를 $X$의 연결부분집합들로 이루어진 집합족이라 하자. $\bigcap_{\alpha \in \Lambda} A_\alpha \neq \varnothing$이면 $\bigcup_{\alpha \in \Lambda} A_\alpha$는 $X$의 연결부분집합임을 보여라.

**19.** $(\mathbb{R}, \mathcal{U})$는 호연결임을 보여라.

**20.** $(X, \mathcal{T})$를 위상공간이라 하고, $A$, $B$를 $X$의 연결부분집합이라 하자. $A \cap \overline{B} \neq \varnothing$ 이면 $A \cup B$는 $X$의 연결부분집합임을 보여라.

**21.** $Y = \{1, 2, 3, 4\}$라 하자. $f(5) \neq f(6)$을 만족하는 연속함수 $f : (\mathbb{R}, \mathcal{U}) \to (Y, \mathcal{U}_Y)$가 존재하지 않음을 보여라.

**22.** $\mathcal{T}$를 $\mathbb{N}$ 위의 여유한위상이라 하자. 함수 $f : (\mathbb{N}, \mathcal{T}) \to (\mathbb{N}, \mathcal{D})$을

$$f(n) = \begin{cases} 1, & n = 1, 2, 3, 4 \\ 2, & n = 5, 6, 7, 8, 9 \\ 3, & n = 10, 11, \dots \end{cases}$$

으로 정의하자. $f$의 불연속점을 모두 구하여라.

(연습문제 2.2.14를 참고하여라.)

**23.** $X_1, X_2, \cdots, X_n$이 호연결 위상공간(topological spaces)들이면 적공간 $X_1 \times X_2 \times \cdots \times X_n$도 호연결임을 보여라.

**24.** 공간 $(\mathbb{R}, \mathcal{U})$의 부분공간 $\mathbb{R} - \{0\}$은 호연결이 아님을 보여라.

**25.** 연속함수 $f : [0, 1] \to [0, 1]$은 $(0, 1)$에서 미분가능하다. 모든 $x \in (0, 1)$에 대하여 $f'(x) \neq 1$일 때, $f(a) = a\,(0 \leq a \leq 1)$을 만족하는 $a$가 유일하게 존재함을 증명하여라.

**26.** 실수 전체의 집합 $\mathbb{R}$의 보통 위상을 $\mathfrak{I}_u$라 하고, 함수 $f_i : \mathbb{R} \to (\mathbb{R}, \mathfrak{I}_u)$ $(i = 1, 2)$를 $f_1(x) = \lfloor x \rfloor$, $f_2(x) = \lfloor -x \rfloor$로 정의하자. 집합

$$\{f_1^{-1}(U) \mid U \in \mathfrak{I}_u\} \cup \{f_2^{-1}(U) \mid U \in \mathfrak{I}_u\}$$

을 부분기저(subbase, subbasis)로 하여 생성된 $\mathbb{R}$의 위상을 $\mathfrak{I}$라 정의하자. 위상공간 $(\mathbb{R}, \mathfrak{I})$에서 $\sqrt{2}$를 포함하는 성분(연결성분, component, connected component)을 풀이 과정과 함께 써라. 또한 $(\mathbb{R}, \mathfrak{I})$에서 집합 $\left[\frac{1}{2}, 2\right]$의 내

부(interior)와 폐포(closure)를 구하여라. (단, $\left[\frac{1}{2},\ 2\right]=\left\{x\in\mathbb{R}\mid\frac{1}{2}\leq x\leq 2\right\}$ 이고, $\lfloor x\rfloor$는 $x$를 넘지 않는 최대 정수이다.)

## 4.3 연결공간들(Connected Spaces)의 유한 적(Finite Products)

**보조정리 4.3.1**

위상공간(topological space) $X$가 연결(connected)일 필요충분조건은 $X$에서 $(\{0, 1\}, \mathfrak{D})$로의 모든 연속(continuous)함수가 상수함수(constant function)인 것이다.

**증명** ($\Rightarrow$) $X$가 연결(connected)이라 하고, $f : X \to \{0, 1\}$를 연속함수(continuous function)라 하자. 그리고 $f$가 상수함수(constant function)가 아니라고 가정하자. $U = f^{-1}(\{0\})$, $V = f^{-1}(\{1\})$이라 하면 $f$가 연속(continuous)이므로, $U$와 $V$는 $X$의 개부분집합(open)이다. 한편 $f$가 상수함수(constant function)가 아니므로 $f$는 전사(surjective)이다.

따라서 $x_1, x_2 \in X$가 존재하여 $f(x_1) = 0$, $f(x_2) = 1$을 만족한다. 그러면 $x_1 \in f^{-1}(\{0\})$, $x_2 \in f^{-1}(\{1\})$이므로 $U \neq \varnothing \neq V$이다. 또한 $X = U \cup V = f^{-1}(\{0,1\})$이고 $U \cap V = \varnothing$이다. 그러므로 $X$는 비연결(disconnected)인데 이는 가정에 모순이다. 따라서 $f$는 상수함수(constant function)이다.

($\Leftarrow$) $X$에서 $\{0, 1\}$로의 모든 연속(continuous)함수가 상수함수(constant function)라고 가정하자. 그리고 $X$가 비연결이라고 가정하면 $X$의 서로소이고 공집합이 아닌 개부분집합(open subsets) $U$와 $V$가 존재하여 $X = U \cup V$를 만족한다. 이제 함수 $f : X \to \{0, 1\}$를

$$f(x) = \begin{cases} 0, & x \in U \\ 1, & x \in V \end{cases}$$

라고 정의하면, $f$는 잘 정의된(well-defined) 함수이다. 그리고 $f^{-1}(\{0\}) = U$, $f^{-1}(\{1\}) = V$, $f^{-1}(\{0, 1\}) = X$인데 이들은 모

두 $X$의 개부분집합이므로 $f$는 연속(continuous)이다. 또한 $f$는 상수 함수(constant function)가 아니다. 즉, 가정에 모순이다. 따라서 $X$는 연결이다.

### 보조정리 4.3.2

$X$와 $Y$가 위상공간들(topological spaces)이라 하고 $y \in Y$이라 할 때, $X$가 연결(connected)이면, $X \times \{y\}$도 적공간(product space) $X \times Y$의 연결(connected) 부분집합이다.

**증명** 함수 $f : X \to X \times Y$를 $f(x) = (x, y)$이라고 정의하면, $f$는 연속(continuous)이다.

[$\because$ $W$를 $X \times Y$의 임의의 기저 개부분집합(basic open subset)이라고 하면 $X$의 개부분집합(open subset) $U$와 $Y$의 개부분집합(open subset) $V$가 존재하여, $W = U \times V$를 만족한다. 따라서

$$f^{-1}(U \times V) = \begin{cases} \varnothing, & y \notin V \\ U, & y \in V \end{cases}$$

인데 $\varnothing$과 $U$가 모두 $X$의 개부분집합(open)이므로, $f$는 연속(continuous)이다.]

따라서 정리 4.2.4에 의하여 $f(X) = X \times \{y\}$도 연결(connected)이다.

**주의** 그림 4.3.1은 $X \times \{y\}$의 기하학적 표현이다. $X \times \{y\}$는 실제로 $X$와 위상동형(homeomorphic)이다.

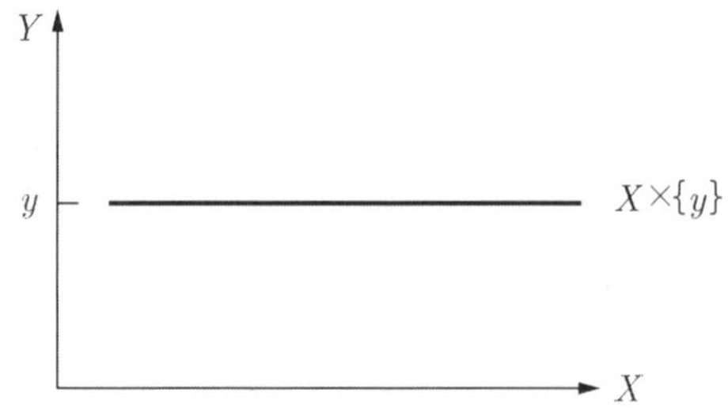


**그림 4.3.1**

**정리 4.3.3**

$X$, $Y$가 공집합이 아닌 위상공간(topological spaces)이라 할 때, 적공간 $X\times Y$가 연결(connected)일 필요충분조건은 $X$, $Y$가 연결(connected)인 것이다.

**증명** $(\Rightarrow)$ $X\times Y$가 연결(connected)이라 가정하자. 이때, 사영(projection) $p_1 : X\times Y\to X$와 $p_2 : X\times Y\to Y$를 생각해보면, $p_1$, $p_2$가 연속(continuous)이므로, 정리 4.2.4에 의하여, $p_1(X\times Y)=X$와 $p_2(X\times Y)=Y$도 연결(connected)이다.

$(\Leftarrow)$ $X$와 $Y$를 연결(connected)이라 가정하자.
$f : X\times Y\to (\{0,\ 1\},\ \mathscr{D})$를 상수함수가 아닌 연속함수라고 가정하자. 그러면 $(x_0,\ y_0)$, $(x_1,\ y_1)\in X\times Y$가 존재하여,

$$f(x_0,\ y_0)=0,\quad f(x_1,\ y_1)=1$$

을 만족한다. 이때, $f(x_0,\ y_1)=0$ 또는 $f(x_0,\ y_1)=1$이다.

**경우 I.** $f(x_0,\ y_1)=0$
$X$가 연결(connected)이므로, 보조정리 4.3.2에 의해 $X\times\{y_1\}$도 연결(connected)이다. 그리고 $f$가 연속(continuous)이므로, $f(X\times\{y_1\})$도 $\{0,\ 1\}$의 연결(connected)부분집합이다. 그런데 $\{0\}$과 $\{1\}$만이 $\{0,\ 1\}$의 공집합이 아닌 연결(connected)부분집합이므로 $f(X\times\{y_1\})=\{0\}$또는 $f(X\times\{y_1\})=\{1\}$이다. 그러나 이는 불가능하다. 왜냐하면 $(x_1,\ y_1)$과 $(x_0,\ y_1)$은 둘 다 $X\times\{y_1\}$의 원소이고, $f(x_1,\ y_1)=1$, $f(x_0,\ y_1)=0$이기 때문이다. (그림 4.3.2)

**경우 II.** $f(x_0,\ y_1)=1$
$Y$가 연결(connected)이므로, 보조정리 4.3.2에 의해, $\{x_0\}\times Y$도 연결(connected)이다. 그리고 $f$가 연속(continuous)이므로, $f(\{x_0\}\times Y)$도 $\{0,\ 1\}$의 연결(connected)부분집합이다. 따라서 $f(\{x_0\}\times$

$Y) = \{0\}$ 또는 $f(\{x_0\} \times Y) = \{1\}$이다. 그러나 이는 불가능하다. 왜냐하면 $(x_0,\ y_0)$와 $(x_0,\ y_1)$는 둘 다 $\{x_0\} \times Y$의 원소이고, $f(x_0,\ y_0) = 0,\ f(x_0,\ y_1) = 1$이기 때문이다. 그러므로 $f$는 상수함수(constant function)이다. 그러므로 $X \times Y$는 보조정리 4.3.1에 의하여 연결(connected)이다(그림 4.3.2).

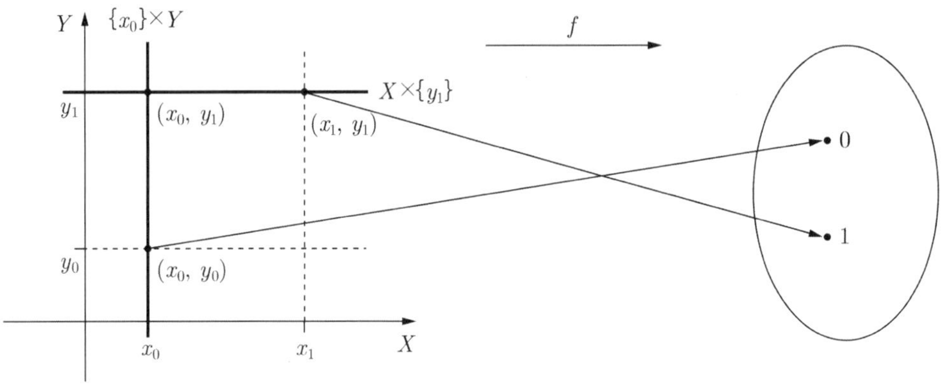


**그림 4.3.2**

**정리 4.3.4**

$X_1,\ X_2,\ \cdots,\ X_n$이 공집합이 아닌 위상공간(topological spaces)일 때, 적공간 $X_1 \times X_2 \times \cdots \times X_n$이 연결(connected)일 필요충분조건은 각각의

$$i \in \{1,\ \cdots,\ n\}$$

에 대하여 $X_i$가 연결(connected)인 것이다.

## 연습문제

**01.** 다음 적공간(product space)들이 연결(connected)인지 결정하여라. 그리고 그 이유를 설명하여라.

(a) $X=\mathbb{R}$는 $\mathcal{U}$ 위상(topology)을 가지고, $Y=\mathbb{R}$는 $\mathcal{H}$ 위상(topology)을 가질 때, $X\times Y$.

(b) $X=\mathbb{R}$이 $\mathcal{C}$ 위상(topology)을 가질 때, $X\times X$.

(c) $X=\{a,\ b,\ c\}$는 위상(topology) $\mathcal{T}=\{X,\ \varnothing,\ \{a\},\ \{a,\ b\}\}$을 가지고, $Y=\{d,\ e,\ f\}$는 위상(topology) $\varphi=\{Y,\ \varnothing,\ \{d\},\ \{e,\ f\}\}$를 가질 때, $X\times Y$.

**02.** $X$를 위상공간(topological space)이라 하고, 집합 $Y=\{0,\ 1,\ 2\}$는 이산위상을 가진다고 하자. $f:X\rightarrow Y$가 연속(continuous)함수일 때, $A$가 $X$의 연결(connected)부분집합이면, $f(A)$의 가능한 값은 무엇인가? 설명하여라.

**03.** $\mathbb{R}$이 $\mathcal{U}$ 위상(topology)을 가진다고 하자. 그러면 보조정리 4.3.2에 의해 집합 $\mathbb{R}\times\{1\}$은 $\mathbb{R}\times\mathbb{R}$의 연결(connected)부분집합이다. 그러나 $\mathbb{R}\times\{0,\ 1\}$은 비연결(disconnected)이다. 연결성(connectedness)의 정의를 사용하여 이 사실을 증명하여라.

**04.** $\mathbb{R}$과 $\mathbb{R}\times\mathbb{R}$은 위상동형이 아님을 보여라. 여기서, $\mathbb{R}$과 $\mathbb{R}\times\mathbb{R}$ 모두 보통위상공간이다. (즉, 직선과 평면은 위상동형이 아니다.)

# 4.4 연결공간들(Connected Spaces)의 무한 적(Infinite Products)

**보조정리 4.4.1**

$\{X_\alpha \mid \alpha \in \Lambda\}$를 연결 위상공간들(connected topological spaces)의 모임이라고 하자. $F$를 $\Lambda$의 유한 부분집합이라 하고, 모든 $\alpha \in \Lambda - F$에 대하여 $y_\alpha \in X_\alpha$라 할 때, 모든 $\alpha \in F$에 대하여 $A_\alpha = X_\alpha$이고, 모든 $\alpha \in \Lambda - F$에 대하여 $A_\alpha = \{y_\alpha\}$이라 하면, $\prod\{\mathrm{A}_\alpha \mid \alpha \in \Lambda\}$는 연결(connected)이다.

**증명** $A = \prod\{A_\alpha \mid \alpha \in F\}$라 하고, $X = \prod\{A_\alpha \mid \alpha \in \Lambda\}$라 하자. 그리고 함수(function) $f : A \to X$를

$$\alpha \in F\text{일 때, 모든 } x \in A\text{에 대하여 } f(x)_\alpha = x_\alpha\text{이고,}$$
$$\alpha \in \Lambda - F\text{일 때, 모든 } x \in X\text{에 대하여 } f(x)_\alpha = y_\alpha$$

라고 정의하자. 그러면 모든 $\alpha \in \Lambda$에 대하여 $p_\alpha \circ f : A \to X_\alpha$가 연속함수(continuous function)이다.

[$\because$ 만약 $\alpha \in \Lambda - F$이면 $p_\alpha \circ f(x) = y_\alpha$는 상수(constant)함수이고, 만약 $\alpha \in F$이면 모든 $U_\alpha$는 $A_\alpha$의 개부분집합(open subset)이므로, $(p_\alpha \circ f)^{-1}(U_\alpha) = f^{-1}(P_\alpha^{-1}(U_\alpha)) = P_\alpha^{-1}(U_\alpha)$는 개집합(open)이다.]

따라서 정리 3.3.14에 의해 $f$는 연속(continuous)이다. 그러므로

$f(A) = \prod\{A_\alpha \mid \alpha \in \Lambda\}$는 정리 4.3.4에 의해 연결(connected)이다.

[$\because A = \prod\{A_\alpha \mid \alpha \in F\} = \prod\{X_\alpha \mid \alpha \in F\}$는 정리 4.3.4에 의해 연결(connected)이다.]

**주의** 앞에서 $X \approx X \times \{y_1\}$임을 보았다.

위의 보조정리는 $\prod\{A_\alpha \mid \alpha \in F\} = A \approx \prod\{A_\alpha \mid \alpha \in \Lambda\}$임을 보여준다.

즉, $X\times\{y_1\}$이 $X$를 단지 위로 $y_1$만큼 올린 것과 마찬가지로

$\prod\{A_\alpha \mid \alpha\in\Lambda\} = X_1\times X_2\times\cdots\times X_n\times\{y_{n+1}\}\times\{y_{n+2}\}\times\cdots$

는 $A=\prod\{A_\alpha \mid \alpha\in F\} = X_1\times X_2\times\cdots\times X_n$ 을 단지 $y_{n+1}$만큼 옮긴 후 또 $y_{n+2}$만큼 옮긴 후 또 …… 옮기기만 한 것과 같다.

## 보조정리 4.4.2

$\{X_\alpha \mid \alpha\in\Lambda\}$를 연결 위상공간들(connected topological spaces)의 모임이라고 하자. 그리고 $F$가 $\Lambda$의 유한 부분집합일 때, $x$, $y$가 $\alpha\in\Lambda-F$에 대하여 $x_\alpha=y_\alpha$를 만족하는 $\prod\{X_\alpha \mid \alpha\in\Lambda\}$의 점들일 때,

$$f\ :\ X\to\{0,1\}$$

가 연속 함수(continuous function)이면 $f(x)=f(y)$이다.

**증명** 모든 $\alpha\in F$에 대하여 $A_\alpha=X_\alpha$라고 하고, 모든 $\alpha\in\Lambda-F$에 대하여 $A_\alpha=\{x_\alpha\}$라고 하자. 그러면 보조정리 4.4.1에 의해

$$B=\prod\{A_\alpha \mid \alpha\in\Lambda\}$$

는 연결(connected)이다. $f$가 연속(continuous)이므로 $f(B)$는 $\{0,1\}$의 공집합이 아닌 연결(connected)부분집합이다. 그러므로 $f(B)=\{0\}$ 또는 $f(B)=\{1\}$이다. 그런데 $x$, $y\in B$이므로 $f(x)=f(y)$이다.

## 정리 4.4.3

$\{\mathrm{X}_\alpha \mid \alpha\in\Lambda\}$를 연결 위상공간들(connected topological spaces)의 모임이라고 할 때, $X=\prod\{X_\alpha \mid \alpha\in\Lambda\}$가 연결(connected)일 필요충분조건은 모든 $\alpha\in\Lambda$에 대하여 $X_\alpha$가 연결(connected)인 것이다.

**증명** ($\Rightarrow$) $X=\prod\{X_\alpha \mid \alpha\in\Lambda\}$가 연결(connected)이라고 가정하자. 모든 $\alpha\in\Lambda$에 대하여 사영(projection)

$$p_\alpha : \prod\{X_\alpha \mid \alpha \in \Lambda\} \to X_\alpha$$

가 연속이므로 $p_\alpha(\prod\{X_\alpha \mid \alpha \in \Lambda\}) = X_\alpha$도 연결(connected)이다.

($\Leftarrow$) 모든 $\alpha \in \Lambda$에 대하여, $X_\alpha$가 연결(connected)이라고 가정하자. 그리고, $f : X \to \{0, 1\}$가 연속이라고 하자. $f$가 반드시 상수 함수(constant function)이어야 함을 보인다.

$x \in X$라 하고, $f(x) = 0$이라고 가정하자. 이때, $y$를 $X$의 임의의 다른 점이라 할 때, $f(y) = 0$임을 보인다. $\{0, 1\}$이 이산위상(discrete topology)을 가지므로, $\{0\}$은 $\{0, 1\}$의 개부분집합(open subset)이다. $f$가 연속이므로, $f^{-1}(\{0\})$는 $X$의 개부분집합(open subset)이다. 그러므로 $U = \prod\{U_\alpha \mid \alpha \in \Lambda\}$ ($F$가 $\Lambda$의 유한 부분집합일 때, 모든 $\alpha \in \Lambda$에 대하여 $U_\alpha$는 $X_\alpha$의 개부분집합(open subset)이고, 모든 $\alpha \in \Lambda - F$에 대하여 $U_\alpha = X_\alpha$이다.)의 형태를 가지고, $x \in U \subseteq f^{-1}(\{0\}) \subseteq X = \prod X_\alpha$를 만족하는, $X$의 개부분집합(open subset) $U$가 존재한다. 그러므로 $z \in U$가 존재하여 모든 $\alpha \in \Lambda - F$에 대하여 $z_\alpha = y_\alpha$이다. 따라서 보조정리 4.4.2에 의해 $f(y) = f(z)$이다. 그런데, $z \in f^{-1}\{0\}$이므로, $f(z) = 0$이다. 즉, $f(y) = 0$이다. 그러므로 $f$는 상수 함수(constant function)이고 $X$는 연결(connected)이다. 따라서, 보조정리 4.4.1에 의해 $\prod\{X_\alpha \mid \alpha \in \Lambda\}$는 연결(connected)이다.

## 연습문제

**01.** 다음 적공간(product space)이 연결(connected)인지 결정하여라. 그리고 설명하여라.

(a) $\Lambda = \mathbb{Z}^-$이고, 모든 $i \in \Lambda$에 대하여, $X_i = \mathbb{R}$가 $\mathscr{H}$ 위상(topology)을 가질 때, $\prod_{i \in \Lambda} X_i$.

(b) $\Lambda = \mathbb{R}^-$이고, 모든 $\alpha \in \Lambda$에 대하여 $Y_\alpha = \mathbb{R}$가 $\alpha \leq 1$이면, $\mathscr{C}$ 위상(topology)을 가지고, $\alpha > 1$이면, 이산위상을 가질 때, $\prod_{\alpha \in \Lambda} Y_\alpha$.

(c) $\Lambda = \mathbb{Z}^-$이고, 모든$i \in \Lambda$에 대하여, $Z_i = \mathbb{R}$가 위상(topology)

$$\mathfrak{I}_i = \{U \subseteq Z_i : i \in U \text{ 또는 } U = \varnothing\}$$

을 가질 때, $\prod_{i \in \Lambda} Z_i$.

(d) $\Lambda = [0,\ 1]$이고, 모든 $\alpha \in \Lambda$에 대하여, $W_\alpha = [0, 1] - \{\alpha\}$가 $\mathscr{U}$-상대 위상(relative topology)을 가질 때, $\prod_{\alpha \in \Lambda} W_\alpha$.

**02.** 어떤 $\alpha_0 \in \Lambda$가 존재하여, $X_{\alpha_0}$가 비연결(disconnected)이면, 적공간(product space) $\prod_{\alpha \in \Lambda} X_\alpha$도 비연결(disconnected)임을 증명하여라.

# 5.

# 분리공간

Separated Spaces

## 5.1 가산공간(Countable Space)

**정의 5.1.1**

위상공간(topological space) $X$의 한 점 $x$에 대하여, $x$를 포함하는 개집합(open)들의 가산개의 모임 $\mathcal{B}$가 존재하여, $x$를 포함하는 각 개집합(open)이 $\mathcal{B}$의 원소들 중에 적어도 하나를 포함하면 공간 $X$는 점 $x$에서 **가산기저(countable basis)**를 갖는다고 한다. 또, $X$의 각 점에서 가산기저(countable basis)를 가지면 공간 $X$를 **제1가산공간(first countable space)**이라고 한다.

다시 말하면 위상공간(topological space) $X$의 각 점 $x \in X$에 대하여 가산 국소기저(countable local basis)가 존재할 때, $X$를 제1가산공간(first countable space)이라 한다.

**예 5.1.2**

$X$를 이산위상공간(discrete toplogical space)이라 하자. 그러면 집합 $\{x\}$는 개집합(open)이며 $x \in X$를 포함하는 모든 개집합(open) $U$에 대하여, $x \in \{x\} \subset U$를 만족하므로 $X$는 제1가산공간(first countable space)이다. 즉, $\{\{x\}\}$ 자신이 $x$에서 가산 국소기저(countable local basis)이다.

**예 5.1.3**

$\mathbb{R}$에서 한 점 $x$에 대하여 열린공(open ball) $B(x,\ \delta)$를 생각하자. 그러면 각 점 $x \in \mathbb{R}$에 대하여 열린공(open ball)들의 가산모임

$$\mathcal{B} = \left\{ B(x, 1),\ B\left(x,\ \frac{1}{2}\right),\ B\left(x,\ \frac{1}{3}\right),\ \cdots \right\}$$

은 $x$에서의 국소기저(local basis)를 이룬다. 따라서 $\mathbb{R}$는 제1가산공간(first countable space)이다.

### 정의 5.1.4

$X$가 위상공간(topological space)일 때, $X$의 위상(topology) $\mathfrak{I}$가 가산기저(countable basis) $\mathcal{B}=\{B_i \mid i=1, 2, \cdots\}$를 가지면, $X$를 **제2가산공간(second countable space)**이라 한다.

### 예 5.1.5

$(\mathbb{R}, \mathcal{U})$는 가산기저(countable basis)를 갖는다. 왜냐하면 유리수를 양 끝점으로 하는 개구간(open interval)들의 모임 $\mathcal{B}=\{(a, b) \mid a, b \in \mathbb{Q}\}$는 가산집합이다. 그리고 이것은 $\mathbb{R}$의 보통위상(uaual topology)에 대한 기저이기 때문이다. 따라서 $\mathbb{R}$은 제2가산공간(second countable space)이다.

같은 방법으로 $\mathbb{R}^n$, $\mathbb{R}^w$도 가산기저(countable basis)를 가지므로, 제2가산공간(second countable space)이다. 왜냐하면, $\mathbb{R}$에서 유리수를 끝점으로 하는 개구간(open interval) $U_n$에 대하여

$$\left\{\prod U_n\right\}$$

은 $\mathbb{R}^n$은 가산기저(countable basis)이고 유한개의 $n$에 대하여 $U_n$이 유리수를 끝점으로 갖는 개구간이고 그 나머지 $n$에 대하여 $U_n=\mathbb{R}$일 때,

$$\left\{\prod U_n\right\}=\{U_1 \times U_2 \times \cdots \times U_n \times \mathbb{R}_{n+1} \times \mathbb{R}_{n+2} \times \cdots\}$$

은 $\mathbb{R}^w$의 가산기저(countable basis)이기 때문이다.

### 정리 5.1.6

$(X, \mathfrak{I})$가 제2가산공간(second countable space)이면 제1가산공간(first countable space)이다.

**증명** $\mathcal{B}$를 위상공간(topological space) $(X, \mathfrak{I})$에 대한 가산기저(countable basis)라 하고, $\mathcal{B}x$를 점 $x \in X$를 포함하는 $\mathcal{B}$의 원소들로 이루어진 집합

이라고 하면 $\mathcal{B}x$는 점 $x$에서의 하나의 가산 국소기저(coutable local basis)이다. 즉 $\mathcal{B}$의 원소의 개수가 가산(countable) 개이므로 그중에서 $x$를 함하는 원소만을 꺼내어 모으면 많아야 가산(countable) 개뿐이다.

**예 5.1.7**

이산위상공간(discret topological space) $(\mathbb{R}, \mathcal{D})$에서 $\mathcal{B}$가 $\mathcal{D}$의 기저가 되기 위한 필요충분조건은 $\{\{x\} \mid x \in \mathbb{R}\} \subset \mathcal{B}$이다. 그러나 $\{\{x\} \mid x \in \mathbb{R}\}$은 $\mathbb{R}$ 자신이 비가산(uncountable)이므로 비가산(uncountable)이 된다. 따라서 $\mathcal{B}$도 비가산(uncountable)이 되어 $\mathbb{R}$은 제2가산공간(second countable space)이 아니다. 그러나 각 점 $x \in \mathbb{R}$에 대하여, $\mathcal{B}x = \{\{x\}\}$라 하면 $\mathcal{B}x$는 $x$에서의 가산국소기저(countable local basis)가 되므로, $(\mathbb{R}, \mathcal{D})$은 제1가산공간(first countable space)이다. 즉 정리 5.1.6의 역은 성립하지 않는다.

예 5.1.7에 의하면 비가산(uncountable)이산위상공간(discrete topological space)은 제1가산공간(first countable space)이지만 제2가산공간(second countable space)은 아니라는 것이다.

이와 같이 제1가산성과 제2가산성의 차이는 제2가산성이 공간전체에 관하여 그 위상의 기저가 가산임을 요구하며 제1가산성은 그 공간의 한 점에 대하여 그 점을 포함하는 개집합으로 된 기저, 즉 국소기저가 가산임을 요구한다. 결국 전자는 전체적이며 후자는 국소적인 것이다. 이와 같이 위상수학에서 어떤 성질이 전체적이면 거의 위의 경우와 유사하게 국소적인 개념을 만들어 낼 수도 있다.

**정리 5.1.8**

(1) 제1가산공간(first countable space)의 부분공간(subspace)은 제1가산공간(first countable space)이고, 제1가산공간(first countable space)들의 가산적(countable product)도 제1가산공간이다.

(2) 제2가산공간(second countable space)의 부분공간(subspace)은 제2가산공간(second countable space)이고 제2가산공간(second countable space)들의 가산적(countable product) 제2가산공간(second countable space)이다.

**증명** (1), (2)는 그 증명 방법이 같으므로 여기서는 (2)만 증명하자.
$X$를 제2가산공간(second countable space)이라 하고, $Y \subseteq X$이라 하자. 이때, $\mathcal{B}$를 $X$의 가산기저(countable basis)라 하면

$$\{B \cap Y \mid B \in \mathcal{B}\}$$

는 부분공간(subspace) $Y$의 가산기저(countable basis)의 된다. 따라서 $Y$도 제2가산공간(second countable space)이다. 또, $\{X_\alpha \mid \alpha \in \Lambda\}$를 제2가산공간(second countable space)의 모임이라고 하자. $F$를 $\Lambda$의 유한부분집합이라 하고, 모든 $\alpha \in F$에 대하여 $B_\alpha \in \mathcal{B}\alpha$이고, 모든 $\alpha \in \Lambda - F$에 $B_\alpha = X_\alpha$인 $B_\alpha$들의 적(prosuct) $\prod\{B_i \mid \alpha \in \Lambda\}$들의 모임은 $\prod\{X_\alpha \mid \alpha \in \Lambda\}$의 가산기저(countable basis)이다. 그러므로 $\prod\{\mathrm{X}_\alpha \mid \alpha \in \Lambda\}$도 제2가산공간(second countable space)이다.

### 정의 5.1.9

위상공간(topological space) $X$가 가산인 조밀부분집합(countable dense subset)을 가지면 $X$를 **가분공간(separeble space)**이라 한다.

### 예 5.1.10

위상공간(topological space) $(\mathbb{R}, \mathcal{U})$는 가분공간(separable space)이다. 왜냐하면, 유리수 집합 $\mathbb{Q}$가 가산(countable)이고 $\overline{\mathbb{Q}} = \mathbb{R}$이기 때문이다. $\mathbb{R}^n$도 가분(separable)이다.

그러나 이산위상공간(discrete topological space) $(\mathbb{R}, \mathcal{D})$은 가분공간(separable space)이 아니다. 왜냐하면 $\mathbb{R}$의 모든 부분집합이 개집합(open)이고, 동시에 폐집합(closed)이므로 $\overline{A} = \mathbb{R}$이 되는 $A$는 $\mathbb{R}$자신뿐이다. 그런데 $\mathbb{R}$이 비가산(uncountable)이므로 이산위상공간(discrete topological space) $\mathbb{R}$은 가분공간(separable space)이 아니다 한편, 가산(countable)인 이산위상공간(discrete topological space)은 가분공간(separable space)이다.

**정리 5.1.11**

가분공간(separable space)의 연속(continuous)이고 전사(onto)인 함수의 상은 가분(separable)이다.

**증명** 함수 $f : X \rightarrow Y$가 연속(continuous)이라 하고, $A \subset X$가 조밀부분집합(dense subset)이라 하자. 그러면, $Y = f(X) = f(\overline{A}) \subset \overline{f(A)}$이므로 $f(A)$는 $Y$의 조밀부분집합(dense subset)이다. 그러므로, $Y$도 가분공간(separable subset)이다.

**정리 5.1.12**

위상공간(topological space) $(\mathbb{R}, \mathcal{H})$에 대하여 $(\mathbb{R}, \mathcal{H}) \times (\mathbb{R}, \mathcal{H})$은 가분공간(separable space)이다.

**증명** $(\mathbb{R}, \mathcal{H}) \times (\mathbb{R}, \mathcal{H})$의 한 기저(base)원소를 $[a, b) \times [c, d)$라 하자. 그러면, $a < x_0 < b$이고 $c < y_0 < d$인 유리수 $x_0$, $y_0$가 존재하여,

$$(x_0, y_0) \in [a, b) \times [c, d)$$

이다. 그러므로 $\mathbb{Q} \times \mathbb{Q} \subset (\mathbb{R}, \mathcal{H}) \times (\mathbb{R}, \mathcal{H})$는 $(\mathbb{R}, \mathcal{H}) \times (\mathbb{R}, \mathcal{H})$에서 조밀(dense)부분집합이다. 그리고 $\mathbb{Q} \times \mathbb{Q}$가 가산(countable)집합이므로 $(\mathbb{R}, \mathcal{H}) \times (\mathbb{R}, \mathcal{H})$은 가분공간(separable space)이다.

**정리 5.1.13**

$X$가 제2가산공간(second countable space)이면 $X$는 가분공간(separable space)이다.

**증명** $\mathcal{B} = \{B_n \mid n \in \mathbb{N}\}$를 $X$의 가산기저(countable basis)라 하자. 각 $n \in \mathbb{N}$에 대하여 한 점 $x_n \in B_n$을 택하면 집합 $A = \{x_n \mid n \in \mathbb{N}\}$는 가산(countable)집합이다. 이제 $\overline{A} = X$가 되는 것을 보이자. 임의의 점 $x \in X$

와 $x$를 포함하는 개집합(open) $U$에 대하여 $\mathcal{B}$가 $X$의 기저이므로,

$$x \in B_n \subset U$$

를 만족하는 $B_n$이 $\mathcal{B}$에 존재한다. 한편, $x_n \in B_n \cap A$이므로,

$$U \cap A \neq \varnothing$$

이다. 따라서, $X \subset \overline{A}$가 되어 $A$는 $X$의 조밀(dense)한 부분집합이다. 이 정리의 역은 일반적으로 성립하지 않는다. 다음의 예 5.1.18에서 설명할 것이다.

**예 5.1.14**

$X = \{1, 2, 3, 4\}$이고 $X$의 위상이

$$\mathfrak{I} = \{X, \varnothing, \{1\}, \{2\}, \{1, 2\}, \{2, 3\}, \{1, 2, 3\}, \{2, 3, 4\}\}$$

이면 $\{\{1\}, \{2, 3\}, \{2, 3, 4\}\}$는 $X$의 개피복(open cover) 중의 하나이다.

**예 5.1.15**

$\{(x-1, x+1) \mid x \in \mathbb{R}\}$은 $\mathbb{R}$의 하나의 개피복(open cover)이다.

**정의 5.1.16**

위상공간(topological space) $X$의 임의의 개피복(open cover)이 가산(countable)인 부분피복(subcover)을 가지면 $X$를 **린데레프 공간(Lindelöf space)**이라 한다.

**정리 5.1.17**

제2가산공간(second countable space)은 린데레프 공간(Lindelöf space)이다.

**증명** 위상공간(topological space) $X$가 가산기저(countable basis)

$$\mathcal{B} = \{B_1, B_2 \cdots\}$$

를 갖는다고 하고, $\mathbb{C} = \{U_\alpha \mid \alpha \in \Lambda\}$를 $X$의 임의의 개피복(open cover)이라 하자. 각 $B_i$에 대하여 $B_i$를 포함하는 개피복(open cover)원소가 존재할 경우, 그중 하나를 $U_{\alpha_i}$라 하면 $\{U_{\alpha_i}\}$는 $\mathbb{C}$의 가산(countable)부분집합이다. 따라서 $\{U_{\alpha_i}\}$가 $X$의 피복(cover)이 됨을 보이면 된다. 임의의 점 $x \in X$에 대하여 $x \in U_\alpha$인 $U_\alpha$가 $\mathbb{C}$에 존재한다. 그런데, $\mathcal{B}$가 가산기저(countable basis)이므로 $x \in B_n \subset U_\alpha$를 만족하는 $B_n \in \mathcal{B}$이 존재하게 되어 $x \in U_{\alpha_n}$인 $U_{\alpha_n}$이 존재한다. 그러므로 $\{U_{\alpha_i}\}$는 $X$의 피복(cover)이 된다. 이 정리의 역은 성립하지 않는다. 다음의 예에서 알아보자.

**예 5.1.18**

$(\mathbb{R}, \mathcal{H})$ 은 제1가산공간(first countable space)이고 가분공간(separable space)이며, 린데레프 공간(Lindelöf space)이지만 제2가산공간(second countable space)은 아니다. 왜냐하면, $(\mathbb{R}, \mathcal{H})$은 가산기저(countable basis)를 갖지 못한다. $\mathcal{B}$를 $(\mathbb{R}, \mathcal{H})$의 임의의 기저(basis)라면 각 점 $x$에 대해 $x \in B_x \subset [x, 1x+1)$인 $B_x \in \mathcal{B}$를 택할 때, $x \neq y$이면 $B_x \neq B_y$이다. 왜냐하면 $x = \inf B_x$이고 $y = \inf B_y$이기 때문이다. 그러므로 $\mathcal{B}$는 비가산(uncountable)이어야만 한다. 따라서 $(\mathbb{R}, \mathcal{H})$은 제2가산공간(second countable space)이 아니다.

그러나 $(\mathbb{R}, \mathcal{H})$ 은 제1가산공간(first countable space)이다. 왜냐하면 한 점 $x \in \mathbb{R}$에 대해 $\left[x, x+\frac{1}{n}\right)$ 모양의 모든 기저원소들의 집합은 $x$에서의 가산기저(countable basis)가 되기 때문이다. 또 유리수들의 집합 $\mathbb{Q}$는 $(\mathbb{R}, \mathcal{H})$에서 가산조밀부분집합(countable dense subset)이므로, $(\mathbb{R}, \mathcal{H})$은 가분공간(separable space)이다.

이제 $(\mathbb{R}, \mathcal{H})$이 린데레프 공간(Lindelöf space)이 됨을 보이자. 기저(basis)원소들로 이루어진 $\mathbb{R}$의 모든 개피복(open cover)에 대하여 $\mathbb{R}$이 가산부분피복(countable subcover)이 존재하는 것을 보이면 된다.

$\mathbb{C} = \{[a_\alpha, b_\alpha) \mid \alpha \in \Lambda\}$를 $\mathbb{R}$의 피복(cover)이라 하자. 이때

$$C = \cup (a_\alpha, b_\alpha)$$

를 보통위상공간(usual topological space) $\mathbb{R}$의 부분공간(subspace)으로 보면 $C$는 제2가산공간(second countable space) $\mathbb{R}$의 부분공간(subspace)이므로 제2가산공간(second countable space)이다. $\{(a_\alpha, b_\alpha)\}$는 $C$에서의 개집합(open)들로 구성되어 있는 $C$의 개피복(open cover)이므로 가산부분피복(countable subcover)

$$\{(a_{\alpha_i}, b_{\alpha_i}) \mid i = 1, 2, \cdots\}$$

이 존재한다. 이때 역시

$$\mathbb{C}' = \{[a_{\alpha_i}, b_{\alpha_i}) \mid i = 1, 2, \cdots\}$$

는 $C$를 덮는다. $\mathbb{R} - C$는 가산(countable)임을 보이자. 각 $x \in \mathbb{R} - C$에 대하여 $x \in [a_\alpha, b_\alpha)$인 $[a_\alpha, b_\alpha)$를 $\mathbb{C}$에서 하나씩만 택하여 $\mathbb{C}'$에 더하면 그것은 $\mathbb{C}$의 가산부분피복(countable subcover)이 된다. $x \in \mathbb{R} - C$이라 하면 적당한 $\alpha \in \mathcal{H}$에 대하여 $x = a_\alpha$이다. 이때, $q_r$를 구간 $(a_\alpha, b_\alpha)$에 속하는 어떤 유리수라 하자. 이 구간 $(a_\alpha, b_\alpha)$는 $C$에 포함되므로 $(x, q_x)$도 $C$에 포함된다. 이것으로부터 함수 $f: \mathbb{R} - C \to \mathbb{Q}$를 $x \to q_x$로 정의하면 $f$는 단사함수이다. 왜냐하면 $x$와 $y$가 $\mathbb{R} - C$의 두 점이고 $x < y$이면 $q_x < q_y$이기 때문이다. 만일 $q_x \geqq q_y$이면 $x < y < q_x \leqq q_y$가 되어, $y \in (x, q_x) \subset C$이므로 모순이다.

그러므로 $\mathbb{R} - C$는 가산(countable)이다.

**예 5.1.19**

$X$, $Y$가 린데레프 공간(Lindelöf space)들일 때, $X \times Y$가 린데레프 공간(Lindelöf space)일 필요는 없다.

위상공간(topological space) $(\mathbb{R}, \mathcal{H})$의 경우 $(\mathbb{R}, \mathcal{H})$은 린데레프 공간(Lindelöf space)이지만 $(\mathbb{R}, \mathcal{H}) \times (\mathbb{R}, \mathcal{H})$은 린데레프 공간(Lindelöf space)이 아니다. 공간 $(\mathbb{R}, \mathcal{H}) \times (\mathbb{R}, \mathcal{H})$은 $[a, b) \times [c, d)$ 모양의 집합들의 모임으로 기저(basis)를 이룬다. 이때, $(\mathbb{R}, \mathcal{H}) \times (\mathbb{R}, \mathcal{H})$의 부분공간

$$L = \{x \times (-x) \mid x \in (\mathbb{R}, \mathcal{H})\}$$

에 대하여 $L$은 $(\mathbb{R}, \mathscr{H})\times(\mathbb{R}, \mathscr{H})$의 폐집합(closed)이다. $(\mathbb{R}, \mathscr{H})\times(\mathbb{R}, \mathscr{H})$을 개집합 $(\mathbb{R}, \mathscr{H})\times(\mathbb{R}, \mathscr{H})-L$과 $[a, b)\times[-a, d)$ 모양의 모든 기저(basis)원소들로 덮을 때 이들 기저원소들과 $L$은 한 점에서 만나고 $L$이·비가산(uncountable)이므로 이것들의 가산개의 부분모임으로는

$$(\mathbb{R}, \mathscr{H})\times(\mathbb{R}, \mathscr{H})$$

을 덮을 수 없다(그림 5.1.1).

**예 5.1.20**

가분공간(separable space)의 부분공간(subspace)이 반드시 가분공간(separable space)은 아니다. 왜냐하면, 유리수 좌표를 갖는 점들의 집합 $\mathbb{Q}\times\mathbb{Q}$는 $(\mathbb{R}, \mathscr{H})\times(\mathbb{R}, \mathscr{H})$ 에서 조밀(dense)한 부분집합이며 가산(countable)이므로 $(\mathbb{R}, \mathscr{H})\times(\mathbb{R}, \mathscr{H})$은 가분공간(separable space)이다. 그러나 예 5.1.19에서 부분공간(subspace) $L$은 이산위상(discrete topology)을 가지며 비가산(uncountable)이므로 가산(countable)인 조밀(dense)부분집합을 갖지 못한다. 따라서 $L$은 가분공간(separable space)이 아니다. 그러나 가분공간(separable space)의 개부분공간은 가분이다.

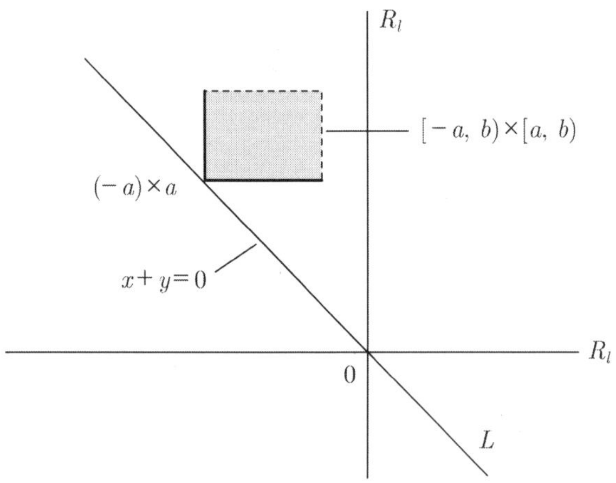


**그림 5.1.1**

### 정리 5.1.21

$X$가 제2가산공간(second countable space)일 때 $X$의 모든 부분공간은 가분공간(separable space)이다.

**증명** $Y$를 제2가산공간(second countable space) $X$의 부분공간(subspace)이라 하고, $\{B_i \mid i=1,\ 2,\ \cdots\}$를 $Y$의 가산기저(countable basis)라 하자. 각 $i$에 대하여 $x_i \in B_i$를 취하면 $\{x_i\}$는 가산(countable)집합이 된다. 또 각 개집합(open) $U$에 대하여 $U = \cup B_i$이므로 $\{x_i\}$는 조밀(dense)부분집합이다. 그러므로 $Y$는 가분공간(separable space)이다.

### 정리 5.1.22

함수 $f : X \to Y$가 연속(continuous)이며 전사(onto)일 때 $X$가 린데레프 공간(Lindelöf space)이면 $f(X) = Y$도 린데레프 공간(Lindelöf space)이다.

**증명** $\{U_a \mid \alpha \in \Lambda\}$를 $Y$의 개피복(open cover)이라 하자. 그러면 $f$가 연속(continuous)이므로, 각 $U_\alpha$에 대하여, $f^{-1}(U_\alpha)$가 $X$의 개집합(open)이고, 따라서 $(f^{-1}(U_a))$는 $X$의 개피복(open cover)이다. 그런데 $X$가 린데레프 공간(Lindelöf space)이므로 가산개의 부분피복 $\{f^{-1}(U_{a_i})\mid i \in \mathbb{N}\}$가 존재한다. 따라서,

$$\{U_{a_i} \mid i \in \mathbb{N}\}$$

는 $\{U_a \mid \alpha \in \Lambda\}$의 가산부분피복(countable subcover)이다.

### 정의 5.1.23

$\mathcal{B}x$를 점 $x \in X$에서의 가산(countable)인 국소기저(local basis)라 하자. 그러면, $\mathcal{B}x$의 각 원소를 자연수 $\mathbb{N}$에 의한 첨수를 붙여서

$$\mathcal{B}x = \{B_1,\ B_2,\ \cdots\}$$

와 같이 쓸 수 있다. 여기에 특히,

$$B_1 \supset B_2 \supset B_3 \supset \cdots$$

와 같은 관계를 가지면 $\mathcal{B}x$를 $x$에서의 **축소국소기저(nested local basis)**라고 한다.

### 정리 5.1.24

$X$가 제1가산공간(first countable space)이면, 임의의 점 $x \in X$에서의 가산국소기저(countable local basis)가 존재한다.

**증명** $X$가 제1가산공간(first countable space)이므로 각 점 $x \in X$에 대하여 $x$에서의 가산국소기저(countable local basis)

$$\mathcal{B}x = \{G_1, G_2, \cdots\}$$

가 존재한다. 이때

$$B_1 = G_1,\ B_2 = G_1 \cap G_2,\ \cdots,\ B_n = G_1 \cap G_2 \cap \cdots \cap G_n,\ \cdots$$

이라 하면, $B_1 \supset B_2 \supset B_3 \supset \cdots$이고 각 $B_n$은 점 $x$를 포함하는 개집합(open)이다. 한편 $x$를 포함하는 임의의 개집합(open) $G$에 대하여 적당한 $n_0 \in N$가 존재하여

$$B_{n_0} \subset G_{n_0} \subset G$$

이므로 $\{B_1, B_2, \cdots\}$는 $x$ 에서의 가산축소국소기저(countable nested local basis)이다.

### 정리 5.1.25

$X$가 제1가산공간(first countable space)이고 $A \subset X$이며 $x \in X$라 하자. 그러면 $x \in \overline{A}$이기 위한 필요충분조건은 $A$ 내에 수열(sequence) $\{x_n\}$이 존재하여 $x_n \to x$인 것이다.

**증명** ($\Rightarrow$) $x \in \overline{A}$ 이라고 하자. 정리 5.1.23에 의하여 $X$가 제1가산공간(first countable space)이므로 각 점 $x$에 대하여 $x$에서의 가산축소국소기저(countable nested local basis)

$$\mathcal{B}_x = \{B_n \mid n \in \mathbb{N}\}$$

가 존재한다. 각 $n$에 대하여 $x_n \in B_n$을 택하자. $x$를 포함하는 임의의 개집합(open) $U$에 대하여 $\mathcal{B}x$가 $x$에서의 국소기저(local basis)이므로 적당한 $n_0 \in N$에 대하여

$$x \in B_{n_0} \subset U$$

이다. 따라서 $n \geq n_0$이면 $x_n \in U$이므로 $x_n \to x$이다.

($\Leftarrow$) $A$ 내에 수열(sequence) $\{x_n\}$이 존재하여 $x_n \to x$라고 하자. 그러면 $x$를 포함하는 임의의 개집합(open) $U$에 대하여 적당한 자연수 $n_0$가 존재하여 $n \geq n_0$에 대해 $x_n \in U$이다. 임의의 $n \in N$에 대하여 $x_n \in A$이므로

$$U_{(x)} \cap A \neq \varnothing$$

이다. 따라서 $x \in \overline{A}$ 이다.

### 정리 5.1.26

$X$가 제1가산공간(first countable space)이라 하자. 그러면 함수

$$f : X \to Y$$

가 연속(continuous)이기 위한 필요충분조건은 각 점 $x$와 임의의 수열(sequence) $\{x_n\}$에 대하여 $x_n \to x$일 때 $f(x_n) \to f(x)$인 것이다.

## 연습문제

**01.** 위상공간(topological space) $X$가 가산기저(countable basis)를 가지면 $X$에서의 서로소인 개집합(open)들의 모임은 가산(countable)임을 보여라.

**02.** 제1가산공간(first countable space)이지만 가분공간(separable space)도 아니고, 린데레프 공간(Lindelöf space)도 아니며, 제2가산공간(second countable space)도 아닌 공간을 알아보아라.
(참고 $S_Q = \{x \mid x \in X$이고 $x < Q\}$)

**03.** 제1가산공간(first countable space) $X$에서 정의된 함수 $f$가 $x \in X$에서 연속(continuous)이기 위한 필요충분조건은 $f$가 $x$에서 점열연속(sequentially continuous)인 것임을 증명하여라(정리 5.1.25).

**05.** 이산위상공간(discrete topological space) $X$가 가분공간(separable space)이기 위한 필요충분조건은 $X$가 가산공간(countable space)인 것임을 증명하여라.

**06.** $X$가 린데레프 공간(Lindelöf space)일 때, $A$가 $X$의 폐부분집합(closed subset)이면 $A$는 역시 린데레프 공간(Lindelöf space)임을 보여라.

**07.** 이상위상공간(discrete topological space) $X$가 린데레프 공간(Lindelöf space)이기 위한 필요충분조건은 $X$가 가산공간(countable space)인 것임을 증명하여라.

**08.** 제2가산공간(second countable space)의 연속(continuous)이고 전사(onto)이며 개사상(open)인 상은 제2가산공간(second countable space)임을 증명하여라.

**09.** 가분공간(separable space)의 개부분공간은 가분공간(separable space)임을 보여라.

**10.** 공간 $Y_a$가 가분공간(separable space)이기 위한 필요충분조건은 $\prod_a Y_a$가 가분공간(separable space)인 것임을 보여라.

**11.** $\mathbb{R}^n$ 은 가분공간(separable space)임을 보여라.

**12.** $(\mathbb{R}, \mathcal{H})$은 가분공간(separable space)임을 보여라.

**13.** $X$가 여유한위상공간(cofinite topological space)이면 $X$는 가분공간(separable space)임을 보여라.

## 5.2 $T_0$-, $T_1$-, 그리고 $T_2$-공간들(Spaces)

**정의 5.2.1**

$X$를 위상공간(topological space)이라 할 때,

(a) 임의의 서로 다른 두 점 $x, y \in X$에 대하여, $x$는 포함하지만, $y$는 포함하지 않는 개집합(open)이 존재하거나, $y$는 포함하지만, $x$는 포함하지 않는 개집합(open)이 존재할 때, $X$를 **$T_0$-공간(space)**이라 한다.

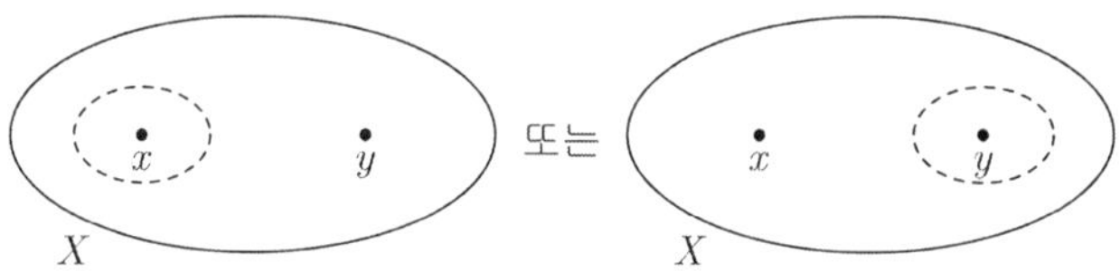


**그림 5.2.1**

(b) 임의의 서로 다른 두 점 $x, y \in X$에 대하여, $x$는 포함하지만, $y$는 포함하지 않는 개집합(open)이 존재하고, $y$는 포함하지만, $x$는 포함하지 않는 개집합(open)이 존재할 때, $X$를 **$T_1$-공간(space)**이라 한다.

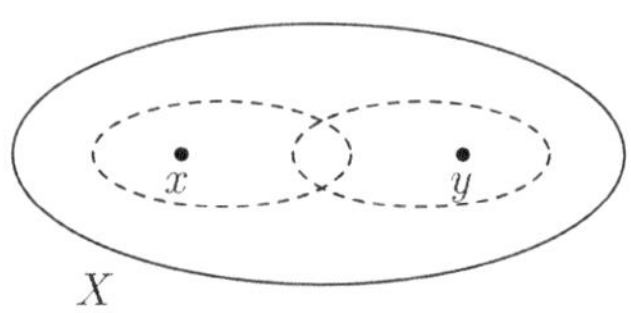


**그림 5.2.2**

(c) 임의의 서로 다른 두 점 $x, y \in X$에 대하여, 두 점을 각각 포함하고, 서로 만나지 않는 두 개의 개집합(open)이 존재할 때, $X$를 **$T_2$-공간(space)**(또는 **Hausdorff 공간(space)**)이라 한다.

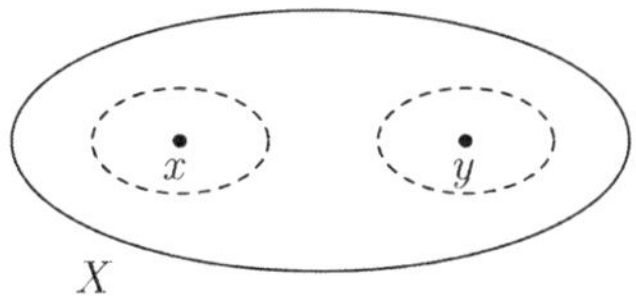


**그림 5.2.3**

### 정리 5.2.2

$X$를 위상공간(topological space)이라 할 때,

($a$) $X$가 $T_1$-공간(space)이면, $X$는 $T_0$-공간(space)이다.

($b$) $X$가 $T_2$-공간(space)이면, $X$는 $T_1$-공간(space)이다.

### 예 5.2.3

$X = \{a, b, c\}$이라 하자.

(1) 집합 $X$상의 위상 $\mathcal{T} = \{\varnothing, X\}$에 대하여 위상공간 $(X, \mathcal{T})$는 $T_0$-공간이 아니다. 왜냐하면 두 점 $a$, $b$에 대하여 $a$를 포함하는 개집합은 $X$뿐이고, $b$를 포함하는 개집합도 $X$뿐이다. 그런데 $a, b \in X$이므로 $a$와 $b$ 중 하나만을 포함하는 개집합이 존재하지 않는다. 따라서 $(X, \mathcal{T})$는 $T_0$-공간이 아니다.

(2) 집합 $X$상의 위상 $\mathcal{T} = \{\varnothing, \{a\}, X\}$에 대하여 위상공간 $(X, \mathcal{T})$는 $T_0$-공간이 아니다. 두 점 $b$와 $c$를 생각해보라.

(3) 집합 $X$상의 위상 $\mathcal{T} = \{\varnothing, \{a\}, \{b\}, \{a, b\}, X\}$에 대하여 위상공간 $(X, \mathcal{T})$는 $T_0$-공간이지만 $T_1$-공간은 아니다. 따라서 $T_2$-공간도 아니 다. 먼저 $X$가 $T_0$-공간임을 보이자.

(i) 두 점 $a$, $b$에 대하여 개집합 $U = \{a\}$가 존재하여 $a \in U$, $b \notin U$를 만족한다.

(ii) 두 점 $b$, $c$에 대하여 개집합 $U = \{b\}$가 존재하여 $b \in U$, $c \notin U$를 만족한다.

(iii) 두 점 $a$, $c$에 대하여 개집합 $U = \{a, b\}$가 존재하여 $a \in U$, $c \notin U$를 만족한다.

따라서 $(X, \mathcal{T})$는 $T_0$-공간이다.

한편 두 점 $b$, $c$에 대하여 $b \in U$, $c \not\in U$를 만족하는 개집합 $U = \{b\}$는 존재하지만 $b \not\in V$, $c \in V$를 만족하는 개집합 $V$는 존재하지 않는다. 따라서 $(X, \mathcal{T})$는 $T_1$-공간이 아니다.

(4) 집합 $X$상의 위상 $\mathcal{T} = \{\varnothing, \{a, b\}, \{b, c\}, \{b\}, X\}$에 대하여 위상공간 $(X, \mathcal{T})$는 $T_0$-공간이지만 $T_1$-공간은 아니다.

**예 5.2.4**

위상공간(topological space) $(\mathbb{R}, \mathscr{E})$에서, $x, y \in X$이고, $x < y$일 때, $U = (x, +\infty)$라 하면, $U$는 $y$는 포함하지만, $x$는 포함하지 않는 개집합(open)이다. 그러나 $x$는 포함하고, $y$는 포함하지 않는 개집합(open)은 존재하지 않는다. 따라서 $X$는 $T_0$-공간(space)이지만, $T_1$-공간(space)은 아니다.

**예 5.2.5**

실수 전체의 집합 $\mathbb{R}$이 여유한위상(cofinite topology)

$$\mathcal{T} = \{U \subseteq \mathbb{R} \mid \mathbb{R} - U\text{이 유한집합 또는 } U = \varnothing\}$$

를 가질 때, 임의의 $x, y \in \mathbb{R}\,(x \neq y)$에 대하여, $U = \mathbb{R} - \{y\}$라 하면, $U$는 $x$를 포함하지만 $y$를 포함하지 않는 개집합(open)이고, $V = \mathbb{R} - \{x\}$라 하면, $V$는 $y$를 포함하지만 $x$를 포함하지 않는 개집합(open)이 된다. 그러므로 $(\mathbb{R}, \mathcal{T})$는 $T_1$-공간(space)이다. 그러나 $T_2$-공간(space)은 아니다.

($\because$) $(\mathbb{R}, \mathcal{T})$를 $T_2$-공간(space)이라고 가정하자.

즉, 모든 $x, y \in \mathbb{R}\,(x \neq y)$에 대하여, $(\mathbb{R}, \mathcal{T})$의 개부분집합 $U(x)$, $V(y)$가 존재하여 $U \cap V = \varnothing$을 만족한다고 하자. 이때, $\mathbb{R} = \mathbb{R} - \varnothing = \mathbb{R} - (U \cap V) = (\mathbb{R} - U) \cup (\mathbb{R} - V)$이다. 그러나 이는 모순이다. ($\because$ $\mathbb{R}$은 무한집합이고, $\mathbb{R} - U$와 $\mathbb{R} - V$는 둘 다 유한집합이다.) 즉, $(\mathbb{R}, \mathcal{T})$는 $T_2$-공간(space)이 아니다.

**정리 5.2.6**

모든 $i \in \{0, 1, 2\}$에 대하여, $T_i$-성질(property)는 위상적 성질(topological property)이다.

**증명** $X$를 $T_i$-공간(space)이라 하고, $Y$를 $X$와 위상동형인 위상공간(topological space)이라 하자. 그러면 위상동형사상(homeomorphism) $f : X \to Y$가 존재한다.

(i) $X$가 $T_0$-공간(space)일 때,

$f$가 전단사 함수이므로, $y_1 \neq y_2$인 $y_1, y_2 \in Y$에 대하여, $x_1, x_2$ $(x_1 \neq x_2) \in X$가 존재하여, $f(x_1) = y_1$, $f(x_2) = y_2$를 만족한다. 그런데 $X$가 $T_0$-공간(space)이므로, 개집합(open) $U(x_1)$가 존재하여 $x_2 \notin U(x_1)$를 만족하거나, 개집합(open) $V(x_2)$가 존재하여, $x_1 \notin V(x_2)$를 만족한다. $f$가 단사이고 개사상(open)이므로, 첫 번째 경우에는 $f(U)$가 개집합이고 $y_1 \in f(U)$, $y_2 \notin f(U)$를 만족하며, 두 번째 경우에는 $f(V)$가 개집합이고 $y_1 \notin f(V)$, $y_2 \in f(V)$를 만족한다. 그러므로 $Y$는 $T_0$-공간(space)이다.

(ii) $X$가 $T_1$-공간(space)일 때,

$f$가 전사이므로, $y_1 \neq y_2$인 $y_1$, $y_2 \in Y$에 대하여, $x_1$, $x_2$ $(x_1 \neq x_2) \in X$가 존재하여 $f(x_1) = y_1$, $f(x_2) = y_2$를 만족한다. 그런데 $X$가 $T_1$-공간(space)이므로, 개집합(open) $U(x_1)$, $V(x_2)$이 존재하여, $x_2 \notin U$, $x_1 \notin V$를 만족한다. 그러면 $f$가 개사상(open)이고 단사이므로 $f(U)$, $f(V)$는 개집합(open)이고, $y_1 \in f(U)$, $y_2 \notin f(U)$, $y_1 \notin f(V)$, $y_2 \in f(V)$이다. 그러므로 $Y$는 $T_1$-공간(space)이다.

(iii) $X$가 $T_2$-공간(space)일 때,

$f$가 전사이므로, $y_1 \neq y_2$인 $y_1$, $y_2 \in Y$에 대하여, $x_1$, $x_2$ $(x_1 \neq x_2) \in X$가 존재하여, $f(x_1) = y_1$, $f(x_2) = y_2$를 만족한다. 그런데 $X$가 $T_2$-공간(space)이므로, 서로소인 개집합(open) $U(x_1)$와 $V(x_2)$가 존재한다. 그러면 $f$가 개사상(open)이므로, $f(U)$, $f(V)$는 개집합이고, $y_1 \in f(U)$, $y_2 \in f(V)$이다. 또한 $f(U) \cap f(V) = f(U \cap V) = f(\varnothing) = \varnothing$이다. 그러므로 $Y$는 $T_2$-공간(space)이다.

### 정리 5.2.7

$X$가 $T_0$-공간(space)일 필요충분조건은 임의의 $x$, $y(x \neq y) \in X$에 대하여, $\mathrm{Cl}(\{x\}) \neq \mathrm{Cl}(\{y\})$인 것이다.

**증명** ($\Rightarrow$) $X$가 $T_0$-공간이므로 임의의 $x$, $y(x \neq y) \in X$에 대하여, 개집합(open) $U(x)$가 존재하여 $y \not\in U(x)$를 만족하거나, 개집합(open) $V(y)$가 존재하여 $x \not\in V(y)$를 만족한다. 첫 번째 경우에는, $U \cap \{y\} = \varnothing$ 이므로 $x \not\in \mathrm{Cl}(\{y\})$이다. 또한 두 번째 경우에는, $V \cap \{x\} = \varnothing$ 이므로 $y \not\in \mathrm{Cl}(\{x\})$이다. 한편, $x \in \mathrm{Cl}(\{x\})$이고 $y \in \mathrm{Cl}(\{y\})$이므로 두 경우 모두 $\mathrm{Cl}(\{x\}) \neq \mathrm{Cl}(\{y\})$이다.

($\Leftarrow$) 임의의 $x$, $y(x \neq y) \in X$에 대하여, $\mathrm{Cl}(\{x\}) \neq \mathrm{Cl}(\{y\})$라고 가정하자. 만약 $x \in \mathrm{Cl}(\{y\})$이고 $y \in \mathrm{Cl}(\{x\})$이면, $\{x\} \subseteq \mathrm{Cl}(\{y\})$이고 $\{y\} \subseteq \mathrm{Cl}(\{x\})$이므로 $\mathrm{Cl}(\{x\}) \subseteq \mathrm{Cl}(\{y\})$이고 $\mathrm{Cl}(\{y\}) \subseteq \mathrm{Cl}(\{x\})$이다. 즉, $x \in \mathrm{Cl}(\{y\})$이고 $y \in \mathrm{Cl}(\{x\})$이면, $\mathrm{Cl}(\{x\}) = \mathrm{Cl}(\{y\})$이다. 그러나 이것은 가정에 모순된다. 따라서 $x \not\in \mathrm{Cl}(\{y\})$ 또는 $y \not\in \mathrm{Cl}(\{x\})$이다.

i ) $x \not\in \mathrm{Cl}(\{y\})$일 때,
$x \in X - \mathrm{Cl}(\{y\})$이고 $X - \mathrm{Cl}(\{y\})$은 개집합(open)이다. 또한, $y \in \mathrm{Cl}\{y\}$이므로 $y \not\in X - \mathrm{Cl}(\{y\})$이다.
그러므로 $X$는 $T_0$-공간(space)이다.

ii ) $y \not\in \mathrm{Cl}(x)$일 때,
$y \in X - \mathrm{Cl}(\{x\})$이고 $X - \mathrm{Cl}(\{x\})$은 개집합(open)이다. 또한, $x \in \mathrm{Cl}\{x\}$이므로 $x \not\in X - \mathrm{Cl}(\{x\})$이다.
그러므로 $X$는 $T_0$-공간(space)이다.

### 정리 5.2.8

$X$가 $T_1$-공간(space)일 필요충분조건은 임의의 $x \in X$에 대하여 $\{x\}$가 폐집합(closed)인 것이다.

**증명** ($\Rightarrow$) $X$가 $T_1$-공간(space)이라 하고, $x \in X$이라 하자. $\{x\}$가 폐집합(closed)임을 보이기 위해, $X-\{x\}$가 개집합(open)임을 보인다. 임의의 $y \in X-\{x\}$에 대하여, $x \neq y$이고 $X$가 $T_1$-공간(space)이므로 개집합(open) $V(y)$가 존재하여, $x \not\in V(y)$를 만족한다. 그런데 $x \in X-V$, 즉, $\{x\} \subseteq X-V$이므로, $y \in V(y) \subseteq X-\{x\}$이다. 따라서 $X-\{x\}$는 개집합(open)이고, $\{x\}$는 폐집합(closed)이다.

($\Leftarrow$) 임의의 $x \in X$에 대하여, $\{x\}$가 폐집합(closed)이라고 가정하자. 임의의 $x$, $y(x \neq y) \in X$에 대하여, $U=X-\{y\}$, $V=X-\{x\}$라 하자. 그러면 $\{x\}$, $\{y\}$가 폐집합이므로 $U$, $V$는 개집합이다. 또한, $x \in U$, $y \not\in U$, $x \not\in V$, $y \in V$이다. 따라서 $X$는 $T_1$-공간(space)이다.

**따름정리 5.2.9**

$X$가 $T_1$-공간(space)일 필요충분조건은 $X$의 임의의 유한 부분집합이 폐집합(closed)인 것이다.

**정리 5.2.10**

임의의 $i \in \{0, 1, 2\}$에 대하여, $(X, \mathcal{T})$가 $T_i$-공간(space)이고, $A \subseteq X$일 때, $(A, \mathcal{T}_A)$는 $T_i$-공간(space)이다.

**증명** 위상공간(topological space) $(X, \mathcal{T})$가 $T_1$-공간(space)이라고 하자. 그러면 임의의 $x$, $y(x \neq y) \in A(\subseteq X)$에 대하여 $\mathcal{T}$-개집합(open) $U(x)$와 $V(y)$가 존재하여, $y \not\in U$, $x \not\in V$를 만족한다. 이때, $U \cap A$와 $V \cap A$는 $\mathcal{T}_A$-개집합이고, $x \in U \cap A$, $y \in V \cap A$, $y \not\in U \cap A$, $x \not\in V \cap A$이다. 그러므로 $(A, \mathcal{T}_A)$는 $T_1$-공간이다. (나머지 경우들도 비슷하게 증명 가능하다.)

**정리 5.2.11**

$X$와 $Y$가 공집합이 아닌 위상공간들(topological spaces)이라 할 때, 각각의 $i \in \{0, 1, 2\}$에 대하여, $X \times Y$가 $T_i$-공간(space)일 필요충분조건은 $X$와 $Y$가 모두 $T_i$-공간(spaces)인 것이다.

**증명** ($\Leftarrow$) $X$와 $Y$가 모두 $T_2$-공간(spaces)이라 가정하자. (나머지 경우들도 비슷하게 증명 가능하다.)

임의의 $(x_1, y_1), (x_2, y_2) \in X \times Y$ $((x_1, y_1) \neq (x_2, y_2))$에 대하여, $x_1 \neq x_2$ 또는 $y_1 \neq y_2$ 이다. $x_1 \neq x_2$ 라고 가정하면, $X$가 $T_2$-공간(space)이므로, $X$의 서로 만나지 않는 개집합(open) $U(x_1)$, $V(x_2)$가 존재한다. 그러면 $U \times Y$, $V \times Y$는 서로 만나지 않는 $X \times Y$의 개집합이고, $(x_1, y_1) \in U \times Y$, $(x_2, y_2) \in V \times Y$를 만족한다.

또한 $(U \times Y) \cap (V \times Y) = (U \cap V) \times (Y \cap Y) = \varnothing \times Y = \varnothing$ 이다. (그림 5.2.4) 그러므로, $X \times Y$는 $T_2$-공간(space)이다.

($\Rightarrow$) $X \times Y$가 $T_2$-공간(space)이라고 가정하자.

$X$가 $T_2$-공간(space)임을 보이자. $x_1$, $x_2 (x_1 \neq x_2) \in X$, $y \in Y$라 하자. 그러면 $(x_1, y), (x_2, y) \in X \times Y$이고 $(x_1, y) \neq (x_2, y)$이다. 그런데 $X \times Y$가 $T_2$-공간(space)이므로, 서로 만나지 않는 기저 개집합(basic open set) $U_1 \times V_1$, $U_2 \times V_2$가 존재하여,

$$(x_1, y) \in U_1 \times V_1, \ (x_2, y) \in U_2 \times V_2$$

를 만족한다. 그러므로 $x_1 \in U_1$, $x_2 \in U_2$이고 $U_1 \cap U_2 = \varnothing$ 이다(그림 5.2.5).

($\because$) $z \in U_1 \cap U_2$라고 가정하면,

$(z, y) \in (U_1 \times V_1) \cap (U_2 \times V_2) \neq \varnothing$ 이므로 모순이다.

($\because$ $(U_1 \times V_1) \cap (U_2 \times V_2) = \varnothing$)

그러므로 $X$는 $T_2$-공간(space)이다. 비슷한 방법으로 $Y$도 $T_2$-공간(space)임을 보일 수 있다.

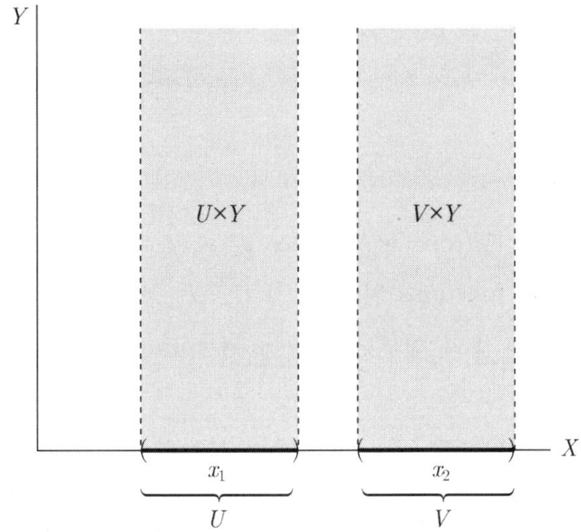


그림 5.2.4

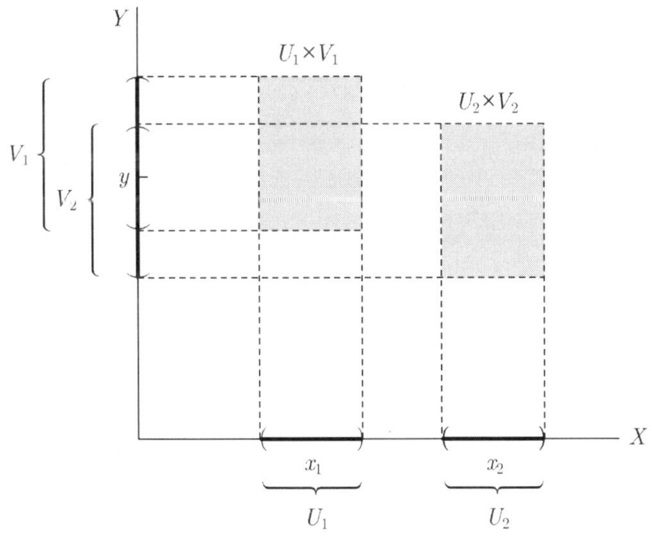


그림 5.2.5

**주의** 모든 $i \in \{0,\ 1,\ 2\}$에 대하여, $T_i$-공간의 연속상(continuous image)이 반드시 $T_i$-공간(spaces)인 것은 아니다. 예를 들어,

$$f : (X,\ \mathcal{T}) \to (X,\ \mathcal{I})$$

를 $f(x)=x$라 정의하면 연속(continuous)이다. 그러나 $(X, \mathcal{T})$가 $T_i$-공간이라 하더라도 $f(X)=(X, \mathcal{I})$는 $T_0$-공간(space)조차도 아니다.

### 정리 5.2.12

$X$, $Y$가 위상공간들(topological spaces)이고, $f : X \to Y, g : X \to Y$가 연속 함수들(continuous functions)일 때, $Y$가 $T_2$-공간(space)이면, 집합 $A=\{x \in X \mid f(x)=g(x)\}$는 $X$의 폐부분집합(closed subset)이다.

**증명** $X-A$가 개집합(open)임을 보이면 된다. 임의의 $x \in X-A$에 대하여, $f(x) \neq g(x)$이고 $Y$가 $T_2$-공간(space)이므로, 서로 만나지 않는 $Y$의 개부분집합(open subset) $U(f(x))$와 $V(g(x))$가 존재한다. $f$와 $g$가 연속(continuous)이므로, $f^{-1}(U)$와 $g^{-1}(V)$는 $X$의 개부분집합(open subset)이다. 따라서 $f^{-1}(U) \cap g^{-1}(V)$는 $X$의 개부분집합(open subset)이고,

$$x \in f^{-1}(U) \cap g^{-1}(V) \subseteq X-A \quad (\text{그림 } 5.2.6)$$

를 만족한다.

$$
\begin{aligned}
「(\because)\ & z \in f^{-1}(U) \cap g^{-1}(V) (\subseteq X) \\
& \Rightarrow z \in f^{-1}(U), z \in g^{-1}(V) \\
& \Rightarrow f(z) \in U, g(z) \in V \\
& \Rightarrow f(z) \neq g(z) \quad (\because \ U \cap V = \varnothing) \\
& \Rightarrow z \in X-A」
\end{aligned}
$$

그러므로 $X-A$는 개집합(open)이고, $A$는 폐집합(closed)이다.

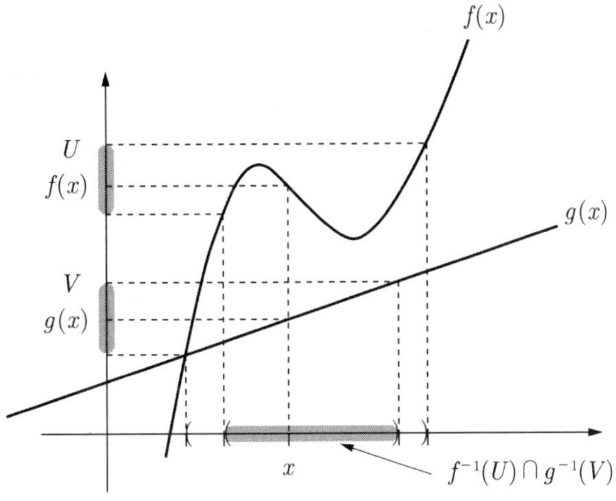


그림 5.2.6

### 따름정리 5.2.13

$X$, $Y$를 위상공간(topological spaces)들, $f$, $g : X \to Y$를 연속함수들(continuous functions)이라 하자. $Y$가 $T_2$-공간(space)이고, $X$의 조밀 부분집합(dense subset) $D$가 존재하여, 임의의 $x \in D$에 대하여 $f(x) = g(x)$이면, $f = g$이다.

**증명** $A = \{x \in X \mid f(x) = g(x)\}$라 하자. 정리 5.2.12.에 의해 $A$는 폐집합(closed set)이다. 그리고 가정에 의해, $D \subseteq A$이다. 그런데 $D$가 $X$의 조밀부분집합이므로, $X = \overline{D} \subseteq \overline{A} = A$, 즉, $A = X$이다. 따라서 $f = g$이다.

## 연습문제

**01.** 집합 $X=\{a, b, c\}$에 대하여 다음 예를 들어라.
(a) $(X, \mathcal{T})$가 $T_0$-공간이 아님을 만족하는 위상(topology) $\mathcal{T}$.
(b) $(X, \varphi)$가 $T_0$-공간이지만, $T_1$-공간은 아님을 만족하는 위상(topology) $\varphi$.
(c) $(X, \mathcal{J})$가 $T_1$-공간을 만족하는 위상(topology) $\mathcal{J}$.

**02.** $\mathbb{R}$이 위상(topology) $\mathcal{T}=\{U\subseteq\mathbb{R} : 1\in U \text{or } U=\varnothing\}$를 가질 때, $(\mathbb{R}, \mathcal{T})$가 모든 $i\in\{0, 1, 2\}$에 대하여, $T_i$-공간인지 알아보아라.

**03.** $\mathbb{R}$이 위상(topology) $\varphi=\{U\subseteq\mathbb{R} : 1\notin U \text{or } U=\mathbb{R}\}$를 가질 때, $(\mathbb{R}, \mathcal{T})$가 모든 $i\in\{0, 1, 2\}$에 대하여, $T_i$-공간인지 알아보아라.

**04.** $X$와 $Y$가 위상공간들(topological spaces)일 때, $Y$가 $T_1$-공간이고, 함수 $f : X\to Y$가 연속(continuous)이고 단사이면 $X$도 $T_1$-공간임을 증명하여라.

**05.** $X$와 $Y$가 위상공간들(topological spaces)일 때, $Y$가 $T_2$-공간이고, 함수 $f : X\to Y$가 연속(continuous)이고 단사이면 $X$도 $T_2$-공간임을 증명하여라.

**06.** $X$가 $T_1$-공간이고, $A\subseteq X$일 때, $x\in X$가 $A$의 집적점(limit point)일 필요충분조건은 임의의 $x$를 포함하는 개집합(open) $U$에 대하여 $U\cap A$가 무한집합인 것임을 증명하여라.

**07.** $X$가 $T_1$-공간이라 할 때, $A$가 $X$의 유한 부분집합이면 $A$는 집적점(limit point)을 가지지 않음을 증명하여라.

**08.** $X$와 $Y$가 위상공간(topological spaces)이고, $f : X\to Y$가 함수이라 하자. $f$의 **그래프(graph)**를 집합 $G(f)=\{(x, y)\in X\times Y : y=f(x)\}$라고 정의한다. $f$가 연속(continuous)이고 $Y$가 $T_2$-공간이면, $G(f)$는 적공간(product space)

$X \times Y$의 폐부분집합임을 증명하여라.

**09.** $(X, \mathscr{T})$를 위상공간이라 하자. $X$가 유한집합일 때, $(X, \mathscr{T})$가 $T_1$-공간일 필요충분조건은 $\mathscr{T}$가 이산위상(discrete topology)인 것임을 증명하여라.

**10.** $X$가 $T_1$-공간이라 하고, $A \subseteq X$라 하자.

(1) $A'$가 $X$의 폐부분집합(closed subset)임을 증명하여라.

(2) $(\overline{A})' = A'$임을 보여라.

**11.** 고정점 성질(fixed point property)을 가지는 위상공간은 $T_0$-공간임을 보여라.

**12.** 위상공간 $X$가 Hausdorff일 필요충분조건은 집합

$$\Delta = \{(x,\ x) \in X \times X \mid x \in X\}$$

가 적공간 $X \times X$의 폐부분집합인 것임을 보여라.

**13.** $\mathscr{T}$를 $\mathbb{R}$ 위의 여가산위상이라 하자. $(\mathbb{R}, \mathscr{T})$가 $T_1$-공간이지만 $T_2$-공간은 아님을 보여라.

**14.** 여유한공간 $(\mathbb{R}, \mathscr{T}_f)$와 보통위상공간 $(\mathbb{R}, \mathscr{U})$은 위상동형이 아님을 보여라.

**15.** 위상공간 $X$가 임의의 서로 다른 두 점 $x,\ y \in X$에 대하여, $f(x) = 0,\ f(y) = 1$을 만족하는 연속함수 $f : X \to [0,\ 1]$가 존재하면, $X$를 completely Hausdorff라고 한다. (여기서 $[0,\ 1]$은 $\mathscr{U}$-상대위상을 가진다.) 모든 completely Hausdorff 공간은 Hausdorff임을 보여라.

**16.** $A$를 위상공간 $X$의 부분공간이라 하자. $A$가 $X$의 수축(retract)이란 연속함수 $r : X \to A$이 존재함을 의미한다. 그리고 이러한 함수 $r$을 수축사상(retraction)이라 한다. 만약 $A$가 Hausdorff 공간 $X$의 수축이면 $A$는 $X$의 폐집합임을 보여라.

**17.** $X$가 Hausdorff 공간이고 $f : X \to X$가 연속함수이면, $f$의 고정점들의 집합 $F = \{x \in X \mid f(x) = x\}$가 $X$의 폐부분집합임을 보여라.

**18.** $X$를 위상공간이라 하고 $Y$를 Hausdorff 공간이라 하자. 그리고 두 연속함수 $f : X \to Y$와 $g : Y \to X$가 존재하여 $g \circ f = id_X$를 만족한다고 하자. 그러면 $X$는 Hausdorff 공간이고 $f(X)$는 $Y$의 폐부분집합임을 보여라. (단, $id_X$는 $X$에서 $X$로의 항등함수이다.)

**19.** $X$, $Y$는 위상공간이고 $A$는 $X$의 부분공간일 때, 연속함수 $f : A \to Y$의 확장(extension)이란 $\overline{f}|_A = f$를 만족하는 연속함수 $\overline{f} : X \to Y$를 의미한다. $D$를 위상공간 $X$의 조밀부분집합, $Y$를 Hausdorff 공간이라 하자. 만약 연속함수 $f : D \to Y$의 확장 $\overline{f} : X \to Y$가 존재하면 유일함을 보여라.

**20.** $D$를 Hausdorff 공간 $X$의 조밀부분집합, $Y$를 위상공간이라 하자. 그리고 $f : X \to Y$를 연속함수라고 하자. 만약 $f|_D : D \to Y$가 단사, 연속, 개사상이면 $f(X - D) \subseteq Y - f(D)$임을 보여라.

**21.** 위상공간 $(X, \mathcal{T})$가 Hausdorff일 필요충분조건은 임의의 $x \in X$에 대하여, $x$를 포함하는 모든 폐집합들의 교집합이 $\{x\}$인 것임을 증명하여라.

**22.** $(X, \mathcal{T})$를 위상공간이라 하고, $\beta$를 $\mathcal{T}$의 기저라 하자. $(X, \mathcal{T})$가 Hausdorff일 필요충분조건은 임의의 서로 다른 $x, y \in X$에 대하여 서로소인 $B_1, B_2 \in \beta$가 존재하여 $x \in B_1$, $y \in B_2$를 만족하는 것임을 증명하여라. (이 결과는 정리 5.2.11에서 사용되었다.)

**23.** 정리 5.2.6과 정리 5.2.10을 이용하여 정리 5.2.11의 $(\Rightarrow)$를 증명하여라.

**24.** $f : \mathbb{R} \to \mathbb{R}$이 연속함수이고, 임의의 $x \in \mathbb{Q}$에 대하여 $f(x) = x$를 만족한다고 하자. 그러면 $f$는 항등함수임을 증명하여라. ($\mathbb{R}$은 보통위상을 가진다.)

**25.** $\mathbb{R}^2$ 위에 동치관계(eqivalence relation) $\sim$을 다음과 같이 정의하자. $(x,\ y) \sim (x',\ y') \Leftrightarrow (x,\ y) = (tx',\ ty')$인 실수 $t \neq 0$가 존재한다.

원소 $(x,\ y) \in \mathbb{R}^2$에 대하여 $\sim$에 관한 동치류(eqivalence class)를 $[x,\ y]$라 하고, $\sim$에 관한 상집합(quotient set)을 $Y = \mathbb{R}^2/\sim$, 상사상(quotient map)을 $\pi : \mathbb{R}^2 \to Y$ $(\pi(x,\ y) = [x,\ y])$라 하자.

$\mathbb{R}^2$ 위에 보통위상(usual topology)이 주어진 위상공간을 $X$라 하고, 상집합 $Y$ 위의 $\pi : X \to Y$에 대한 상위상(quotient topology)을 $\mathfrak{I}$라 하자. 즉, $\mathfrak{I}$는 $Y$ 위의 $X/\sim$의 상위상이다.

이때 $[0,\ 0]$을 포함하는 $\mathfrak{I}$의 원소가 유일함을 증명하고, $(Y,\ \mathfrak{I})$가 $T_1$-공간이 아닌 이유를 서술하여라. (단, 보통위상은 거리함수 $d((x_1,\ y_1),\ (x_2,\ y_2)) = \sqrt{(x_1 - x_2)^2 + (y_1 - y_2)^2}$로부터 유도되는 위상이다.)

# 5.3 정칙 공간(Regular Spaces)

**정의 5.3.1**

위상공간(topological space) $X$에서, $X$의 임의의 폐부분집합(closed subset) $F$와 임의의 $x \in X - F$에 대하여, 서로 만나지 않는 개집합(open) $U$와 $V$가 존재하여, $F \subseteq U$, $x \in V$를 만족할 때, $X$를 **정칙(regular)**이라 한다.

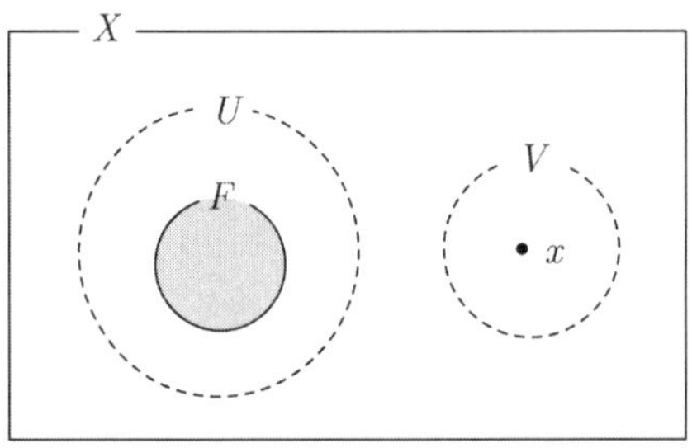


**그림 5.3.1**

**예 5.3.2**

$X = \{a, b, c\}$이고, $\mathcal{T} = \{X, \varnothing, \{a, b\}, \{c\}\}$일 때, $X$는 정칙 공간(regular space)이다. 공집합이 아니고 폐집합(closed)인, $X$의 진부분집합은 $\{c\}$, $\{a, b\}$인데, $F = \{c\}$, $x = a$ 또는 $b$라 하면, $U = \{c\}$, $V = \{a, b\}$이고, $F = \{a, b\}$, $x = c$라 하면, $U = \{a, b\}$, $V = \{c\}$이다.

**예 5.3.3**

$X$가 무한집합(infinite set)이고, $a \in X$일 때,

$$\mathcal{T} = \{U \subseteq X \mid X - U : finite \text{ or } a \in X - U\}$$

는 $X$상의 위상이 된다. ($(X, \mathcal{T})$를 **Fort 공간(space)**이라 한다.)

그리고 공간 $(X, \mathcal{T})$는 정칙(regular)이다.

($\because$) $F$를 $X$의 폐부분집합(closed subset), $x \in X - F$이라 하자.

( i ) $x \neq a$이라고 가정하면,

$a \in X - \{x\}$이므로, $\{x\}$가 개집합(open)이다. 그리고 $X - \{x\}$ 또한 개집합(open)이다. 왜냐하면 $X - (X - \{x\}) = \{x\}$가 유한 집합이기 때문이다. 따라서 $U = X - \{x\}$, $V = \{x\}$라 두면 $U \cap V = \varnothing$이고, $F \subseteq U$, $x \in V$이다.

( ii ) $x = a$이라고 가정하면, $a \in X - F$이므로, $F$는 개집합(open)이다. 그러므로 $U = F$, $V = X - F$라 두면, $U \cap V = \varnothing$이고, $F \subseteq U$, $x \in V$이다.

그러므로 $(X, \mathcal{T})$는 정칙(regular)이다.」

**예 5.3.4**

$(\mathbb{R}, \mathcal{C})$는 정칙(regular)이 아니다.

($\because$) $F = (-\infty, 0]$는 폐집합(closed)이다. 그러나 $1 \not\in F$에 대하여, $F$를 포함하는 모든 개집합(open)은 항상 1을 포함한다.

**예 5.3.5**

$X = \mathbb{R}$이고, $\mathcal{T} = \{U \subseteq X | 1 \in U$ 또는 $U = \varnothing\}$일 때, 이 공간은 정칙(regular)이 아니다.

($\because$) 모든 공집합이 아닌 개집합(open) $U$, $V$에 대하여, $1 \in U \cap V \neq \varnothing$이다.

**예 5.3.6**

임의의 이산위상공간(discrete topological space)은 정칙(regular)이고, 임의의 비이산위상공간(indiscrete topological space)은 정칙(regular)이다.

**정리 5.3.7**

공간 $(\mathbb{R}, \mathcal{U})$은 정칙(regular)이다.

**증명** $F$가 $\mathbb{R}$의 폐부분집합(closed subset)이라 하고, $x \in \mathbb{R} - F$라고 하자. $F = \mathrm{Cl}(F)$이므로 $x \not\in \mathrm{Cl}(F)$이다. 따라서 개집합(open) $W(x)$가 존재하여, $W \cap F = \varnothing$를 만족한다. 한편, $W$는 $x$를 포함하는 개집합이므로

$\epsilon > 0$이 존재하여, $(x-\epsilon,\ x+\epsilon) \subseteq W$이다. 여기서,

$$U = (x - \frac{\epsilon}{2},\ x + \frac{\epsilon}{2}),\quad V = (-\infty,\ x - \frac{\epsilon}{2}) \cup (x + \frac{\epsilon}{2},\ +\infty)$$

라 두면 $U$와 $V$는 개집합(open)이고, $U \cap V = \varnothing$ 이며, $x \in U$이다. 그리고

$$F \subset \mathbb{R} - W \subseteq \mathbb{R} - (x-\epsilon, x+\epsilon) \subseteq \mathbb{R} - [x - \frac{\epsilon}{2},\ x + \frac{\epsilon}{2}] = V$$

이므로, $F \subseteq V$이다. 그러므로 $(\mathbb{R},\ \mathcal{U})$는 정칙(regular)이다.

### 정리 5.3.8

공간 $(\mathbb{R},\ \mathcal{H})$는 정칙(regular)이다.

**증명** $F$가 $\mathbb{R}$의 폐부분집합(closed subset)이라 하고 $x \in \mathbb{R} - F$라고 하자. $F = \mathrm{Cl}(F)$이므로 $x \not\in \mathrm{Cl}(F)$이다. 따라서 개집합(open) $W(x)$가 존재하여 $W \cap F = \varnothing$ 이다. 한편, $W$는 $x$를 포함하는 개집합이므로, $\epsilon > 0$이 존재하여, $x \in [x,\ x+\epsilon) \subseteq W$이다. 여기서,

$$U = [x,\ x + \frac{\epsilon}{2}),\quad V = \mathbb{R} - U = (-\infty,\ x) \cup [x + \frac{\epsilon}{2},\ \infty)$$

라 하면 $U$와 $V$는 서로소인 개집합(open)이고, $x \in U$이다. 그리고

$$F \subseteq \mathbb{R} - W \subseteq \mathbb{R} - [x,\ x+\epsilon) \subseteq \mathbb{R} - [x,\ x + \frac{\epsilon}{2}) = V$$

이므로 $F \subseteq V$이다. 그러므로 $(\mathbb{R},\ \mathcal{H})$는 정칙(regular)이다.

### 정리 5.3.9

$X$가 정칙 공간(regular space)이고, $x,\ y \in X$이면, $\mathrm{Cl}(\{x\}) = \mathrm{Cl}(\{y\})$이거나 $\mathrm{Cl}(\{x\}) \cap \mathrm{Cl}(\{y\}) = \varnothing$ 이다.

**증명** $x,\ y(x \neq y) \in X$에 대하여, $y \not\in \mathrm{Cl}(\{x\})$ 또는 $y \in \mathrm{Cl}(\{x\})$이다.

( i ) $y \notin \mathrm{Cl}(\{x\})$일 때,

$\mathrm{Cl}(\{x\}) \bigcap \mathrm{Cl}(\{y\}) = \varnothing$ 임을 보인다.

$y \notin \mathrm{Cl}(\{x\})$이므로, $y \in X - \mathrm{Cl}(\{x\})$이고, $\mathrm{Cl}(\{x\})$가 폐집합(closed)이다. $X$가 정칙(regular)이므로, 개집합(open) $U(y)$와 $V(\mathrm{Cl}(\{x\}))$가 존재하여, $U \bigcap V = \varnothing$ 이다. $y \in U \subseteq X - V$이고, $\mathrm{Cl}(\{y\})$가 $\{y\}$를 포함하는 가장 작은 폐집합(closed)이므로, $\mathrm{Cl}(\{y\}) \subseteq \mathrm{Cl}(X - V) = X - V$이다. 따라서

$$\mathrm{Cl}(\{x\}) \bigcap \mathrm{Cl}(\{y\}) \subseteq V \bigcap (X - V) = \varnothing$$

이다. 그러므로 $\mathrm{Cl}(\{x\}) \bigcap \mathrm{Cl}(\{y\}) = \varnothing$ 이다.

( ii ) $y \in \mathrm{Cl}(\{x\})$일 때,

$\mathrm{Cl}(\{x\}) = \mathrm{Cl}(\{y\})$임을 보인다.

($\supseteq$) $y \in \mathrm{Cl}(\{x\})$이므로, $\{y\} \subseteq \mathrm{Cl}(\{x\})$이다.
따라서 $\mathrm{Cl}(\{y\}) \subseteq \mathrm{Cl}(\{x\})$이다.

($\subseteq$) $x \notin \mathrm{Cl}(\{y\})$라고 가정하자. 그러면 $x \in X - \mathrm{Cl}(\{y\})$이다. $X$가 정칙(regular)이므로, 서로 만나지 않는 개집합(open) $U$, $V$가 존재하여 $x \in U$, $\mathrm{Cl}(\{y\}) \subseteq V$를 만족한다. 그러나 $y \in \mathrm{Cl}(\{x\})$이고 $y \in V$이므로 $V \cap \{x\} \neq \varnothing$ 이다. 따라서 $x \in V$이다. 그러면 $x \in U \cap V$인데 이는 $U \cap V = \varnothing$ 에 모순이다. 그러므로 $x \in \mathrm{Cl}(\{y\})$이다. 즉, $\mathrm{Cl}(\{x\}) \subseteq \mathrm{Cl}(\{y\})$이다.

따라서 $\mathrm{Cl}(\{x\}) = \mathrm{Cl}(\{y\})$이다.

### 정리 5.3.10

$X$가 정칙(regular)일 필요충분조건은 임의의 $x \in X$에 대하여, 그리고 임의 개집합(open) $U(x)$에 대하여, 개집합(open) $V$가 존재하여

$$x \in V \subseteq \mathrm{Cl}(V) \subseteq U$$

를 만족하는 것이다.

**증명** (⇒) $X$가 정칙 공간(regular space)이라고 가정하자. $x \in X$라 하고, $U$를 $x$를 포함하는 $X$의 개부분집합(open subset)이라 하자. 그러면 $X-U$는 폐집합(closed)이고 $x \notin X-U$이다. 그런데 $X$가 정칙(regular)이므로, 서로 만나지 않는 개집합(open) $V$, $W$가 존재하여, $x \in V$, $X-U \subseteq W$이다. 따라서

$$V \subseteq X-W, \quad X-W \subseteq U$$

이다. 그러므로

$$x \in V \subseteq \mathrm{Cl}(V) \subseteq \mathrm{Cl}(X-W) = X-W \subseteq U$$

이다. 즉, $x \in V \subseteq \mathrm{Cl}(V) \subseteq U$이다.

(⇐) 임의의 $x \in X$와, $x$를 포함하는 임의의 개집합(open) $U$에 대하여, 개집합(open) $V$가 존재하여, $x \in V \subseteq \mathrm{Cl}(V) \subseteq U$를 만족한다고 가정하자. $F$를 $X$의 폐부분집합(closed subset)이라 하고, $x \in X-F$이라고 하면, 개집합(open) $V(x)$가 존재하여, $x \in V \subseteq \mathrm{Cl}(V) \subseteq X-F$를 만족한다. 이때, $x \in V$이고, $F \subseteq X-\mathrm{Cl}(V)$이다. $V \subseteq \mathrm{Cl}(V)$이고, $V \cap (X-\mathrm{Cl}(V)) = \varnothing$이므로, $X$는 정칙(regular)이다.

### 정리 5.3.11

정칙 위상공간(regular topological space)의 부분공간은 정칙이다.

**증명** $X$가 정칙 공간(regular space)이고, $A \subseteq X$이라 하자. 그리고 $F$를 $A$의 폐부분집합(closed subset), $x \in A-F$이라 하자. $F$가 $A$의 폐집합(closed)이므로, $X$의 폐부분집합(closed subset) $C$가 존재하여, $F = A \cap C$를 만족한다(정리 2.1.7). 그리고 $x \in A-F$이므로, $x \notin C$이다. $X$가 정칙(regular)이므로, $X$의 서로 만나지 않는 개집합(open) $U$와 $V$가 존재하여 $x \in U$, $C \subseteq V$를 만족한다. 그러면 $A \cap U$, $A \cap V$는 $A$의 서로 만나지 않는 개집합이고, $x \in A \cap U$이며, $F \subseteq A \cap V$이다. 그러므로 $A$는 정칙(regular)이다.

### 정리 5.3.12

$X$, $Y$가 공집합이 아닌 위상공간(topological spaces)일 때, $X \times Y$가 정칙(regular)일 필요충분조건은 $X$와 $Y$가 모두 정칙(regular)인 것이다.

**증명** (⇒) $X \times Y$가 정칙(regular)이라고 가정하자.

여기서는 $X$가 정칙(regular)임을 보인다. ($Y$가 정칙(regular)인 것은 비슷하게 보이면 된다.) $x_0 \in X$라 하고, $U$를 $x_0$를 포함하는 $X$의 개부분집합(open subset)이라 하자. 그리고 한 점 $y_0 \in Y$을 택하자. 그러면 $U \times Y$는 $(x_0, y_0)$를 포함하는, $X \times Y$의 개부분집합(open subset)이다. $X \times Y$가 정칙(regular)이므로, 정리 5.3.10에 의해 $X \times Y$의 개집합(open) $W(x_0, y_0)$가 존재하여, $(x_0, y_0) \in W \subseteq \mathrm{Cl}(W) \subseteq U \times Y$를 만족한다. 그러면 $X \times Y$의 기저 개집합 $V_1 \times V_2$가 존재하여, $(x_0, y_0) \in V_1 \times V_2 \subseteq W$이다.

따라서 $(x_0, y_0) \in V_1 \times V_2 \subseteq \mathrm{Cl}(V_1 \times V_2) \subseteq \mathrm{Cl}(W) \subseteq U \times Y$이다. (그림 5.3.2)

그런데 정리 3.1.9에 의하여, $\mathrm{Cl}(V_1 \times V_2) = \mathrm{Cl}(V_1) \times \mathrm{Cl}(V_2)$이므로, $(x_0, y_0) \in V_1 \times V_2 \subseteq \mathrm{Cl}(V_1) \times \mathrm{Cl}(V_2) \subseteq U \times Y$이다. 그러므로 $x_0 \in V_1 \subseteq \mathrm{Cl}(V_1) \subseteq U$이다. 즉, $X$는 정칙(regular)이다.

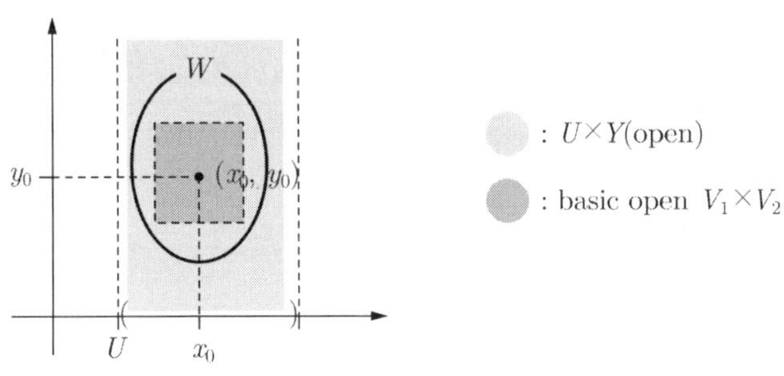


그림 5.3.2

(⇐) $X$와 $Y$가 모두 정칙(regular)이라 가정하자.

$(x_0, y_0) \in X \times Y$이고, $W$를 $(x_0, y_0)$를 포함하는, $X \times Y$의 개부분

집합(open subset)이라 하면, 기저 개집합(basic open set) $U \times V$가 존재하여, $(x_0, y_0) \in U \times V \subseteq W$를 만족한다. 이때, $x_0 \in U$이고, $y_0 \in V$이다. $X$와 $Y$가 모두 정칙(regular)이므로, $X$의 개부분집합(open subset) $U_1$과 $Y$의 개부분집합(open subset) $V_1$이 존재하여, $x_0 \in U_1 \subseteq \mathrm{Cl}(U_1) \subseteq U$와 $y_0 \in V_1 \subseteq \mathrm{Cl}(V_1) \subseteq V$를 만족한다.

즉, $(x_0, y_0) \in U_1 \times V_1 \subseteq \mathrm{Cl}(U_1) \times \mathrm{Cl}(V_1) \subseteq U \times V$이고,
정리 3.1.9에 의해 $\mathrm{Cl}(U_1) \times \mathrm{Cl}(V_1) = \mathrm{Cl}(U_1 \times V_1)$이므로,
$(x_0, y_0) \in U_1 \times V_1 \subseteq \mathrm{Cl}(U_1 \times V_1) \subseteq U \times V \subseteq W$이다.
따라서 $X \times Y$는 정칙(regular)이다.

### 따름정리 5.3.13

$\mathbb{R}$이 보통 위상(usual topology)을 가질 때, 모든 $n \in \mathbb{N}$에 대하여, $\mathbb{R}^n$은 정칙(regular)이다.

**증명** 정리 5.3.7과 정리 5.3.12에 의해 성립한다.

### 예 5.3.14

위상공간(topological space) $(\mathbb{R}, \mathcal{U})$와 $(X = \{0, 1\}, \mathcal{I})$에서, $\mathbb{R}$과 $X$가 모두 정칙(regular)이므로, $\mathbb{R} \times X$도 정칙(regular)이다. 그러나 $X$가 $T_0$-공간(space)이 아니므로 $\mathbb{R} \times X$도 $T_0$-공간(space)이 아니다.

### 정의 5.3.15

정칙(regular)인 $T_1$-공간(space)을 $T_3$-**공간(space)**이라 한다.

### 정리 5.3.16

모든 $T_3$-공간(space)은 $T_2$-공간(space)이다.

**증명** $X$를 임의의 $T_3$-공간(space)이라 하고, $x$, $y(x \neq y) \in X$이라 하자. $X$가 $T_1$-공간(space)이므로, 개집합(open) $U(x)$, $V(y)$가 존재하여, $y \notin U$, $x \notin V$를 만족한다. $x \notin X - U$이고, $X - U$는 폐집합(closed)이다. 그리고 $y \in X - U$이나. $X$가 정칙(regular)이므로, 서로 만나지 않는 개집합(open) $V_1$, $V_2$가 존재하여, $x \in V_1, X - U \subseteq V_2$를 만족한다. 따라서 $x \in V_1$, $y \in V_2$이다. 그러므로 $X$는 $T_2$-공간(space)이다.

**정리 5.3.17**

정칙성(Regularity)은 위상적 성질(topological property)이다.

**증명** $X$를 정칙 공간이라 하고, $Y$를 $X$와 위상동형인 공간이라 하자. 그러면 위상동형사상 $f : X \rightarrow Y$가 존재한다. 이때, $Y$의 임의의 폐부분집합(closed subset) $F$와 $y \in X - F$에 대하여, $f$가 위상동형사상(homeomorphism)이므로, $x \in X$가 존재하여, $y = f(x)$이고 $x \notin f^{-1}(F)$ ($f^{-1}(F)$: $X$의 폐집합(closed))이다. 그런데 $X$가 정칙(regular)이므로, $X$의 서로 만나지 않는 개부분집합(open subset) $U$, $V$가 존재하여,

$$x \in U,\ f^{-1}(F) \subseteq V$$

를 만족한다. 그러면 $f(U)$는 $Y$의 개집합(open)이고, $y = f(x) \in f(U)$를 만족하며, $f(V)$는 $Y$의 개집합(open)이고, $F \subseteq f(V)$를 만족한다. 또한 $f(U) \cap f(V) = f(U \cap V) = f(\varnothing) = \varnothing$이다. 그러므로 $Y$는 정칙(regular)이다.

**따름정리 5.3.18**

$T_3$-성질(property)은 위상적 성질(topological property)이다.
(앞에서 $T_1$-성질과 정칙성이 위상적 성질인 것을 보였다.)

## 연습문제

**01.** 집합 $X=\{a, b, c, d\}$에 대하여, 다음 조건을 만족하는 위상을 찾아라.

(a) $(X, \mathcal{T})$가 정칙(regular)이 아님을 만족하는 위상(topology) $\mathcal{T}$.

(b) $(X, \mathscr{T})$가 정칙(regular)임을 만족하는 위상(topology) $\mathscr{T}$.

**02.** $X=\{a, b, c, d, e\}$이고, $\mathcal{T}=\{X, \varnothing, \{a\}, \{b\}, \{a, b\}, \{b, c, d, e\}\}$일 때, $(X, \mathcal{T})$가 정칙(regular)인지 결정하여라.

**03.** $\mathbb{R}$이 위상(topology) $\mathcal{T}=\{U \subseteq \mathbb{R} : 1 \notin U$ 또는 $U=\mathbb{R}\}$를 가진다고 할 때, $(\mathbb{R}, \mathcal{T})$가 정칙(regular)인지 결정하여라.

**04.** 연결이면서 정칙인 공간과 비연결이면서 정칙인 공간의 예를 각각 들어라.

**05.** 다음 적공간(product space)들이 정칙(regular)인지 아닌지를 결정하여라.

(a) $X=\mathbb{R}$은 보통 위상(usual topology)을 가지고, $Y=\{0, 1\}$는 비이산위상(indiscrete topology)을 가지며, $Z=\{0, 1, 2\}$는 이산위상(discrete topology)을 가질 때, 적공간 $X \times Y \times Z$.

(b) $X=(\mathbb{R}, \mathcal{U})$이고, $Y=(\mathbb{R}, \mathcal{C})$일 때, 적공간 $X \times Y$.

(c) 각각의 $i \in \{1, 2, 3\}$에 대하여, $X_i=\mathbb{R}$이 위상(topology)

$$\mathcal{T}_i=\{U \subseteq \mathbb{R} : i \notin U \text{or } U=\mathbb{R}\}$$

을 가질 때, 적공간 $X_1 \times X_2 \times X_3$.

**06.** 정칙(regular) 공간의 연속(continuous)상이 반드시 정칙(regular)은 아님을 보여주는 예를 들어라.

**07.** 위상공간 $X$가 임의의 서로 다른 두 점 $x, y \in X$에 대하여, 개집합 $U, V$가 존재하여 $x \in U, y \in V, \overline{U} \cap \overline{V}=\varnothing$를 만족하면, $X$를 $T_{2\frac{1}{2}}$-공간(space)이라고

한다. 모든 $T_3$-공간은 $T_{2\frac{1}{2}}$-공간임을 보여라. ($T_{2\frac{1}{2}}$-공간을 Urysohn 공간(space)이라고도 한다.)

**08.** 정칙인 $T_0$-공간은 $T_3$-공간임을 보여라.

**09.** $\mathcal{T} \subseteq \varphi$인 집합 $X$상의 두 위상 $\mathcal{T}$, $\varphi$에 대하여

(1) $(X, \mathcal{T})$는 $T_3$-공간이지만 $(X, \varphi)$는 $T_3$-공간이 아닌 예를 들어라.

(2) $(X, \varphi)$는 $T_3$-공간이지만 $(X, \mathcal{T})$는 $T_3$-공간이 아닌 예를 들어라.

**10.** $X$를 $T_3$-공간이라 하고, $A$를 $X$의 폐부분집합이라 하자. 이때, $A$는 $A$를 포함하는 $X$의 모든 개부분집합들의 교집합과 같음을 보여라.

**11.** $X$를 $T_3$-공간이라 하고, $C$를 $X$의 폐부분집합, $x \in X - C$라 하자. 이때 $x \in U$, $C \subseteq V$, $\overline{U} \cap \overline{V} = \varnothing$을 만족하는 $X$의 개부분집합 $U$, $V$가 존재함을 보여라.

**12.** $X$를 $T_1$-공간이라 하자. 임의의 $x \in X$에 대하여, $x$를 포함하는 개집합 $V$가 존재하여, $\overline{V}$가 $T_3$-공간(단, 여기서 $\overline{V}$는 $X$의 부분공간이다.)이면, $X$는 $T_3$-공간임을 보여라.

# 5.4 정규 공간(Normal Spaces)

### 정의 5.4.1

위상공간(topological space) $X$의 서로 만나지 않는 임의의 폐부분집합(closed subsets) $F_1$, $F_2$에 대하여, 서로 만나지 않는 개집합(open) $U$, $V$가 존재하여, $F_1 \subseteq U$, $F_2 \subseteq V$를 만족할 때, $X$를 **정규(normal)**라고 한다(그림 5.4.1).

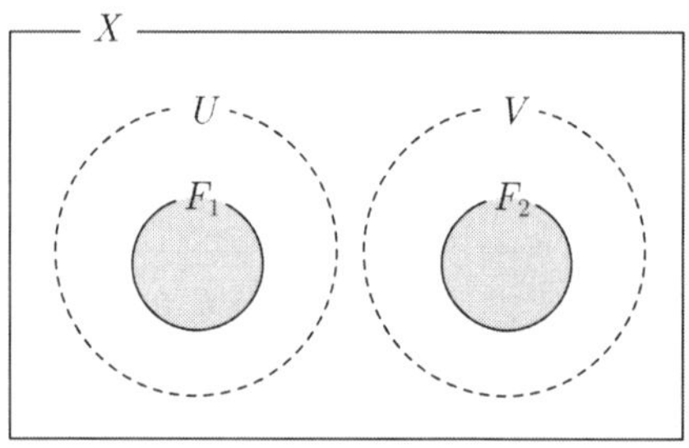


그림 5.4.1

### 예 5.4.2

공간 $(\mathbb{R}, \mathscr{C})$는 정규(normal)이다. 왜냐하면 서로 만나지 않는 폐집합(closed set)들이 존재하지 않기 때문이다. 그러나 이 공간은 정칙(regular)은 아니다.

### 예 5.4.3

$X=\{a, b, c\}$이고, $\mathscr{T}=\{X, \varnothing, \{a\}, \{b, c\}\}$일 때, 공간 $(X, \mathscr{T})$는 정규(normal)이다. $X$의 공집합이 아닌 진부분집합들 중 폐집합(closed)은 $\{a\}$와 $\{b, c\}$뿐이며, 이들이 또한 개집합(open)이다.

### 예 5.4.4

$X$가 무한집합(infinite set), $a \in X$,

$$\mathscr{T}=\{U \subseteq X \mid X-U\text{이 유한집합(finite) 또는 } a \in X-U\}$$

일 때, Fort 공간(space) $(X, \mathcal{T})$는 정규(normal)이다.

**증명** $F_1$, $F_2$를 서로 만나지 않는 폐집합(closed)이라 하자.

( i ) $a \not\in F_1$, $a \not\in F_2$인 경우.

그러면 $a \in X - F_1$이고 $a \in X - F_2$이므로 $F_1$, $F_2$는 개집합(open)이다. 따라서 $F_1 \subseteq F_1$, $F_2 \subseteq F_2$이다.

( ii ) $a \in F_1$, $a \not\in F_2$인 경우.

$a \not\in F_2$이므로 $F_2$는 개집합(open)이다. 그리고 $F_2$가 폐집합(closed)이라 했으므로 $X - F_2$가 개집합(open)이다.

따라서 $F_1 \subseteq X - F_2, F_2 \subseteq F_2$이고 $(X - F_2) \cap F_2 = \varnothing$이다.

$a \in F_2$, $a \not\in F_1$인 경우는 위와 비슷하게 증명할 수 있다.

**예 5.4.5**

$\mathbb{R}$ 위의 위상 $\mathcal{T} = \{U \subseteq \mathbb{R} \mid 1 \in U$ 또는 $U = \varnothing\}$에 대하여, 공간(space) $(\mathbb{R}, \mathcal{T})$는 정규(normal)가 아니다.

$(\because)$ $(\mathbb{R}, \mathcal{T})$가 정규(normal)라 가성하사.

$F_1$, $F_2$를 $\mathbb{R}$의 서로 만나지 않는 폐부분집합(closed subset)이라고 하자. 그러면 서로 만나지 않는 개집합 $U$와 $V$가 존재하여, $F_1 \subset U$, $F_2 \subset V$를 만족해야 한다. 그러나 $\mathcal{T}$의 정의에 의해, $1 \in U$이고, $1 \in V$이므로 $U \cap V \neq \varnothing$가 되어 모순이다. 그러므로 $(\mathbb{R}, \mathcal{T})$는 정규(normal)가 아니다.

**예 5.4.6**

모든 비이산공간(indiscrete space)은 정규(normal)이다.

($\because$ 서로 만나지 않는 폐집합(closed)들이 존재하지 않는다.)

모든 이산공간(discrete space)은 정규(normal)이다.

($\because$ 폐집합(closed)들이 또한 개집합(open)이다.)

## 정리 5.4.7

공간(space) $(\mathbb{R}, \mathcal{U})$는 정규(normal)이다.

**증명** $F_1$와 $F_2$를 $\mathbb{R}$의 서로 만나지 않는 폐부분집합(closed subset)이라 하자. 그러면 임의의 $x \in F_1$에 대하여, $x \notin F_2 = \overline{F_2}$이므로 $x$를 포함하는 개집합 $U_x$가 존재하여 $U_x \cap F_2 = \varnothing$를 만족한다. 즉, 양수 $\epsilon_x > 0$가 존재하여, $(x - \epsilon_x, x + \epsilon_x) \cap F_2 = \varnothing$를 만족한다. 비슷한 방법으로 임의의 $y \in F_2$에 대하여, 양수 $\epsilon_y > 0$가 존재하여, $(y - \epsilon_y, y + \epsilon_y) \cap F_1 = \varnothing$를 만족한다. 이제

$$U = \bigcup \left\{ (x - \frac{\epsilon_x}{2}, x + \frac{\epsilon_x}{2}) \mid x \in F_1 \right\}$$
$$V = \bigcup \left\{ (y - \frac{\epsilon_y}{2}, y + \frac{\epsilon_y}{2}) \mid y \in F_2 \right\}$$

라 하면, $U$와 $V$는 개집합(open)이고, $F_1 \subseteq U$, $F_2 \subseteq V$이다. 이제 $U$, $V$가 서로소임을 보이기 위해, $z \in U \cap V$라고 가정하자. $z \in U$이므로, $x \in F_1$가 존재하여, $z \in \left(x - \frac{\epsilon_x}{2}, x + \frac{\epsilon_x}{2}\right)$를 만족한다. 따라서 $|x - z| < \frac{\epsilon_x}{2}$이다. 또한 $z \in V$이므로 $y \in F_2$가 존재하여 $z \in \left(y - \frac{\epsilon_y}{2}, y + \frac{\epsilon_y}{2}\right)$를 만족한다. 따라서 $|y - z| < \frac{\epsilon_y}{2}$이다. 그러면 삼각 부등식에 의해

$$|x - y| = |(x - z) + (z - y)| \leq |x - z| + |z - y| < \frac{\epsilon_x}{2} + \frac{\epsilon_y}{2}$$

가 성립한다. 한편, $\epsilon_x \leq \epsilon_y$ 또는 $\epsilon_y \leq \epsilon_x$이다.

(i) $\epsilon_x \leq \epsilon_y$인 경우
$|x - y| < \epsilon_y$이고, 따라서 $x \in (y - \epsilon_y, y + \epsilon_y)$이다. 그런데 $x \in F_1$이므로, $(y - \epsilon_y, y + \epsilon_y) \bigcap F_1 \neq \varnothing$가 되어 모순이다.

(ii) $\epsilon_y \leq \epsilon_x$인 경우

$|x-y| < \epsilon_x$이고, 따라서 $y \in (x-\epsilon_x,\ x+\epsilon_x)$이다. 그런데 $y \in F_2$이므로, $(x-\epsilon_x,\ x+\epsilon_x) \bigcap F_2 \neq \varnothing$가 되어 모순이다.

따라서 $U \cap V = \varnothing$이다. 그러므로 $(\mathbb{R},\ \mathcal{U})$는 정규(normal)이다.

### 정리 5.4.8

$(\mathbb{R},\ \mathcal{H})$는 정규(normal)이다.

### 정리 5.4.9

위상공간(topological space) $X$가 정규(normal)일 필요충분조건은 $X$의 임의의 폐부분집합(closed subset) $F$와 $F \subseteq U$를 만족하는 임의의 개집합 $U$에 대하여, 개집합(open) $V$가 존재하여 $F \subseteq V \subseteq \mathrm{Cl}(V) \subseteq U$를 만족하는 것이다.

**증명** ($\Rightarrow$) $X$가 정규(normal)라고 가정하자.

$F$를 폐집합(closed)이라 하고 $U$가 $F$를 포함하는 개집합(open)이라 하면, $X-U$는 폐집합(closed)이고, $F \cap (X-U) = \varnothing$이다. $X$가 정규(normal)이므로, 개집합(open) $V$, $W$가 존재하여, $F \subseteq V$, $X-U \subseteq W$이고, $V \cap W = \varnothing$이다. $V \cap W = \varnothing$이므로, $V \subseteq X-W$이고, $X-U \subseteq W$이므로, $X-W \subseteq U$이다. 또한 $X-W$가 폐집합(closed)이므로,

$$F \subseteq V \subseteq \mathrm{Cl}(V) \subseteq \mathrm{Cl}(X-W) = X-W \subseteq U$$

이다. 그러므로 $F \subseteq V \subseteq \mathrm{Cl}(V) \subseteq U$이다.

($\Leftarrow$) 임의의 폐집합(closed) $F$와 $F$를 포함하는 임의의 개집합(open) $U$에 대하여, 개집합(open) $V$가 존재하여 $F \subset V \subseteq \mathrm{Cl}(V) \subseteq U$를 만족한다고 가정하자. 그리고 $F_1$과 $F_2$를 서로 만나지 않는 폐집합(closed)이라고 하자. 그러면 $F_1 \subseteq X-F_2$이고 $X-F_2$는 개집합(open)이다. 가정에 의해 개집합(open) $V$가 존재하여 $F_1 \subset V \subseteq$

$\mathrm{Cl}(V) \subseteq X - F_2$를 만족한다. 따라서 $F_2 \subseteq X - \mathrm{Cl}(V)$이고, $V \cap (X - \mathrm{Cl}(V)) = \varnothing$이다. 또한, $X - \mathrm{Cl}(V)$가 개집합(open)이다. 그러므로 $F_1 \subseteq V$이고, $F_2 \subseteq X - \mathrm{Cl}(V)$이다. 그리고 $V$, $X - \mathrm{Cl}(V)$는 서로 만나지 않는 개집합(open)이다. 그러므로 $X$는 정규(normal)이다.

### 정리 5.4.10 Urysohn's Lemma

위상공간 $X$가 정규(normal)일 필요충분조건은 $X$의 서로 만나지 않는 임의의 폐집합 $F_1$, $F_2$에 대하여, 연속함수 $f : X \to [0, 1] \subseteq \mathbb{R}$가 존재하여,

$$f(x) = \begin{cases} 0, & \forall x \in F_1 \\ 1, & \forall x \in F_2 \end{cases}$$

를 만족하는 것이다. (단, $[0, 1]$은 $\mathcal{U}$-상대위상을 가진다.)

**증명** ($\Leftarrow$) $F_1$, $F_2$를 서로 만나지 않는 폐집합(closed sets)이라 하자.

$([0, 1], \mathcal{U}_{[0,1]})$의 서로 만나지 않는 개집합 $[0, \frac{1}{3})$, $(\frac{2}{3}, 1]$을 생각하자. $f$가 연속이기 때문에 $f^{-1}\left([0, \frac{1}{3})\right)$, $f^{-1}\left((\frac{2}{3}, 1]\right)$가 $X$의 서로 만나지 않는 개집합이 되고 $F_1 \subseteq f^{-1}\left([0, \frac{1}{3})\right)$와 $F_2 \subseteq f^{-1}\left((\frac{2}{3}, 1]\right)$를 만족한다.

$$\left(\because\ 0 \in [0, \frac{1}{3}),\ 1 \in (\frac{2}{3}, 1]\right)$$

따라서 $X$는 정규(normal)이다(그림 5.4.2).

($\Rightarrow$) 연습문제 11번 참고.

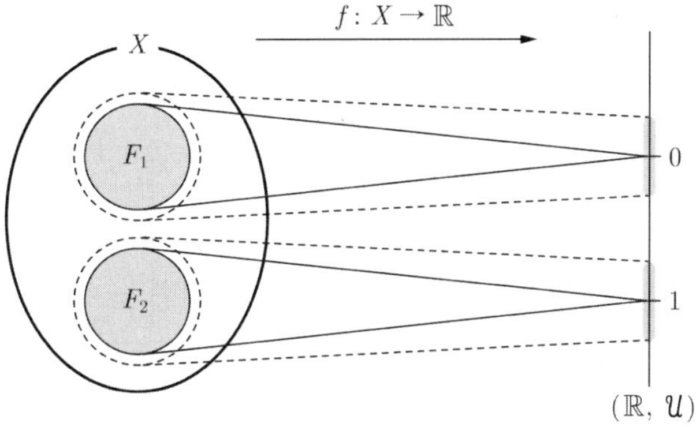


**그림 5.4.2**

### 예 5.4.11

위상공간(topological space) $X=(\mathbb{R}, \mathcal{H})$는 정규(normal)이다. 그러나 **Sorgenfrey 평면(plane)**이라 불리는 적공간(product space) $X \times X$는 정규(normal)가 아니다.

[개요] (자세한 증명은 연습문제 12번을 참고하여라.)

$X \times X$의 기저 개집합(basic open set)은 "반 열린 사각형(half-open rectangle)"이다. 즉, $X \times X$의 기저는

$$\beta = \{[a, b) \times [c, d) \mid a, b, c, d \in \mathbb{R}, \; a < b, \; c < d\}$$

이다. 따라서 임의의 $V=[a, b) \times [c, d) \in \beta$는 개집합(open)이다.

또한 $V$는 폐집합(closed)이다 :

($\because$ 모든 $(x, y) \in X \times X - V$에 대하여 $\epsilon > 0$가 존재하여, $(x, y) \in [x, x+\epsilon) \times [y, y+\epsilon) \subseteq X \times X - V$를 만족한다. 따라서 $X \times X - V$는 개집합(open)이다.)

다음으로 $X \times X$가 정규(normal)가 아님을 보이자.

$$A = \{(x, y) \in X \times X \mid y = -x\} \subseteq X \times X$$

라고 하면, $A$는 폐집합(closed)이다.

($\because$ 임의의 $(a, b) \in A^c$에 대하여, $\epsilon > 0$이 존재하여, $(a, b) \in [a, a+\epsilon) \times [b, b+\epsilon) \subset A^c$를 만족한다.)

또한 임의의 $(x, y) \in A$에 대하여, $[x, x+1) \times [y, y+1) \cap A = (x, y)$이므로 $A$를 $X \times X$의 부분공간으로 생각했을 때, $A$는 이산공간(discrete space)이다. 이때,

$$F_1 = \{(x,\ y) \in A \mid x\ :\ \text{유리수(rational)}\}$$
$$F_2 = \{(x,\ y) \in A \mid x\ :\ \text{무리수(irrational)}\}$$

라 하면, $A$가 $X \times X$의 폐집합(closed)이므로, $F_1$, $F_2$는 $X \times X$의 서로 만나지 않는 폐집합(closed sets)이다. 그리고 $F_1$, $F_2$를 각각 포함하며, 서로 만나지 않는 개집합(open)이 존재하지 않음은 직관적으로 명백하다. (그러나 실제로 이 부분의 증명이 어렵다.) 그러므로 $X \times X$은 정규(normal)가 아니다.

**정의 5.4.12**

정규(normal)인 $T_1$-공간(space)을 $T_4$-**공간(space)**이라 부른다.

**정리 5.4.13**

모든 $T_4$-공간(space)은 $T_3$-공간(space)이다.

**증명** $X$를 $T_4$-공간(space)이라 하자. $X$가 정칙(regular)임을 보이면 충분하다. $F$가 $X$의 폐부분집합(closed subset)이라 하고, $x \in X - F$라 하자. 정리 5.1.8에 의해 $\{x\}$는 폐집합(closed)이다. 그리고 $X$가 정규(normal)이므로, 서로 만나지 않는 개집합(open) $U$, $V$가 존재하여, $F \subseteq U$, $x \in \{x\} \subseteq V$를 만족한다. 그러므로 $X$는 정칙(regular)이다.

**정리 5.4.14**

정규성(normality)은 위상적 성질(topological property)이다.

**증명** $X$를 정규(normal) 공간이라 하고, $Y$를 $X$와 위상동형인 공간이라 하자. 그러면 위상동형사상 $f : X \to Y$가 존재한다. 이제 $F_1$, $F_2$를 $Y$의 서로 만나지 않는 폐부분집합(closed subsets)이라 하면, $f$가 연속(continuous)이므로, $f^{-1}(F_1)$, $f^{-1}(F_2)$는 $X$의 서로 만나지 않는 폐집합(closed)이다. 그런데 $X$가 정규(normal)이므로, 서로 만나지 않는 $X$의 개집합(open) $U$, $V$가 존재하여, $f^{-1}(F_1) \subseteq U$, $f^{-1}(F_2) \subseteq V$를 만족

한다. 그런데 $f$가 전단사(bijective)이고 개사상(open map)이므로 $f(U)$, $f(V)$는 $Y$의 개집합이고, $F_1 \subseteq f(U)$, $F_2 \subseteq f(V)$, $f(U) \cap f(V) = \varnothing$ 이다. 그러므로 $Y$는 정규(normal)이다.

**따름정리 5.4.15**

$T_4$-성질(property)은 위상적 성질(topological property)이다.

**정의 5.4.16**

위상공간(topological space) $X$에서,

(1) 임의의 폐집합(closed) $F$와 임의의 $y \in X - F$에 대하여, 연속(continuous)함수 $f : X \rightarrow \mathbb{R}$(단, $\mathbb{R}$은 보통 위상(usual topology)을 가진다.)가 존재하여, $f(y) = 0$이고 임의의 $x \in F$에 대하여 $f(x) = 1$을 만족할 때, $X$를 **완전 정칙(completely regular)**이라 한다.

(2) 완전 정칙(completely regular)인 $T_1$-공간(space)을 **Tychonoff 공간(space)** 또는 $T_{3\frac{1}{2}}$**-공간(space)**이라 한다.

**정리 5.4.17**

모든 $T_4$-공간(space)은 Tychonoff 공간(space)이다.

**정리 5.4.18**

모든 Tychonoff 공간(space)은 $T_3$-공간(space)이다.

**증명** $X$를 Tychonoff 공간(space)이라 하자. $X$가 정칙(regular)임을 보이면 된다. $F$를 $X$의 폐부분집합(closed subset), $y \in X - F$라 하자. $X$가 완전 정칙(completely regular)이므로, 연속(continuous) 함수 $f : X \rightarrow \mathbb{R}$가 존재하여, $f(y) = 0$과 임의의 $x \in F$에 대하여 $f(x) = 1$을 만족한다. 이제 $U = f^{-1}((-\frac{1}{3}, \frac{1}{3}))$, $V = f^{-1}((\frac{2}{3}, \frac{4}{3}))$라 하면, $U$, $V$는 $X$의 서

로 만나지 않는 개집합(open)이고, $y \in U$, $F \subseteq V$를 만족한다. 그러므로 $X$는 정칙(regular)이다.

**정리 5.4.19**

Tychonoff 성질(property)은 위상적 성질(topological property)이다.

**증명** $X$를 Tychonoff 공간이라 하고, $Y$를 $X$와 위상동형인 공간이라 하자. 그러면 위상동형사상 $f : X \to Y$가 존재한다. 이제 $F$를 $Y$의 폐집합(closed set)이라 하고, $y \in Y - F$라 하자. $f$가 전사이므로 어떤 $x \in X$가 존재하여 $y = f(x)$를 만족한다. 그러면 $x \notin f^{-1}(F)$이고 $f$가 연속이므로 $f^{-1}(F)$는 $X$의 폐집합이다. 그런데 $X$는 완전 정칙이므로 연속 함수 $g : X \to \mathbb{R}$가 존재하여 $g(x) = 0$과 임의의 $z \in f^{-1}(F)$에 대해 $g(z) = 1$을 만족한다. 그러면 합성함수 $h = g \circ f^{-1} : Y \to \mathbb{R}$은 연속이고, $h(y) = g \circ f^{-1}(y) = g(x) = 0$이며, 임의의 $w \in F$에 대하여 $h(w) = g(f^{-1}(w)) \in g(f^{-1}(F)) = \{1\}$이므로 $h(w) = 1$이다. 그러므로 $Y$는 완전 정칙이다. 한편, $X$가 $T_1$-공간이므로 정리 5.2.6에 의해 $Y$도 $T_1$-공간이다. 따라서 $Y$는 Tychonoff 공간이다(그림 5.4.3).

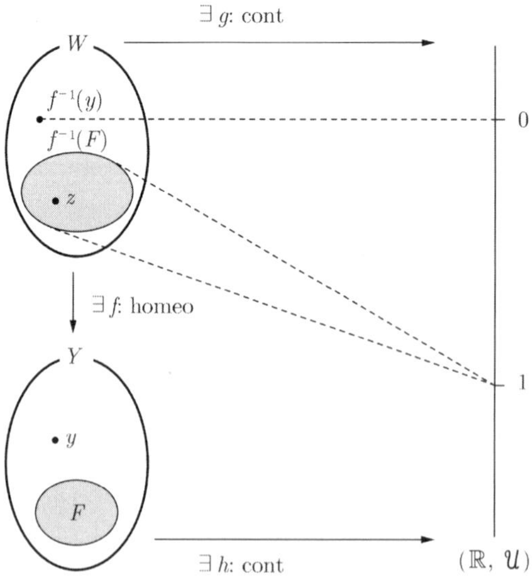


**그림 5.4.3**

**정의 5.4.20**

위상공간(topological space) $X$의 공집합이 아닌 부분집합 $A$와 $B$가 $A \cap \mathrm{Cl}(B) = \varnothing$와 $\mathrm{Cl}(A) \cap B = \varnothing$를 만족할 때, $A$와 $B$를 '**분리되어 있다(separated)**'고 한다(연습문제 4.1.7 참고).

**정의 5.4.21**

(1) 위상공간(topological space) $X$의 임의의 분리되어 있는(separated) 부분집합 $A$와 $B$에 대하여, 서로 만나지 않는 개집합(open) $U$와 $V$가 존재하여, $A \subseteq U$, $B \subseteq V$를 만족할 때, $X$를 **완전 정규(completely normal)**라고 한다.

(2) 완전 정규(completely normal)인 $T_1$-공간(space)을 $T_5$-**공간(space)**이라 한다.

**정리 5.4.22**

모든 $T_5$-공간(space)은 $T_4$-공간(space)이다.

**증명** $X$를 $T_5$-공간(space)이라 하자. $X$가 정규(normal)임을 보이면 된다. $F_1$, $F_2$를 $X$의 서로 만나지 않는 폐부분집합(closed subset)이라 하면, $F_1 \cap \mathrm{Cl}(F_2) = \varnothing$, $\mathrm{Cl}(F_1) \cap F_2 = \varnothing$이므로, $F_1$과 $F_2$는 분리되어 있다(separated subsets). 그런데 $X$가 완전 정규(completely normal)이므로, 서로 만나지 않는 개집합(open) $U$, $V$가 존재하여, $F_1 \subseteq U$, $F_2 \subseteq V$를 만족한다. 그러므로 $X$는 정규(normal)이다.

**정리 5.4.23**

$T_5$-성질(property)은 위상적 성질(topological property)이다.

## 연습문제

**01.** $X=\{a, b, c, d\}$일 때, 다음 공간들의 정칙성과 정규성을 결정하여라.

(a) $\mathcal{T}=\{X, \varnothing, \{a, b\}, \{c, d\}\}$일 때, $(X, \mathcal{T})$.

(b) $\varphi=\{X, \varnothing, \{a\}, \{a, b\}, \{a, b, c\}\}$일 때, $(X, \varphi)$.

(c) $\mathcal{J}=\{X, \varnothing, \{b\}, \{c\}, \{b, c\}, \{a, b\}, \{a, b, c\}, \{b, c, d\}\}$일 때, $(X, \mathcal{J})$.

(d) $\mathcal{D}$가 이산위상(discrete topology)일 때, $(X, \mathcal{D})$.

(e) $\mathcal{I}$가 비이산위상(indiscrete topology)일 때, $(X, \mathcal{I})$.

**02.** $X=\mathbb{R}$일 때, 다음 공간들의 정칙성과 정규성을 결정하여라.

(a) $\mathcal{T}=\{X, \varnothing, (-\infty, 0), [0, +\infty)\}$일 때, $(X, \mathcal{T})$.

(b) $\mathcal{L}=\{X, \varnothing\}\cup\{(-\infty, x) : x\in X\}$일 때, $(X, \mathcal{L})$.

(c) $\mathcal{J}=\{U\subseteq X : X-U$가 유한이거나, $1\not\in U\}$일 때, $(X, \mathcal{J})$.

(d) $P=\{U\subseteq X : 2\not\in U$ 또는 $U=X\}$일 때, $(X, P)$.

(e) $L=\{U\subseteq X : 2\not\in U$ 또는 $U=X\}$일 때, $(X, L)$.

**03.** 정리 5.4.8을 증명하여라.

**04.** 정규(normal)공간의 폐부분집합은 정규(normal)임을 증명하여라.

**05.** $X$와 $Y$가 공집합이 아닌 위상공간(topological space)일 때, $X\times Y$가 $T_4$-공간이면, $X$와 $Y$가 $T_4$-공간임을 증명하여라.
(Hint : $X$와 위상동형(homeomorphic)인, $X\times Y$의 폐부분집합(closed subset)을 찾아라.)

**06.** $A$와 $B$가 위상공간(topological space) $X$의, 공집합이 아니고, 서로 만나지도 않는 부분집합이라 할 때, $A$와 $B$가 분리(separated)되어 있을 필요충분조건은 $A$와 $B$ 둘 다 공간 $A\cup B$의 폐집합(closed)인 것임을 증명하여라.

**07.** $A$와 $B$가 위상공간(topological space) $X$의 공집합이 아니고, 서로 만나지 않는 부분집합들이라 할 때, $A$와 $B$가 분리(separated)되어 있을 필요충분조건은 $A$와 $B$ 둘 다 공간 $A \cup B$의 개집합(open)인 것임을 증명하여라.

**08.** 위상공간 $X$가 완전 정규(completely normal)일 필요충분조건은 $X$의 모든 부분공간이 정규(normal)인 것임을 보여라.

**09.** 정리 5.4.17을 증명하여라.

**10.** 위상공간 $X_1$, ..., $X_n$이 모두 완전 정칙이면 적공간 $X_1 \times \cdots \times X_n$도 완전 정칙임을 보여라.

**11.** 다음 단계들을 따라서 Urysohn 보조정리(정리 5.4.10)의 ($\Rightarrow$) 방향의 증명을 완성하여라.

단계 1) 증명에 있어서 다음 보조정리들의 증명이 필요하다.

① $D = \left\{ r \in \mathbb{Q} \mid \exists m \in \mathbb{Z}, n \in \mathbb{N} \cup \{0\} \; s.t. \; r = \dfrac{m}{2^n} \right\}$라 하자. 즉, $D$는 분모가 2의 거듭제곱 형태인 유리수들의 집합이다. 임의의 실수 $x, y$에 대하여, $x < y$이면, $x < r < y$인 $r \in D$가 존재함을 증명하여라.
(즉, $D$는 $\mathbb{R}$의 조밀부분집합이다.)

② 집합 $\varphi = \{[0,\ a) \mid 0 < a \leq 1\} \cup \{(b,\ 1] \mid 0 \leq b < 1\}$가 $([0,\ 1],\ \mathcal{U}_{[0,\ 1]})$를 생성하는 부분기저임을 보여라.

③ $X$, $Y$를 위상공간이라 하고, $\mathbb{S}$를 $Y$를 생성하는 부분기저라고 하자. 함수 $f : X \to Y$가 연속일 필요충분조건은 임의의 $S \in \mathbb{S}$에 대해서 $f^{-1}(S)$가 $X$의 개집합인 것임을 보여라.

단계 2) 이제 $F_1$, $F_2$를 $X$의 서로소인 폐부분집합들이라 하자. 그리고 $U_1 = X - F_2$라 하자. $F_2$가 폐집합이고, $F_1 \cap F_2 = \varnothing$이므로 $U_1$은 $F_1$을 포함하는 개집합이다. 그러므로 정리 5.4.9에 의해 $F_1 \subseteq U_0 \subseteq \overline{U_0} \subseteq U_1$을 만족하는 개집

합 $U_0$가 존재한다. 즉, $\overline{U_0}$는 폐집합이고, $U_1$은 $\overline{U_0}$를 포함하는 개집합이다. 여기에 정리 5.4.9를 다시 적용하면, 개집합 $U_{\frac{1}{2}}$가 존재하여 $\overline{U_0} \subseteq U_{\frac{1}{2}} \subseteq \overline{U_{\frac{1}{2}}} \subseteq U_1$을 만족한다. 다시 정리 5.4.9를 적용하면 $\overline{U_0} \subseteq U_{\frac{1}{4}} \subseteq \overline{U_{\frac{1}{4}}} \subseteq U_{\frac{1}{2}}$와 $\overline{U_{\frac{1}{2}}} \subseteq U_{\frac{3}{4}} \subseteq \overline{U_{\frac{3}{4}}} \subseteq U_1$을 각각 만족하는 개집합 $U_{\frac{1}{4}}$과 $U_{\frac{3}{4}}$가 존재한다. 이를 귀납적으로 계속 반복하자. 그리고

$$D^* = D \cap [0,\ 1]\left(= \left\{0,\ 1,\ \frac{1}{2},\ \frac{1}{4},\ \frac{3}{4},\ \frac{1}{8},\ \frac{3}{8},\ \frac{5}{8},\ \frac{7}{8},\ \dots\right\}\right)$$

라고 하자. 그러면

(a) 임의의 $r \in D^*$에 대하여 개집합 $U_r$이 존재하고,

(b) $r_1,\ r_2 \in D^*$에 대하여 $r_1 < r_2$이면 $\overline{U_{r_1}} \subseteq U_{r_2}$

를 만족한다.

단계 3) 임의의 $x \in U_1 = X - F_2$에 대하여 집합 $D_x = \{r \in D^* \mid x \in U_r\}$은 공집합이 아니고($\because\ 1 \in D_x$) 아래로 유계이다($\because$ 0이 $D_x$의 하계이다). 그러므로 실수의 완비성 공리에 의해 $\inf D_x$가 존재한다. 따라서 함수 $f : X \to [0,\ 1]$를 $f(x) = \begin{cases} 1, & x \in F_2 \\ \inf D_x, & x \in U_1 = X - F_2 \end{cases}$로 정의되면 $f$는 잘 정의된 함수이다. 그리고 정의에 의해 모든 $x \in F_2$에 대하여 $f(x) = 1$이다.

여기서, 모든 $x \in F_1$에 대하여 $f(x) = 0$임을 보여라.

단계 4) 이제 $f$가 연속임을 보이면 증명이 완료된다. 그리고 $f$가 연속임을 보이기 위해서는, 단계 1)의 ②와 ③에 의하여 임의의 $S \in \varphi$에 대해 $f^{-1}(S)$가 $X$의 개집합임을 보이면 충분하다. 그에 앞서 다음 두 명제를 증명하여라.

① $x \in X$라 하자. $r \in D^*$에 대하여, $f(x) < r$이면 $x \in U_r$이다.

② $x \in X$라 하자. $r \in D^*$에 대하여, $x \in U_r$이면 $f(x) \leq r$이다.

단계 5) 이제 $S \in \varphi$라 하자. 그러면 $S = [0,\ a)$ $(0 < a \leq 1)$이거나 $S = (b,\ 1]$ $(0 \leq b < 1)$이다. 이때 단계 4)의 ①과 ②를 이용해서 다음이 성립함을 보여라.

① $S = [0, a)$일 때, $f^{-1}(S) = \bigcup_{r \in K} U_r$이다. 여기서, $K = \{r \in D^* \mid 0 \le r < a\}$ 이다.

② $S = (b, 1]$일 때, $f^{-1}(S) = \bigcup_{r \in L} (X - \overline{U_r})$이다. 여기서, $L = \{r \in D^* \mid b < r \le 1\}$이다.

경우 ①과 ②에서 모두 $f^{-1}(S)$는 $X$의 개집합들의 합집합으로 나타내어지므로, $f^{-1}(S)$는 $X$의 개집합이다. 따라서 $f$는 연속이다.

**12.** 다음 단계들을 따라서 Sorgenfrey 평면은 정규가 아님의 증명을 완성하여라(예 5.4.11 참고).

단계 1) Sorgenfrey 평면을 $\mathbb{R}_H^2$로 표기하자. 그리고 $\mathbb{R}_H^2$가 정규(normal)라 가정하자. $L = \{(x, -x) \mid x \in \mathbb{R}\}$이라 했을 때, $L$이 $\mathbb{R}_H^2$의 폐집합임을 보이고, $L$을 $\mathbb{R}_H^2$의 부분공간으로 보았을 때 $L$은 이산공간임을 보여라.

단계 2) $L$의 임의의 부분집합 $K$에 대하여, $\mathbb{R}_H^2$의 서로 만나지 않는 개집합 $U_K$와 $V_K$가 존재하여 $K \subseteq U_K$와 $L - K \subseteq V_K$를 만족함을 보여라.
(Hint : $K$가 $\mathbb{R}_H^2$의 폐집합임을 보여라.)

단계 3) $D = \mathbb{Q} \times \mathbb{Q}$라 하자. $D$가 $\mathbb{R}_H^2$의 조밀부분집합임을 보여라.
(Hint : 먼저 $\mathbb{Q}$가 $(\mathbb{R}, \mathcal{H})$의 조밀부분집합임을 보이고, 정리 3.1.9를 사용하여라.)

단계 4) 이제 함수 $f : P(L) \to P(D)$를 $f(K) = \begin{cases} \varnothing, & K = \varnothing \\ D, & K = L \\ U_K \cap D, & K \neq \varnothing \end{cases}$ 로 정의하자. (여기서, $P(L)$과 $P(D)$는 각각 $L$과 $D$의 멱집합(power set)이다.) 이제 $f$가 단사임을 보이자. $A, B \in P(L)$이라 하자. 즉, $A, B \subseteq L$이라 하자. 그리고 $A \neq B$라 하자. $f$가 단사임을 보이기 위해 $f(A) \neq f(B)$임을 보이면 된다.

① 먼저 $A = \varnothing$인 경우를 생각하자. 이때, $f(A) \neq f(B)$임을 보여라.
(Hint : $D$가 $\mathbb{R}_H^2$의 조밀부분집합임을 이용하여라.)

② 이제 $A \neq \varnothing$ 이고 $B \neq \varnothing$ 인 경우만 생각하면 충분하다.

②-1) $A = L$ 또는 $B = L$인 경우

$A = L$이라 가정하자. 그러면 $A \neq B$이므로 $B \neq L$이다. 따라서 $f(B) = U_B \cap D$이다. 그리고 $B \neq L$이므로 $L - B \neq \varnothing$ 이다. 한 점 $(x,\ y) \in L - B$를 택하자. 단계 2)에 의해 $(x,\ y) \in L - B \subseteq V_B$이고, $D$는 $\mathbb{R}_H^2$의 조밀부분집합이므로 $(x,\ y) \in \overline{D}$이다. 따라서 $V_B \cap D \neq \varnothing$ 이다. 한 점 $(a,\ b) \in V_B \cap D$를 택하자. 그러면 $U_B \cap V_B = \varnothing$ 이므로 $(a,\ b) \notin U_B \cap D = f(B)$이다. 따라서 $f(B) = U_B \cap D \neq D = f(A)$이다.

②-2) $A \neq L$이고 $B \neq L$인 경우

$A \neq B$이므로 $A \not\subseteq B$ 또는 $B \not\subseteq A$이다. 일반성을 잃지 않고 $A \not\subseteq B$라 가정하자. 이때, $f(A) \neq f(B)$임을 보여라.

단계 5) $f$가 단사함수이므로 $card(P(L)) \leq card(P(D))$이다. 한편, $L \sim \mathbb{R}$이고 $D \sim \mathbb{N}$이다. (이를 보여라.) 따라서

$$2^{\aleph_0} = card(L) < card(P(L)) \leq card(P(D)) = 2^{card(D)} = 2^{\aleph_0}$$

가 되어 모순이다. (여기서, $card(L) < card(P(L))$은 칸토어의 정리에 의해 성립한다.) 그러므로 $\mathbb{R}_H^2$는 정규(normal)가 아니다.

**13.** Sorgenfrey 평면이 정칙임을 보여라. 즉, Sorgenfrey 평면은 정칙이지만 정규는 아닌 위상공간의 한 예시이다. (또한, 정규공간의 적공간이 정규가 아닐 수도 있음을 보여주는 예시이기도 하다.)

**14.** $\mathcal{T} \subseteq \varphi$인 집합 $X$상의 두 위상 $T, \varphi$에 대하여

(1) $(X,\ \mathcal{T})$는 $T_4$-공간이지만 $(X,\ \varphi)$는 $T_4$-공간이 아닌 예를 들어라.

(2) $(X,\ \varphi)$는 $T_4$-공간이지만 $(X,\ \mathcal{T})$는 $T_4$-공간이 아닌 예를 들어라.

**15.** 집합 $X$상의 여유한위상 $\mathcal{T}_f$와 여가산위상 $\mathcal{T}_c$에 대하여 다음을 보여라.

(1) $(X,\ \mathcal{T}_f)$가 $T_4$-공간일 필요충분조건은 $X$가 유한집합인 것이다.

(2) $(X, \mathcal{T}_c)$가 $T_4$-공간일 필요충분조건은 $X$가 가산집합인 것이다.

**16.** $X$를 $T_4$-공간이라 하고, $F_1$, $F_2$를 $X$의 서로소인 폐부분집합들이라 하자. 그러면 $F_1 \subseteq U$, $F_2 \subseteq V$, $\overline{U} \cap \overline{V} = \varnothing$를 만족하는 개집합 $U$와 $V$가 존재함을 보여라.

**17.** $X$를 위상공간이라 하고, $A$, $B \subseteq X$라 하자. 그리고 두 부분공간 $A$, $B$가 모두 $T_4$-공간이고, $A \cup B = X$라 하자.

(1) $A$와 $B$가 모두 $X$의 개집합이면 $X$는 $T_4$-공간임을 보여라.

(2) $A$와 $B$가 모두 $X$의 폐집합이면 $X$는 $T_4$-공간임을 보여라.

**18.** $A = [0,\ 1] \cap \mathbb{Q}$라 하고, $\mathcal{T} = \mathcal{U}_{[0,\ 1]} \cup P(A)$라 하자. (여기서, $P(A)$는 $A$의 멱집합(power set)이다.)

(1) $\mathcal{T}$가 $[0,\ 1]$상의 위상이 됨을 보여라.

(2) $([0,\ 1],\ T)$가 정규 공간임을 보여라.

**19.** Tychonoff 공간의 부분공간은 Tychonoff 공간임을 보여라.

**20.** $X$, $Y$가 Tychonoff 공간이면 적공간 $X \times Y$도 Tychonoff 공간임을 보여라.

**21.** $\mathbb{R}$이 보통위상을 가진다고 하고, $(X, \mathcal{T})$를 Tychonoff 공간이라 하자.

$$\mathbb{S} = \{f^{-1}(U) \mid f : X \to \mathbb{R} : continuous,\ U : open\ subset\ of\ \mathbb{R}\}$$

가 집합 $X$상의 부분기저가 됨을 보여라. 그리고 $\mathbb{S}$가 $\mathcal{T}$를 생성함을 보여라.

**22.** 정리 5.4.23을 증명하여라.

**23.** 정규공간의 부분공간이 정규가 아닐 수도 있음을 보여라.

# 6.

# 콤팩트성

# Compactness

# 6.1 콤팩트 공간(Compact Spaces)

### 정의 6.1.1

$X$를 위상공간(topological space)이라 하고, $\mathbb{C}=\{U_\alpha \mid \alpha\in\Lambda\}$를 $X$의 부분집합들의 모임이라 하자. $A\subseteq X$일 때, $A\subseteq \bigcup_{\alpha\in\Lambda} U_\alpha$를 만족하면, $\mathbb{C}=\{U_\alpha \mid \alpha\in\Lambda\}$를 $A$의 **피복(cover)**이라고 한다(그림 6.1.1).

(*) 임의의 $\alpha\in\Lambda$에 대하여 $U_\alpha$가 개집합(open)이면 $\mathbb{C}$를 $A$의 **개피복(open cover)**이라고 한다.

(*) $\mathbb{C}_1$, $\mathbb{C}_2$가 $A$의 피복(cover)이고 $\mathbb{C}_1\subseteq\mathbb{C}_2$이면, $\mathbb{C}_1$를 $\mathbb{C}_2$의 **부분피복(subcover)**이라고 한다.

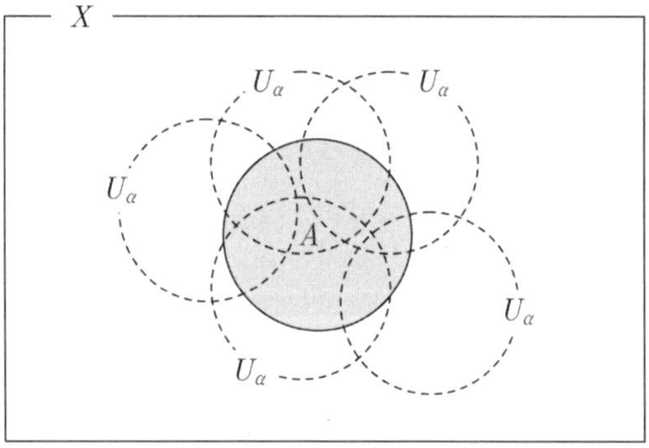


그림 6.1.1

### 예 6.1.2

공간 $(\mathbb{R}, \mathcal{U})$에서, $\mathbb{C}=\{(-x, x) \mid x\in\mathbb{R}^+\}$와 $\mathbb{D}=\{(-n, n) \mid n\in\mathbb{Z}^+\}$는 $\mathbb{R}$의 개피복(open cover)들이다. 그리고 $\mathbb{D}$는 $\mathbb{C}$의 부분피복(subcover)이다.

### 예 6.1.3

공간 $(\mathbb{R}, \mathcal{H})$에서, $\mathbb{C}=\{[n, n+1) \mid n\in\mathbb{Z}\}$는 $\mathbb{R}$의 개피복(open cover)이다. 그리

고 $\mathbb{C}$는 진 부분피복(proper subcover)을 가지지 않는다.

**예 6.1.4**

공간 $(\mathbb{R},\ \mathscr{C})$에서, $\mathbb{C}=\{(-n,\ +\infty)\mid n\in\mathbb{Z}^+\}$는 $\mathbb{R}$의 개피복(open cover)이다.

**예 6.1.5**

$\mathbb{R}$상의 특이점 위상 $\mathcal{T}=\{U\subseteq\mathbb{R}\mid U=\varnothing \text{ or } 1\in U\}$에 대하여,

$$\mathbb{C}=\{\{1,\ x\}\mid x\in\mathbb{R}-\{1\}\}$$

는 $\mathbb{R}$의 개피복(open cover)이다.

**정의 6.1.6**

위상공간(topological space) $X$의 임의의 개피복(open cover)이 유한 부분피복(finite subcover)을 가질 때, $X$를 **콤팩트(compact)**라고 한다.

**예 6.1.7**

$(\mathbb{R},\ \mathcal{U})$는 콤팩트(compact)가 아니다. 왜냐하면 예 6.1.2에 주어진 개피복(open cover) $\mathbb{C}$는 유한 부분피복(finite subcover)을 가지지 않기 때문이다.

**예 6.1.8**

$(\mathbb{R},\ \mathcal{H})$는 콤팩트(compact)가 아니다. 왜냐하면 예 6.1.3에 주어진 개피복(open cover) $\mathbb{C}$는 유한 부분피복(finite subcover)을 가지지 않는다.

**예 6.1.9**

$\mathbb{R}$상의 위상 $\mathcal{T}=\{\mathbb{R},\ \varnothing,\ (-\infty,\ 0),\ [0,\ +\infty)\}$에 대하여, 공간 $(\mathbb{R},\ \mathcal{T})$는 콤팩트(compact)이다.

※ 위상의 원소가 유한하면 그 위상공간은 compact하다.

**예 6.1.10**

$\mathbb{R}$상의 위상 $\mathcal{T}=\{U\subseteq\mathbb{R}\,|\,U=\mathbb{R}\ \text{or}\ 1\not\in U\}$에 대하여, 공간 $(\mathbb{R},\ \mathcal{T})$는 콤팩트(compact)이다.

(∵) $\mathbb{C}$를 $\mathbb{R}$의 임의의 개피복(open cover)이라 하자. 그러면

$$1\in\mathbb{R}\subseteq\bigcup_{U\in\mathbb{C}}U$$

이므로, $U\in\mathbb{C}$가 존재하여, $1\in U\,(\in\mathcal{T})$를 만족한다. 그리고 $\mathcal{T}$의 정의에 의해 $U=\mathbb{R}$이다. 따라서 $\{U\}$는 $\mathbb{C}$의 유한 부분피복(finite subcover)이다. 그러므로 $(\mathbb{R},\ \mathcal{T})$는 콤팩트(compact)이다.

(*) 위상공간 $(X,\ \mathcal{T})$의 부분집합 $A$에 대하여, 부분공간 $(A,\ \mathcal{T}_A)$가 콤팩트이면 $A$를 콤팩트(compact)라 한다.

**정리 6.1.11**

$(X,\ \mathcal{T})$가 위상공간(topological space)이고, $A\subseteq X$일 때, $A$가 콤팩트(compact)일 필요충분조건은 $A$의 임의의 $\mathcal{T}$-개피복(open cover)이 유한 부분피복(finite subcover)을 가지는 것이다.

**증명** (⇒) $\mathbb{C}=\{U_\alpha|\alpha\in\Lambda\}$를 $A$의 임의의 $\mathcal{T}$-개피복(open cover)이라고 하자. 즉, $A\subseteq\bigcup_{\alpha\in\Lambda}U_\alpha$이다. 이때, $\mathbb{C}'=\{U_\alpha\cap A|\alpha\in\Lambda\}$는 $A$의 $\mathcal{T}_A$-개피복(open cover)이다.

$$\left(\because\ A=A\cap A\subseteq\left(\bigcup_{\alpha\in\Lambda}U_\alpha\right)\cap A=\bigcup_{\alpha\in\Lambda}(U_\alpha\cap A)\right)$$

그런데 $A$가 콤팩트(compact)하므로, $\mathbb{C}'$은 유한 부분피복(finite subcover) $\{U_i\cap A|i=1,\ \ldots,\ n\}$을 갖는다.

그러면 $A\subseteq\bigcup_{i=1}^{n}(U_i\cap A)=(\bigcup_{i=1}^{n}U_i)\cap A$이므로 $A\subseteq\bigcup_{i=1}^{n}U_i$이다. 그러므로 $\{U_i\,|\,i=1,\ 2,\ \ldots,\ n\}$는 $\mathbb{C}$의 유한 부분피복(finite subcover)이다.

($\Leftarrow$) $(A,\ \mathcal{T}_A)$가 콤팩트(compact)임을 보이자.

$\mathbb{D}=\{U_\alpha \cap A \mid \alpha \in \Lambda\}$를 $A$의 $\mathcal{T}_A$-개피복(open cover)이라고 하자.

즉, $A \subseteq \bigcup_{\alpha \in \Lambda}(U_\alpha \cap A)$이다. 가정에 의해 $A \subseteq \bigcup_{i=1}^{n} U_i$이므로,

$$\Rightarrow\ A \subseteq \bigcup_{i=1}^{n} U_i \wedge A \subseteq A$$

$$\Rightarrow\ A \subseteq \left(\bigcup_{i=1}^{n} U_i\right) \cap A$$

$$\Rightarrow\ A \subseteq \bigcup_{i=1}^{n} (U_i \cap A)$$

이 성립한다. 그러면 $A$는 $D$의 유한 부분피복(finite subcover)를 가진다. 따라서 $A$는 콤팩트(compact)이다.

### 정리 6.1.12

만약 $\mathbb{R}$이 보통위상(usual topology)을 가질 때, 임의의 폐구간(closed interval)은 콤팩트(compact) 부분집합이다.

**증명** $[a,\ b]$를 폐구간(closed interval)이라 하고, $\mathbb{C}=\{U_\alpha \subseteq \mathbb{R} \mid \alpha \in \Lambda\}$를 $[a,\ b]$의 임의의 개피복(open cover)이라 하자. 즉, $[a,\ b] \subseteq \bigcup_{\alpha \in \Lambda} U_\alpha$이다. $A=\left\{x \in (a,\ b] \mid [a,\ x] \subseteq \bigcup_{finite} U_\alpha,\ U_\alpha \in \mathbb{C}\right\}$이라 하고, $\beta \in \Lambda$에 대하여 $a \in U_\beta$를 만족한다고 하자. $U_\beta$가 개집합(open)이므로, 개구간(open interval) $I$가 존재하여, $a \in I \subseteq U_\beta$를 만족한다. 그러므로, $y \in \mathbb{R}$가 존재하여, $[a,\ y] \subseteq I \subseteq U_\beta$를 만족한다. 따라서 $y \in A$이므로, $A \neq \varnothing$이다. $A$가 ($b$에 의해) 위로 유계(bounded above)이므로 $A$는 최소 상계(least upper bounded) $m$을 갖는다. 이때, $m=b$임을 보이고, 그리고 $b \in A$임을 보인다($\Rightarrow$ $[a,\ b]$는 콤팩트(compact)이다)(그림 6.1.2).

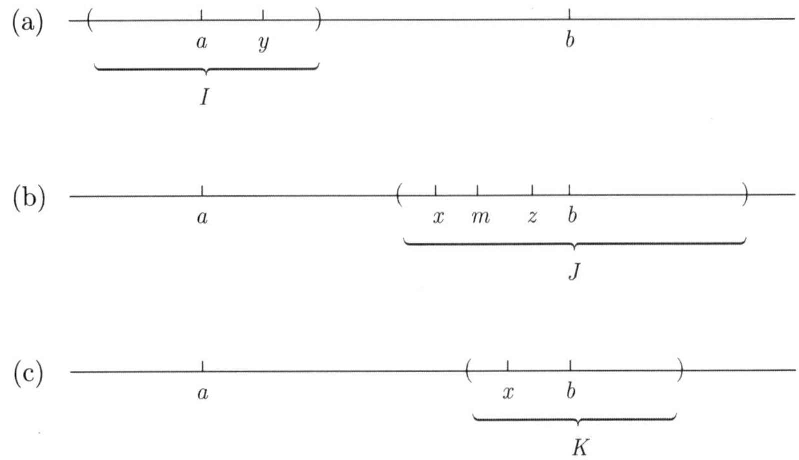


**그림 6.1.2**

$b$가 $A$의 상계(upper bound)이고, $m$이 $A$이 최소 상계(least upper bound)이므로, 분명히 $m \leqq b$이다. 여기서 $m < b$라고 가정하자. 그러면 $m \in [a, b]$이다. 즉, $\gamma \in \Lambda$가 존재하여 $m \in U_\gamma$를 만족한다. 그리고, 개구간(open interval) $J$가 존재하여 $m \in J \subseteq U_\gamma$를 만족한다. 보조정리 4.1.10에 의하여 $x \in J \cap A (\neq \varnothing)$가 존재한다. 이때,

$$[a, x] \subseteq \bigcup_{finite} U_\alpha \ (U_\alpha \in \mathbb{C})$$

이다. $z \in J \bigcap [a, b]$가 $z > x$와 $z > m$를 만족한다고 하면,

$$[x, z] \subseteq J \subseteq U_\gamma$$

이다. $[a, x] \subseteq \bigcup_{finite} U_\alpha \ (U_\alpha \in \mathbb{C})$이므로,

$$[a, z] = [a, x] \bigcup [x, z] \subseteq (\bigcup_{finite} U_\alpha) \bigcup U_\gamma$$

이다. 즉, $z \in A$인데, 이는 모순이다. $(\because z > m)$ 따라서, $m = b$이다. 이제 $\alpha \in \Lambda$에 대하여 $b \in U_\alpha$를 만족한다고 하자. 그리고 $K$가 $b \in K \subseteq U_\alpha$를 만족하는 개구간(open interval)이라 하자. $b$가 $A$의 최소

상계(least upper bound)이므로, $x \in K \cap A\,(\neq \varnothing)$가 존재한다. 이때, $[a,\ x] \subseteq \bigcup_{finite} U_\alpha\ \ (U_\alpha \in \mathbb{C})$이다. $[x,\ b] \subseteq K \subseteq U_\alpha$이므로,

$$[a,\ b] = [a,\ x] \cup [x,\ b] \subseteq \bigcup_{finite} U_\alpha,\ (U_\alpha \in \mathbb{C})$$

이다. 그러므로 $b \in A$이고, $[a,\ b]$은 $(\mathbb{R},\ \mathcal{U})$의 콤팩트(compact)부분집합이다.

### 정리 6.1.13

콤팩트 위상공간(compact topological space)의 임의의 폐부분집합(closed subset)은 콤팩트(compact)이다.

**증명** $X$를 콤팩트 위상공간(compact topological space)이라 하고, $A$를 $X$의 폐부분집합(closed subset)이라 하자. $\mathbb{C} = \{U_\alpha \mid \alpha \in \Lambda\}$를 $A$의 개피복(open cover)이라 하고, $\mathbb{D} = \mathbb{C} \cup \{X - A\}$라 하자. $\mathbb{C}$가 $A$의 피복(cover)이므로, $\mathbb{D}$는 분명히 $X$의 피복(cover)이다. $\mathbb{C}$가 개피복(open cover)이고, $X - A$가 개집합(open)이므로, $\mathbb{D}$는 $X$의 개피복(open cover)이다. 그리고 $X$가 콤팩트(compact)이므로, $\mathbb{D}$의 유한 개피복(finite subcover) $\mathbb{D}'$가 존재한다. $\mathbb{D}' = \{U_i \mid 1 \leq i \leq n\} \cup \{X - A\}$라 하자. 그러면

$$\Rightarrow\ A \cup (X - A) = X \subseteq \left(\bigcup_{i=1}^{n} U_i\right) \cup (X - A)$$

$$\Rightarrow\ A \subseteq \bigcup_{i=1}^{n} U_i$$

이다. 그러므로 $A$는 $\mathbb{C}$의 부분 피복을 가진다. 따라서 $A$는 콤팩트(compact)이다.

### 정의 6.1.14

$X$가 위상공간(topological space)이라 할 때, 모든 $x,\ y\,(x \neq y) \in X$에 대하여,

$U(x)$, $V(y)$가 존재하여, $U \cap V = \varnothing$를 만족할 때, $X$를 **Hausdorff 공간(space)** 또는 **$T_2$-공간(space)**이라고 한다.

**예 6.1.15**

① $(\mathbb{R}, \mathcal{U})$는 Hausdorff 공간(space)이다.

($\because$) 모든 $x$, $y \in \mathbb{R}$에 대하여, $x < y$라 할 때,

$$U = (x-1, \frac{x+y}{2}), \quad V = (\frac{x+y}{2}, y+1)$$

라 두면, $x \in U$, $y \in V$이고, $U \cap V = \varnothing$이다.

② $(\mathbb{R}, \mathcal{H})$는 Hausdorff 공간(space)이다.

($\because$) 모든 $x$, $y \in \mathbb{R}$에 대하여, $x < y$라 할 때,

$$U = [x, k), \quad V = [k, y+1)$$

라 두면 $x \in U$, $y \in V$이고, $U \cap V = \varnothing$이다.

**예 6.1.16**

$(X = \mathbb{R}, \mathcal{T} = \{U \subseteq X \mid U = \varnothing \text{ or } 1 \in U\})$는 Hausdorff 공간(space)이 아니다. 왜냐하면, 모든 공집합이 아닌 부분집합들은 1을 포함해야만 하기 때문이다.

**예 6.1.17**

$(X = \mathbb{R}, \mathcal{C})$는 Hausdorff 공간(space)이 아니다. 왜냐하면, $X$의 어떠한 두 개의 공집합이 아닌 개집합(open)도 반드시 교집합이 생기기 때문이다.

### 보조정리 6.1.18

$A$를 Hausdorff 공간(space) $X$의 콤팩트(compact) 부분집합이고, $x \in X - A$이면, 서로소인 개집합(open) $U$, $V$가 존재하여, $A \subseteq U$와 $x \in V$를 만족한다.

**증명** $X$가 Hausdorff이므로, 임의의 $a \in A$에 대하여 서로소인 개집합(open)

$U_a$, $V_a$가 존재하여 $a \in U_a$, $x \in V_a$를 만족한다. 그러면 $\{U_a \mid a \in A\}$는 $A$의 개피복(open cover)이다. $A$가 콤팩트(compact)이므로, $\{U_a \mid a \in A\}$는 유한 부분피복(finite subcover) $\{U_{a_i} \mid i = 1, 2, \cdots, n\}$을 가진다. 즉, $A \subseteq \bigcup_{i=1}^{n} U_{a_i}$이다.

이제 $U = \bigcup\{U_{a_i} \mid i = 1, 2, \cdots, n\}$, $V = \bigcap\{V_{a_i} \mid i = 1, 2, \cdots, n\}$라 하자. 그러면 $U$와 $V$는 둘 다 개집합(open)이고, $A \subseteq U$, $x \in V$이다. 그리고

$$\begin{aligned} U \cap V &= (\bigcup_{i=1}^{n} U_{a_i}) \cap (\bigcap_{i=1}^{n} V_{a_i}) = \bigcup_{i=1}^{n} [U_{a_i} \cap (\bigcap_{i=1}^{n} V_{a_i})] \\ &= \bigcup_{i=1}^{n} \left[ \bigcap_{i=1}^{n} \{U_{a_i} \cap V_{a_i}\} \right] = \varnothing \end{aligned}$$

즉, $U$와 $V$는 서로소이다.

**정리 6.1.19**

Hausdorff 공간(space)의 콤팩트(compact) 부분집합은 폐집합(closed)이다.

**증명** $X$를 Hausdorff 공간(space)이라 하고, $A$를 $X$의 콤팩트(compact) 부분집합이라 하자. $A$가 폐집합임을 보이기 위해 $X - A$가 개집합임을 보이자. $x \in X - A$라 하면, 보조정리 6.1.18에 의하여, 서로소인 개집합(open) $U$, $V$가 존재하여, $A \subseteq U$, $x \in V$를 만족한다. 따라서 $x \in V \subseteq X - U \subseteq X - A$이다. 즉, $X - A$가 개집합(open)이다. 그러므로 $A$는 폐집합(closed)이다.

**정리 6.1.20**

모든 콤팩트(compact) Hausdorff 공간(space)은 정칙(regular)이다.

**증명** $F$를 콤팩트 Hausdorff 공간 $X$의 폐부분집합(closed subset)이라 하고,

$x \notin F$이라 하자. 그러면 정리 6.1.13에 의하여 $F$는 콤팩트(compact)이다. 그리고 $X$는 Hausdorff 공간이므로, 보조정리 6.1.14에 의하여 서로소인 개집합(open) $U$, $V$가 존재하여 $F \subseteq U$, $x \in V$를 만족한다. 그러므로 $X$는 정칙(regular)이다.

### 정리 6.1.21

모든 콤팩트(compact) Hausdorff 공간(space)은 정규(normal)이다.

**증명** $X$를 콤팩트(compact) Hausdorff 공간(space)이라 하고, $F_1$, $F_2$가 $X$의 서로소인 폐부분집합(closed subsets)이라 하자. $F_1$이 폐집합(closed)이고, $X$가 콤팩트(compact)이므로 정리 6.1.13에 의하여 $F_1$은 콤팩트(compact)이다. 그리고 보조정리 6.1.14에 의해, 임의의 $x \in F_2$ $(x \in X - F_1)$에 대하여, 서로소인 개집합(open) $U_x$, $V_x$가 존재하여 $F_1 \subseteq U_x$, $x \in V_x$를 만족한다. 그러면 $\{V_x \mid x \in F_2\}$는 $F_2$의 개피복(open cover)이다. 한편 $F_2$가 정리 6.1.13에 의해 콤팩트(compact)이므로 $\{V_x \mid x \in F_2\}$는 유한 부분피복(finite subcover) $\{V_{x_i} \mid i = 1, 2, \cdots, n\}$을 갖는다. 이제 $U = \bigcap_{i=1}^{n} U_{x_i}$, $V = \bigcup_{i=1}^{n} V_{x_i}$라 하면, $U$, $V$는 서로소인 개집합(open)이고, $F_1 \subseteq U, F_2 \subseteq V$를 만족한다.
그러므로 $X$는 정규(normal)이다.

### 정리 6.1.22 The Heine-Borel Theorem

$\mathbb{R}$이 보통위상(usual topology)을 가질 때, $A \subseteq \mathbb{R}$가 콤팩트(compact)일 필요충분조건은 $A$가 폐집합(closed)이고 유계(bounded)인 것이다.

**증명** $(\Leftarrow)$ $A \subseteq \mathbb{R}$가 유계(bounded)인 폐집합(closed)이라고 가정하자. $A$가 유계(bounded)이므로, 폐구간(closed interval) $[a, b]$가 존재하여, $A \subset [a, b]$를 만족한다. $A$가 $\mathbb{R}$의 폐부분집합(closed subset)이므

로, $A$는 또한 $[a,\ b]$의 폐부분집합(closed subset)이다. 한편 정리 6.1.12에 의하여 $[a,\ b]$는 콤팩트(compact)이다. 그런데 $A$가 $[a,\ b]$의 폐부분집합(closed subset)이므로, 정리 6.1.13에 의하여 $A$가 $[a,\ b]$의 콤팩트(compact) 부분집합이다. 그러므로 $A$는 $(\mathbb{R},\ \mathcal{U})$의 콤팩트(compact) 부분집합이다.

($\Rightarrow$) $A$가 콤팩트(compact)라고 가정하자.
$\mathbb{R}$이 Hausdorff이므로, 정리 6.1.19에 의하여 $A$는 $(\mathbb{R},\ \mathcal{U})$의 폐집합(closed)이다. 이제 $A$가 유계(bounded)임을 보이자.
$\mathbb{C} = \{(-x,\ x) \mid x \in \mathbb{R}^+\}$라 하면, $\mathbb{C}$는 $A$의 개피복(open cover)이다. $A$가 콤팩트(compact)이므로, $\mathbb{C}$는 유한 부분피복(finite subcover)

$$\mathbb{C}' = \{(-x_i,\ x_i) \mid i = 1,\ 2,\ \cdots,\ n\}$$

을 가진다. 이때, $y = \max\{x_i \mid i = 1,\ \ldots,\ n\}$라 하면 $A \subseteq [-y,\ y]$이다. 따라서 $A$는 유계(bounded)이다.

### 정리 6.1.23

$X$가 콤팩트 위상공간(compact topological space)이고, $A$가 $X$의 무한부분집합(infinite subset)이면, $A$는 적어도 하나의 집적점(limit point)을 가진다.

**증명** $A$의 집적점(limit point)이 없다고 가정하자. 즉, $A' = \varnothing$이라 하자. 그러면 임의의 $x \in X$에 대하여, $x$를 포함하는 개집합(open) $U_x$가 존재하여 $U_x \cap (A - \{x\}) = \varnothing$를 만족한다. 즉, $U_x \cap A \subseteq \{x\}$이다. 이제 $\mathbb{C} = \{U_x \mid x \in X\}$라 하면 $\mathbb{C}$는 $X$의 개피복(open cover)이다. 그런데 $X$가 콤팩트(compact)이므로, $\mathbb{C}$의 유한 부분피복(finite subcover)

$$\{U_{x_i} \mid i = 1,\ 2,\ \cdots,\ n\}$$

가 존재한다. 즉, $A \subseteq X \subseteq \bigcup_{i=1}^{n} U_{x_i}$를 만족한다. 그러면

$$A = X \cap A \subseteq \bigcup_{i=1}^{n} U_{x_i} \cap A$$
$$= \bigcup_{i=1}^{n} (U_{x_i} \cap A) \subseteq \{x_1, x_2, \cdots, x_n\}$$

인데, $A$가 무한(infinite)이므로 이는 모순이다. 그러므로 $A$는 $X$에 적어도 하나의 집적점(limit point)을 포함해야 한다.

※ $X$를 위상공간이라 하자. $X$의 모든 무한부분집합이 적어도 하나의 집적점을 가질 때, $X$를 집적점콤팩트(limit point compact)라 한다.

즉, 정리 6.1.19에 의하여 모든 콤팩트공간은 집적점콤팩트이다.

**정리 6.1.24 The Bolzano-Weierstrass Theorem**

$(\mathbb{R}, \mathcal{U})$의 임의의 유계(bounded)인 무한부분집합(infinite subset) $A$는 적어도 하나의 집적점(limit point)을 가진다.

**증명** $A$가 유계(bounded)이고 무한(infinite)이라고 하자. 그러면 $A$가 유계(bounded)이므로 폐구간(closed interval) $[a, b]$가 존재하여, $A \subseteq [a, b]$를 만족한다. 그런데 $[a, b]$가 콤팩트(compact)이므로, 정리 6.1.19에 의하여, $A$는 적어도 하나의 집적점(limit point)을 가진다.

# 연습문제

**01.** 다음 모임들 중 보통 위상(usual topology)에 대한 $\mathbb{R}$의 개피복(open cover)들은 어느 것인가? 만약 모임이 개피복(open cover)이 아니라면 그 이유를 설명하여라.

(a) $\{(-2n,\ 2n) : n \in \mathbb{N}\}$ (b) $\{\{x\} : x \in \mathbb{R}\}$

(c) $\{(n,\ n+1) : n \in \mathbb{Z}\}$ (d) $\{[n,\ n+1) : n \in \mathbb{Z}\}$

(e) $\{(x,\ +\infty) : x \in \mathbb{R}\}$

**02.** $\mathbb{R}$이 $\mathscr{H}$ 위상(topology)을 가지고, $D = \{[a,\ b) \subseteq \mathbb{R} : b-a \le 4\}$라 하자. 그러면 $D$가 $\mathbb{R}$의 개피복(open cover)임을 보여라. 그리고 다음 모임들 중 $D$의 부분피복(subcover)은 어느 것인가? $D$의 부분피복(subcover)이 아니라면 그 이유를 설명하여라.

(a) $\{[n-1,\ n+1) : n \in \mathbb{Z}\}$ (b) $\{[n,\ n+1) : n \in \mathbb{N}\}$

(c) $\{[x-1,\ x+4) : x \in \mathbb{R}\}$ (d) $\{[x,\ y) : y-x < 1\}$

(e) $\{(-x,\ x) : x \in \mathbb{R}^{+}\}$

**03.** $(X,\ \mathcal{T})$를 위상공간(topological space)이라 하자. $X$가 유한집합이면 $(X,\ \mathcal{T})$는 콤팩트(compact)임을 증명하여라. $X$가 무한집합이지만 $(X,\ \mathcal{T})$는 콤팩트인 위상공간의 예를 들어라.

**04.** $(X,\ \mathcal{T})$를 위상공간(topological space)이라 하자. $\mathcal{T}$가 유한이면 공간 $(X,\ \mathcal{T})$는 콤팩트(compact)임을 증명하여라. $\mathcal{T}$가 무한이지만 $(X,\ \mathcal{T})$는 콤팩트인 위상공간의 예를 들어라.

**05.** $\mathbb{R}$이 위상(topology) $\mathcal{T} = \{U \subseteq \mathbb{R} : U = \mathbb{R} \text{ or } [0, 1] \cap U = \varnothing\}$를 가질 때, 공간 $(\mathbb{R},\ \mathcal{T})$가 콤팩트(compact)임을 증명하여라.

**06.** $A$와 $B$가 위상공간(topological space) $X$의 콤팩트(compact)부분집합이면,

$A \cup B$도 콤팩트임을 보여라. 그리고 콤팩트(compact)집합들의 무한합집합은 콤팩트(compact)가 아닐 수도 있음을 보여주는 예를 들어라.

**07.** $\mathbb{R}$이 보통 위상(usual topology)을 가질 때, 개구간(open interval) $(a, b)$가 콤팩트(compact)가 아님을 보여라.

**08.** 공간 $(\mathbb{R}, \mathscr{C})$는 콤팩트(compact)가 아님을 보여라.

**09.** $\mathbb{R}$이 $\mathscr{C}$ 위상(topology)을 가질 때, $\mathbb{R}$의 부분집합 $A$가 콤팩트(compact)일 필요충분조건은 $A$가 최대 하계(greatest lower bound)를 가지는 것임(즉, $\inf A \in A$)을 증명하여라.

**10.** $(X, \mathscr{T})$가 위상공간(topological space)이고, $A \subseteq B \subseteq X$일 때, $A$가 $\mathscr{T}_B$-콤팩트(compact)이면, $A$는 $\mathscr{T}$-콤팩트(compact)임을 증명하여라.
(이 결과는 Heine-Borel 정리의 증명에 사용되었다.)

**11.** 공간 $(\mathbb{R}, \mathscr{H})$에서, 집적점(limit point)을 갖지 않으면서 유계(bounded)인 무한 부분집합의 예시를 들어라. $(\mathbb{R}, \mathscr{C})$에도 이러한 부분집합이 존재하는가?

**12.** 다음 각 경우의 예를 들어라.

(a) 폐집합(closed)이고 유계(bounded)이지만 콤팩트(compact)는 아닌, $\mathbb{R}$의 부분집합 $A$가 존재하는, $\mathbb{R}$상의 위상(topology) $\mathscr{T}$.

(b) 폐집합(closed)도 아니고 유계(bounded)도 아니지만, 콤팩트(compact)인, $\mathbb{R}$의 부분집합 $A$가 존재하는 $\mathbb{R}$상의 위상(topology) $\varphi$.

**13.** $(X, \mathscr{T})$가 콤팩트(compact) 위상공간(topological space)이고, $\varphi$가 $X$상의 $\mathscr{T}$보다 조잡(coarser)한 위상이면, 공간 $(X, \varphi)$는 콤팩트(compact)임을 증명하여라.

**14.** 집합 $X$가 $\mathcal{I}$가 $\mathcal{T}$보다 섬세(finer)하고, $(X, \mathcal{T})$는 콤팩트(compact)이지만, $(X, \mathcal{I})$는 콤팩트(compact)가 아닌 위상(topology) $\mathcal{T}$와 $\mathcal{I}$를 가질 수 있음을 보여주는 예를 들어라.

**15.** 집합 $X = [-1, 1]$에 다음과 같이 위상 $\mathcal{T}$를 정의하자.

$$\mathcal{T} = \{U \subseteq X \mid 0 \notin U\} \cup \{U \subseteq X \mid (-1, 1) \subseteq U\}$$

(1) $\mathcal{T}$가 실제로 $X$ 위의 위상이 됨을 보여라.

(2) 공간 $(X, \mathcal{T})$가 콤팩트(compact)임을 보여라.

**16.** $\mathcal{T}$를 $\mathbb{R}$상의 여가산위상이라 하자. $(\mathbb{R}, \mathcal{T})$의 부분집합 $A$가 콤팩트일 필요충분조건은 $A$가 유한집합인 것임을 보여라.

**17.** 연습문제 3.1.12에 주어진 공간 $X \times Y$가 콤팩트(compact)임을 보여라.

**18.** $X$를 위상공간이라 하고, $A \subseteq B \subseteq X$라 하자. $A$가 $X$의 부분공간 $B$에서 집적점을 가지면, $A$는 $X$에서도 집적점을 가짐을 보여라.
(이 결과는 Bolzano-Weierstrass 정리의 증명에 사용되었다.)

## 6.2 콤팩트 공간의 성질 (Properties of Compact Spaces)

**정리 6.2.1**

$X$와 $Y$가 위상공간(topological spaces)이고, $A \subseteq X$이라 하자. 함수 $f : X \to Y$가 연속(continuous)이고 $A$가 콤팩트(compact)이면, $f(A)$도 콤팩트(compact)이다.

**증명** $\mathbb{C} = \{U_\alpha \mid \alpha \in \Lambda\}$를 $f(A)$의 개피복(open cover)이라 하자. 그러면,

$$f(A) \subseteq \bigcup_{\alpha \in \Lambda} U_\alpha$$

이다. 그러므로

$$A \subseteq f^{-1}(f(A)) \subseteq f^{-1}(\bigcup_{\alpha \in \Lambda} U_\alpha) = \bigcup_{\alpha \in \Lambda} \left(f^{-1}(U_\alpha)\right)$$

이다. 따라서 $\mathbb{D} = \left\{f^{-1}(U_\alpha) \mid \alpha \in \Lambda\right\}$는 $A$의 피복(cover)이다. 또한 $f$가 연속(continuous)이므로, 각각의 $f^{-1}(U_\alpha)$가 개집합(open)이다. 그러므로 $\mathbb{D}$는 $A$의 개피복(open cover)이다. 그런데 $A$가 콤팩트(compact)이므로 $\mathbb{D}$는 유한 부분피복(finite subcover)

$$\mathbb{D}' = \{f^{-1}(U_{\alpha_i}) \mid i = 1, 2, \cdots, n\}$$

을 가진다. 즉, $A \subseteq \bigcup\{f^{-1}(U_{\alpha_i}) \mid i = 1, 2, \cdots, n\}$이다. 따라서

$$\begin{aligned} f(A) &\subseteq f(\bigcup\{f^{-1}(U_{\alpha_i}) \mid i = 1, 2, \cdots, n\} \\ &= \bigcup\left\{f(f^{-1}(U_{\alpha_i}) \mid i = 1, 2, \cdots, n\right\} \\ &\subseteq \bigcup\{U_{\alpha_i} \mid i = 1, 2, \cdots, n\} \end{aligned}$$

이다. 그러므로 $\{U_{\alpha_i} \mid i = 1, 2, \cdots, n\}$는 $\mathbb{C}$의 유한 부분피복(finite subcover)이다. 따라서 $f(A)$는 콤팩트(compact)이다.

**따름정리 6.2.2**

콤팩트성(compactness)은 위상적 성질(topological property)이다.

**정리 6.2.3**

$X$가 콤팩트(compact) 공간이고 $Y$가 Hausdorff 공간일 때, 함수 $f : X \to Y$가 연속(continuous)이고 전단사(bijective)이면, $f$는 위상동형사상(homeomorphism)이다.

**증명** $f^{-1}$가 연속(continuous)임을 보인다. $A$를 $X$의 폐부분집합(closed subset)이라 하자. $X$가 콤팩트(compact)이므로 정리 6.1.13에 의하여 $A$도 콤팩트(compact)이다. 그러면 정리 6.2.1에 의하여, $(f^{-1})^{-1}(A) = f(A)$는 $Y$의 콤팩트(compact) 부분집합이다. 그런데 $Y$가 Hausdorff이므로 정리 6.1.19에 의해 $f(A)$는 폐집합(closed)이다. 따라서 $f^{-1}$는 연속(continuous)이다.

**정의 6.2.4**

집합 $X$와 함수 $f : X \to \mathbb{R}$에 대하여, $f(X)$가 $\mathbb{R}$의 유계(bounded) 부분집합일 때, 함수 $f$를 **유계(bounded)**라고 한다.

**정리 6.2.5**

$\mathbb{R}$이 보통 위상(usual topology)을 갖고, $X$가 콤팩트 위상공간(compact topological space)일 때, 함수 $f : X \to \mathbb{R}$가 연속(continuous)이면, $f$는 유계(bounded)이다.

**증명** $f$가 연속(continuous)이고, $X$가 콤팩트(compact)이므로, 정리 6.2.1에

의해서 $f(X)$는 $\mathbb{R}$의 콤팩트(compact) 부분집합이다. 따라서 정리 6.1.22에 의해 $f(X)$는 유계(bounded)이고 폐집합(closed)이다. 그러므로 $f$는 유계(bounded)이다.

**정의**

집합 $X$와 함수 $f : X \to \mathbb{R}$에 대하여, $x_1,\ x_2 \in X$가 존재하여, 임의의 $x \in X$에 대하여 $f(x_1) \le f(x) \le f(x_2)$를 만족할 때, 함수 $f$가 최댓값(maximum)과 최솟값(minimum)을 가진다(assume)라고 한다.

**예 6.2.6**

(*) 함수 $f : [-1,\ 1] \to \mathbb{R}$를 $f(x) = x^2$라 정의하면, 임의의 $x \in [-1,\ 1]$에 대하여, $f(0) \le f(x) \le f(1)$이므로, $f$는 최댓값(maximum)과 최솟값(minimum)을 가진다.

(*) 함수 $g : (-1,\ 1) \to \mathbb{R}$를 $g(x) = x^3$라 정의하면, $g((-1,\ 1)) \subseteq [-1,\ 1]$이므로 $g$는 유계(bounded)이다. 그러나 $g$는 최댓값(maximum)과 최솟값(minimum)을 모두 가지지 않는다. 왜냐하면 $[-1,\ 1]$은 콤팩트(compact)인 반면, $(-1,\ 1)$은 콤팩트(compact)가 아니기 때문이다.

**정리 6.2.7**

$X$가 콤팩트 공간(compact space)이고 $\mathbb{R}$이 보통위상(usual topology)을 가질 때, 함수 $f : X \to \mathbb{R}$가 연속(continuous)이면, $f$는 최댓값(maximum)과 최솟값(minimum)을 가진다.

**증명** 정리 6.2.5에 의해, $f(X)$는 $\mathbb{R}$의 유계(bounded)인 부분집합이다. 그러므로 $f(X)$는 최소 상계(least upper bound) $m$과 최대 하계(greatest lower bound) $n$을 가진다. 보조정리 4.1.11과 4.1.12에 의해, $m,\ n$은 $\mathrm{Cl}(f(X))$의 원소이다. 한편 $f(X)$가 $\mathbb{R}$의 콤팩트(compact) 부분집합이므로 Heine-Borel 정리에 의해, $f(X)$는 폐집합(closed)이다. 그러므로

$\text{Cl}(f(X)) = f(X)$이고, $m,\ n \in f(X)$이다. 따라서 $x_1,\ x_2 \in X$가 존재하여, $m = f(x_1)$, $n = f(x_2)$를 만족한다. 그러므로 임의의 $x \in X$에 대하여, $f(x_2) \le f(x) \le f(x_1)$이다.

**정의 6.2.8**

공간 $(\mathbb{R},\ \mathcal{U})$에서 $A \subseteq \mathbb{R}$일 때, 함수 $f : A \to \mathbb{R}$가 임의의 $\epsilon > 0$에 대하여, $\delta > 0$가 존재하여, 임의의 $x,\ y \in A$에 대하여

$$|x - y| < \delta \Rightarrow |f(x) - f(y)| < \epsilon$$

를 만족하면, $f$를 **평등 연속(uniformly continuous)**한다고 한다.

**정리 6.2.9**

공간 $(\mathbb{R},\ \mathcal{U})$에서, $A$가 $\mathbb{R}$의 콤팩트(compact) 부분집합이고, 함수 $f : A \to \mathbb{R}$가 연속(continuous)이면, $f$는 평등 연속(uniformly continuous)이다.

**증명** $\epsilon > 0$이라 하자. 임의의 $x \in A$에 대하여, $f$가 $x$에서 연속이므로 $\delta_x > 0$가 존재하여, 임의의 $y \in A$에 대하여,

$$|x - y| < \delta_x \Rightarrow |f(x) - f(y)| < \frac{\epsilon}{2}$$

를 만족한다. 각각의 $x \in A$에 대하여, $U_x = (x - \frac{1}{2}\delta_x,\ x + \frac{1}{2}\delta_x)$라 놓으면 $\{U_x \mid x \in A\}$는 $A$의 개피복(open cover)이다. 그런데 $A$가 콤팩트(compact)이므로 $A$는 유한 부분피복 $\left\{U_{x_i} \mid 1 \le i \le n\right\}$을 가진다. $\delta = \min\{\frac{1}{2}\delta_{x_1},\ \frac{1}{2}\delta_{x_2},\ \cdots,\ \frac{1}{2}\delta_{x_n}\}$라 하고, $x,\ y \in A$, $|x - y| < \delta$라 하자. 그러면 $x \in A \subseteq \bigcup_{i=1}^{n} U_{x_i}$이므로 $x \in U_{x_i}$인 $i \in \{1,\ \ldots,\ n\}$가 존재한다. 즉, $x \in U_{x_i} = (x_i - \frac{1}{2}\delta_{x_i},\ x_i + \frac{1}{2}\delta_{x_i})$이므로 $|x_i - x| < \frac{1}{2}\delta_{x_i}$이다.

그러면 삼각부등식에 의하여

$$|x_i - y| = |(x_i - x) + (x - y)| \le |x_i - x| + |x - y|$$
$$< \frac{1}{2}\delta_{x_i} + \delta \le \frac{1}{2}\delta_{x_i} + \frac{1}{2}\delta_{x_i} = \delta_{x_i}$$

즉, $|x_i - y| < \delta_{x_i}$이다. 그러므로 $|f(x_i) - f(y)| < \frac{\epsilon}{2}$이다.

또한 $|x_i - x| < \frac{1}{2}\delta_{x_i}$이므로, $|f(x_i) - f(x)| < \frac{\epsilon}{2}$이다. 다시 삼각부등식에 의하여

$$|f(x) - f(y)| = |(f(x) - f(x_i)) + (f(x_i) - f(y))|$$
$$\le |f(x) - f(x_i)| + |f(x_i) - f(y)| < \frac{\epsilon}{2} + \frac{\epsilon}{2} = \epsilon$$

이다. 따라서 $f$는 평등 연속(uniformly continuous)이다.

### 보조정리 6.2.10

$X$를 위상공간이라 하고, $\beta$를 $X$를 생성하는 기저라고 하자. $X$가 콤팩트(compact)일 필요충분조건은 기저 개집합(basic open set)들로 구성된 임의의 $X$의 피복(cover)이 유한 부분피복(finite subcover)을 가지는 것이다.

### 정리 6.2.11

$X$, $Y$가 위상공간들(topological spaces)일 때, 적공간(product space) $X \times Y$가 콤팩트(compact)일 필요충분조건은 $X$와 $Y$가 모두 콤팩트(compact)인 것이다.

**증명** ($\Rightarrow$) $X \times Y$가 콤팩트(compact)라 가정하자.
$P_1 : X \times Y \to X$와 $P_2 : X \times Y \to Y$가 연속(continuous)이므로 정리 6.2.1에 의해

$$P_1(X \times Y) = X\text{와 } P_2(X \times Y) = Y$$

는 콤팩트(compact)이다.

($\Leftarrow$) $X$와 $Y$가 모두 콤팩트(compact)라고 가정하자. $\mathbb{C}$를 기저 개집합으로 이루어진 $X \times Y$의 임의의 피복(cover)이라고 하자. 그리고 $x \in X$라 하자. 그러면 각각의 $y \in Y$에 대하여 $(x, y) \in X \times Y$이므로 $U_y \times V_y \in \mathbb{C}$가 존재하여 $(x, y) \in U_y \times V_y$를 만족한다. 이때, $\{V_y \mid y \in Y\}$는 $Y$의 개피복(open cover)이다. $Y$가 콤팩트(compact)이므로 $\{V_y \mid y \in Y\}$는 유한 부분피복(finite subcover) $\{V_{y_j} \mid 1 \le j \le m\}$을 가진다. 이제 $U_x = \bigcap_{j=1}^{n} U_{y_j}$라 하자. 그러면 $U_x$는 개집합이므로 $\{U_x \mid x \in X\}$는 $X$의 개피복이다. 그런데 $X$가 콤팩트(compact)이므로 $\{U_x \mid x \in X\}$는 유한 부분피복(finite subcover) $\{U_{x_i} \mid 1 \le i \le n\}$을 갖는다. 따라서 $\{U_{x_i} \times V_{y_j} \mid 1 \le i \le n,\ 1 \le j \le m\}$는 $\mathbb{C}$의 유한 부분피복(finite subcover)이다. 그러므로 $X \times Y$는 콤팩트(compact)이다.

**따름정리 6.2.12**

$X_1,\ X_2,\ \cdots,\ X_n$가 위상공간들(topological spaces)일 때, 적공간(product space) $X_1 \times X_2 \times \cdots \times X_n$가 콤팩트(compact)일 필요충분조건은 각각의 $i \in \{1,\ 2,\ \cdots,\ n\}$에 대하여 $X_i$가 콤팩트(compact)인 것이다.

**정리 6.2.13 The Tychonoff Theorem**

$\{X_\alpha \mid \alpha \in \Lambda\}$가 위상공간들(topological spaces)의 모임(collection)일 때, 적공간 $\prod\{X_\alpha \mid \alpha \in \Lambda\}$가 콤팩트(compact)일 필요충분조건은 임의의 $\alpha \in \Lambda$에 대하여 $X_\alpha$가 콤팩트(compact)인 것이다.

**정의 6.2.14**

집합 $X$의 부분집합들의 모임 $\varphi$의 임의의 유한 부분모임(finite subcollection)의 교집합이 공집합이 아닐 때, 즉 $\varphi$의 임의의 유한부분집합 $A$에 대하여 $\bigcap_{U \in A} U \neq \varnothing$일 때, $\varphi$는 **유한 교집합 성질(finite intersection property)**을 가진다고 한다.

**예 6.2.15**

개구간(open interval)들의 모임 $\left\{(0, \frac{1}{n}) \mid n \in \mathbb{N}\right\}$는 유한 교집합 성질(finite intersection property)을 가진다.

**정리 6.2.16**

위상공간(topological space) $X$가 콤팩트(compact)일 필요충분조건은 $\varphi = \{U_\alpha \mid \alpha \in \Lambda\}$가 유한 교집합 성질(finite intersection property)을 가지는 $X$의 폐부분집합(closed subset)들의 모임이면 $\bigcap_{\alpha \in \Lambda} U_\alpha \neq \varnothing$인 것이다.

**증명** $(\Rightarrow)$ $X$가 콤팩트(compact)라고 가정하자.

$\varphi = \{U_\alpha \mid \alpha \in \Lambda\}$를 유한 교집합 성질(finite intersection property)을 가지는, $X$의 폐부분집합(closed subset)들의 모임이라 하자. 그리고 $\bigcap_{\alpha \in \Lambda} U_\alpha = \varnothing$라고 가정하자. 그러면

$$X = X - \varnothing = X - \bigcap_{\alpha \in \Lambda} U_\alpha = \bigcup_{\alpha \in \Lambda} (X - U_\alpha)$$

이므로, $\mathbb{C} = \{X - U_\alpha \mid \alpha \in \Lambda\}$는 $X$의 개피복(open cover)이다. 그런데 $X$가 콤팩트(compact)이므로 $\mathbb{C}$의 유한 부분피복(finite subcover)

$$\{X - U_{\alpha_i} \mid i = 1, 2, \cdots, n\}$$

가 존재한다. 따라서

$$X = \bigcup\{X - U_{\alpha_i} \mid i = 1, 2, \cdots, n\} = X - \bigcap\{U_{\alpha_i} \mid i = 1, \cdots, n\}$$

이다. 즉, $\bigcap\{U_{\alpha_i} \mid i=1, 2, \cdots, n\} = \varnothing$ 이다. 그러나 이는 $\varphi$가 유한 교집합 성질을 가진다는 것에 모순이다. 따라서 $\bigcap_{\alpha \in \Lambda} U_\alpha \neq \varnothing$ 이다.

(⇐) $X$가 콤팩트(compact)가 아니라고 가정하자. 그러면 어떤 $X$의 개피복(open cover) $\{U_\alpha \mid \alpha \in \Lambda\}$가 존재하여 유한 부분피복(finite subcover)를 갖지 않는다. 즉, 임의의 유한집합 $A \subset \Lambda$에 대하여 $\bigcup_{\alpha \in A} U_\alpha \subsetneq X$이므로 $\bigcap_{\alpha \in A}(X - U_\alpha) = X - \bigcup_{\alpha \in A} U_\alpha \neq \varnothing$ 이다. 따라서 $\{X - U_\alpha \mid \alpha \in \Lambda\}$는 유한 교집합 성질을 가지는 $X$의 폐부분집합들의 모임이다. 그러나 $\bigcap_{\alpha \in \Lambda}(X - U_\alpha) = X - \bigcup_{\alpha \in \Lambda} U_\alpha = \varnothing$ 이므로 가정에 모순이다. 그러므로 $X$는 콤팩트(compact)이다.

**예 6.2.17**

$\varphi = \{[a, +\infty) \mid a \in \mathbb{R}^+\}$는 유한 교집합 성질(finite intersection property)을 가지는, $(\mathbb{R}, \mathcal{U})$의 폐부분집합들(closed subsets)의 모임이다. 그러나 $\varphi$는 공집합인 교집합(empty intersection)을 가진다. $\left(\bigcap_{a=1}^{\infty} [a, \infty) = \varnothing\right)$

그러므로 정리 6.2.16에 의해 $(\mathbb{R}, \mathcal{U})$는 콤팩트(compact)가 아니다.

**정의 6.2.18**

집합들의 수열(sequence) $\{U_n \mid n \in \mathbb{N}\}$이 임의의 $n \in \mathbb{N}$에 대하여, $U_{n+1} \subseteq U_n$를 만족할 때, 이 수열을 **축소 수열(nested sequence)**이라고 한다.

**정리 6.2.19 Cantor's Intersection Theorem**

$\varphi = \{U_n \mid n \in \mathbb{N}\}$가 폐집합(closed)이고, 유계(bounded)이며, $(\mathbb{R}, \mathcal{U})$의 공집합이 아닌 부분집합들의 축소 수열(sequence)이면, $\varphi$는 공집합이 아닌 교집합(non-empty intersection)을 가진다.

## 연습문제

**01.** $\mathbb{R}$이 보통위상(usual topology)을 가지고, $f : \mathbb{R} \to \mathbb{R}$가 연속(continuous) 함수일 때, 만약 $A$가 폐집합(closed)이고 유계(bounded)인, $\mathbb{R}$의 부분집합이면, $f(A)$ 또한 폐집합(closed)이고 유계(bounded)임을 증명하여라.

**02.** $X$, $Y$를 위상공간(topological space), $A \subseteq X$이라 하자. 함수 $f : X \to Y$가 개사상(open)이고 $\mathbb{C} = \{U_\alpha : \alpha \in \Lambda\}$가 $A$의 개피복(open cover)이면, $\{f(U_\alpha) : \alpha \in \Lambda\}$는 $f(A)$의 개피복(open cover)임을 증명하여라.

**03.** $X$, $Y$를 위상공간(topological space)이라 하자. 함수 $f : X \to Y$가 단사, 개사상이고, $B$가 $Y$의 콤팩트(compact) 부분집합이면, $f^{-1}(B)$는 $X$의 콤팩트(compact) 부분집합임을 증명하여라.

**04.** $X$, $Y$를 위상공간(topological space)이라 하자. 그리고 함수 $f : X \to Y$가 전단사함수이고 역함수 $f^{-1}$가 연속(continuous)이라 하자. $X$가 Hausdorff이고, $Y$가 콤팩트(compact)이면, $f$는 위상동형사상(homeomorphism)임을 증명하여라.

**05.** $X$를 콤팩트(compact) 위상공간(topological space), $Y$가 Hausdorff 위상공간(topological space)이라 하자. 함수 $f : X \to Y$가 연속(continuous)이면, $Y$의 임의의 콤팩트(compact) 부분집합의 역상이 $X$의 콤팩트(compact) 부분집합이 됨을 보여라.

**06.** $X$와 $Y$가 위상공간(topological space)이고, $x \in X$일 때, $Y$가 콤팩트(compact)이면, $\{x\} \times Y$가 적공간(product space) $X \times Y$의 콤팩트(compact) 부분집합임을 증명하여라.

**07.** 다음 집합들이 각각 $\mathcal{U}$-상대 위상(relative topology)을 가질 때, 콤팩트(compact)

인 것은 어느 것인가?

(a) $[0, 1] \times [0, 100]$ (b) $(0, 1) \times [1, 2]$

(c) $\{0\} \times ([1, 2] \bigcup [5, 8])$ (d) $\{0, 1, 2\} \times \{3, 4, 5\}$

(e) $[0, +\infty) \times [1, 2]$

**08.** 위상공간 $X$가 Hausdorff일 때, 임의의 콤팩트집합 $A \subseteq X$와 임의의 $x \in X-A$에 대하여 다음 조건을 만족하는 개집합 $U, V \subseteq X$가 존재함을 증명하여라.

$$x \in U,\ A \subseteq V,\ U \cap V = \varnothing$$

**09.** 함수 $f : \mathbb{R} \to [0, 1)$을 $f(x) = x - [x]$로 정의하고, 집합 $[0, 1)$ 위의 위상 $\mathcal{T}$를 $\mathcal{T} = \{G \subseteq [0, 1) \mid f^{-1}(G) \in \mathcal{U}\}$로 정의하자.

(1) $\mathcal{T}$가 실제로 $[0, 1)$ 위의 위상이 됨을 보여라.

(2) $([0, 1), \mathcal{T})$가 콤팩트(compact)임을 보여라.

**10.** 보조정리 6.2.10을 증명하여라.

**11.** 정리 6.2.19를 증명하여라.

**12.** $A = \{(x, 0) \in \mathbb{R}^2 \mid x \in \mathbb{R}\}$라 하고 $q = (0, 1) \in \mathbb{R}^2$라 하자. $X = A \cup \{q\}$라 하고, $X$ 위의 위상 $\mathcal{T}$를 $\mathcal{T} = P(A) \cup \{U \subseteq X \mid q \in U,\ A - U : finite\}$로 정의하자.

(1) $\mathcal{T}$가 실제로 $X$ 위의 위상이 됨을 보여라.

(2) $(X, \mathcal{T})$가 콤팩트임을 보여라.

(3) $(X, \mathcal{T})$가 정규임을 보여라.

(4) $(X, \mathcal{T})$는 가산 조밀부분집합을 갖지 않음을 보여라.

**13.** $X = \mathbb{N} \cup \{-1, -2, -3\}$이라 하고,

$$\beta = P(N) \cup \{\mathbb{N} \cup \{-1\} - F \mid F\text{는 } \mathbb{N}\text{의 유한부분집합}\} \cup \{\{-2, -3\}\}$$

를 기저로 하는 $X$ 위의 위상을 $\mathcal{T}$라 하자.

(1) $\beta$가 실제로 $X$ 위의 위상의 기저가 됨을 보여라.

(2) $\mathbb{N} \subsetneq A \subsetneq X$, $A \neq \mathbb{N} \cup \{-1\}$이고 $(A, \mathcal{T}_A)$가 콤팩트인 집합 $A$를 모두 구하고 그 이유를 설명하여라.

(3) $\mathbb{N} \subsetneq B \subsetneq X$이고 $(B, T_B)$가 콤팩트가 아닌 집합 $B$를 모두 구하고 그 이유를 설명하여라.

**14.** $(\mathbb{R}, \mathcal{U})$의 부분공간 $[0, 1] \cap \mathbb{Q}$은 콤팩트가 아님을 보여라.

**15.** 다음과 같이 주어진 $(\mathbb{R}, \mathcal{H})$의 부분공간들이 각각 콤팩트인지 아닌지를 판별하고 그 이유를 설명하여라.

(1) $[0, 1)$

(2) $[0, 1]$

(3) $\{0\} \cup \left\{ \frac{1}{n} \mid n \in \mathbb{N} \right\}$

(4) $\{0\} \cup \left\{ -\frac{1}{n} \mid n \in \mathbb{N} \right\}$

**16.** 임의의 집합 $X$에 대하여 여유한공간 $(X, \mathcal{T}_f)$는 콤팩트임을 보여라.

**17.** 공간 $(\mathbb{R}, \mathcal{C})$에서 $\mathbb{N}$은 콤팩트이지만 폐포 $\overline{\mathbb{N}}$는 콤팩트가 아님을 보여라.

**18.** $X$가 콤팩트 Hausdorff 공간일 때, 함수 $f : X \to X$가 연속이면 $f(A) = A$를 만족하는 공집합이 아닌 $X$의 폐부분집합 $A$가 존재함을 증명하여라.

**19.** $X$를 임의의 집합이라 하고, $(X, \mathcal{T}_c)$를 여가산공간이라 하자. $(\mathbb{R}, \mathcal{U})$에서 $(X, \mathcal{T}_c)$로의 연속함수는 상수함수뿐임을 보여라.

**20.** $X$를 콤팩트 Hausdorff 공간이라 하자. $X' = X$이면 $X$는 비가산집합임을 증명하여라.

**21.** (Tube Lemma) $X$를 위상공간, $Y$를 콤팩트공간이라 하자. 그리고 $x_0 \in X$라 하자. $W$가 $\{x_0\} \times Y \subseteq W \subseteq X \times Y$를 만족하는 적공간 $X \times Y$의 개부분집합이면 $\{x_0\} \times Y \subseteq U \times Y \subseteq W$을 만족하는 $X$의 개부분집합 $U$가 존재함을 증명하여라.

**22.** 위상공간 $X$가 콤팩트(compact)일 필요충분조건은 $\varphi = \{U_\alpha \mid \alpha \in \Lambda\}$가 유한 교집합 성질(finite intersection property)을 가지는 $X$의 부분집합들의 모임이면 $\bigcap_{\alpha \in \Lambda} \overline{U_\alpha} \neq \varnothing$인 것임을 증명하여라.

**23.** $(A, \varphi)$를 Hausdorff이지만 콤팩트는 아닌 위상공간이라 하고, $X$를 $A$를 포함하는 집합이라 하자. (즉, $A$는 $X$의 부분집합이다.) 이제 $\mathcal{T}$를 다음과 같이 정의하자 :

$$\mathcal{T} = \varphi \cup \{X - F : F\text{는 } (A, \varphi)\text{의 콤팩트 부분집합}\}$$

(1) $\mathcal{T}$가 집합 $X$상의 위상이 됨을 보여라.

(2) 집합 $A$는 공간 $(X, \mathcal{T})$의 조밀부분집합임을 보여라.

(3) $Y$를 Hausdorff 공간이라 하자. 함수 $f : (X, \mathcal{T}) \to Y$가 연속이고, 제한함수 $f|_A : (A, \varphi) \to Y$가 상수함수이면 $f$도 상수함수임을 보여라.

**24.** $X$를 콤팩트 Hausdorff 공간이라 하고, $Y$를 위상공간이라 하자. 전사이고 연속인 폐사상 $f : X \to Y$가 존재하면 $Y$도 콤팩트 Hausdorff 공간임을 보여라.

**25.** $X$, $Y$를 위상공간이라 하고, $A$와 $B$를 각각 $X$와 $Y$의 콤팩트 부분집합이라 하자. $W$가 $A \times B$를 포함하는 적공간 $X \times Y$의 개부분집합이면 $X$의 개부분집합 $U$와 $Y$의 개부분집합 $V$가 존재하여 $A \times B \subseteq U \times V \subseteq W$를 만족함을 증명하여라.

**26.** $X$, $Y$를 위상공간이라 하자. 함수 $f : X \to Y$가 전사, 연속, 폐사상이고 임의

의 $y \in Y$에 대하여 집합 $f^{-1}(\{y\})$가 $X$의 콤팩트 부분집합일 때 함수 $f$를 완전사상(perfect map)이라 부른다. 이 경우에, $K$가 $Y$의 콤팩트 부분집합이면 $f^{-1}(K)$는 $X$의 콤팩트 부분집합임을 보여라.

**27.** 예 5.3.3에 주어진 Fort 공간이 콤팩트임을 보여라.

**28.** $\mathcal{T}$를 $\mathbb{R}$상의 여유한위상이라 하고, $A = [0,\ 1] \cup [2,\ 3)$, $B = \{3,\ 4,\ 5\}$라 하자. 그리고 $X = A \cup B$라 하자.

(a) $\mathcal{T}_A \cup \mathcal{T}_B$가 집합 $X$상의 위상의 기저가 됨을 보여라.

(b) $\mathcal{T}_A \cup \mathcal{T}_B$가 생성하는 $X$상의 위상을 $\varphi$라 하자. 위상공간 $(X,\ \varphi)$에서 집합 $C = \left\{3 - \dfrac{1}{n} : n \in \mathbb{N}\right\} \cup \{3\}$의 경계를 구하여라.

(c) $(X,\ \varphi)$가 콤팩트 공간임을 보여라.

# 7.

# 거리공간

Metric Spaces

# 7.1 거리 위상(The Metric Topology)

**정의 7.1.1**

$X$를 집합이라 하자. 함수(function) $d : X \times X \to \mathbb{R}$가 다음과 같은 성질을 만족할 때, $d$를 $X$ 상의 **거리(metric)**라고 한다.

(a) 임의의 $x,\ y \in X$에 대하여, $d(x,\ y) \geq 0$이다.
(b) $d(x,\ y) = 0$일 필요충분조건은 $x = y$인 것이다.
(c) 임의의 $x,\ y \in X$에 대하여, $d(x,\ y) = d(y,\ x)$이다.
(d) 임의의 $x,\ y,\ z \in X$에 대하여, $d(x,\ y) \leq d(x,\ z) + d(z,\ y)$이다.

* $d$가 $X$ 상의 거리(metric)일 때, 순서쌍 $(X,\ d)$을 **거리공간(metric space)**이라고 한다.

**예 7.1.2**

$d : \mathbb{R} \times \mathbb{R} \to \mathbb{R}$를 $d(x,\ y) = |x-y|$로 정의하면, $(\mathbb{R},\ d)$는 거리공간(metric space)이다.

**예 7.1.3**

$X\,(\neq \varnothing)$가 집합일 때,

$$d(x,\ y) = \begin{cases} 1 & : x \neq y \\ 0 & : x = y \end{cases}$$

로 정의된 함수(function) $d : X \times X \to \mathbb{R}$는 $X$상의 거리(metric)이다. 그리고 $d$를 이산 거리(discrete metric)라고 부른다. 왜냐하면 $d$에 의해 유도된 $X$상의 위상(topology)이 이산위상(discrete topology)이 되기 때문이다.

「$(\because)$(a) 임의의 $x,\ y \in X$에 대하여, $d(x,\ y) = 1$ 또는 $d(x,\ y) = 0$이므로, $d(x,\ y) \geq 0$이다.

(b) $d$ 의 정의에 의해, $x = y \Leftrightarrow d(x,\ y) = 0$.

(c) 임의의 $x,\ y \in X$에 대하여,

(i) $d(x,\ y) = 1$

$\Rightarrow\ x \neq y$

$\Rightarrow\ y \neq x$

$\Rightarrow\ d(y,\ x) = 1$

이므로 $d(x,\ y) = d(y,\ x)$이다.

(ii) $d(x,\ y) = 0$

$\Rightarrow\ x = y$

$\Rightarrow\ y = x$

$\Rightarrow\ d(y,\ x) = 0$

이므로 $d(x,\ y) = d(y,\ x)$이다.

(d) 임의의 $x,\ y,\ z \in X$에 대하여,

(i) $x = z,\ y \neq z$

$d(x,\ z) = 0,\ d(x,\ y) = 1,\ d(y,\ z) = 1$

$\Rightarrow\ d(x,\ z) = 0\ \leq\ 1 + 1 = d(x,\ y) + d(y,\ z)$

(ii) $x = y,\ y \neq z$

$d(x,\ z) = 1,\ d(x,\ y) = 0,\ d(y,\ z) = 1$

$\Rightarrow\ d(x,\ z) = 1\ \leq\ 0 + 1 = d(x,\ y) + d(y,\ z)$

(iii) $x \neq y,\ y = z$

$d(x,\ z) = 1,\ d(x,\ y) = 1,\ d(y,\ z) = 0$

$\Rightarrow\ d(x,\ z) = 1\ \leq\ 1 + 0 = d(x,\ y) + d(y,\ z)$

(iv) $x = y = z$

$d(x,\ z) = 0,\ d(x,\ y) = 0,\ d(y,\ z) = 0$

$\Rightarrow\ d(x,\ z) = 0\ \leq\ 0 + 0 = d(x,\ y) + d(y,\ z)$

그러므로 $d(x,\ z) \leq d(x,\ y) + d(y,\ z)$이다.」

**예 7.1.4**

다음 함수 $d : \mathbb{R}^2 \times \mathbb{R}^2 \to \mathbb{R}$들은 $\mathbb{R}^2$상의 거리(metric)이다.

(a) $d_1((x_1, y_1), (x_2, y_2)) = \sqrt{(x_1 - x_2)^2 + (y_1 - y_2)^2}$

(b) $d_2((x_1, y_1), (x_2, y_2)) = |x_1 - x_2| + |y_1 - y_2|$

(c) $d_3((x_1, y_1), (x_2, y_2)) = \max\{|x_1 - x_2|, |y_1 - y_2|\}$

**정의 7.1.5**

$(X, d)$가 거리공간(metric space)이라 하고, $y \in X$, $r > 0$이라 하자. 이때 집합 $B_r(y) = \{x \in X \mid d(x,y) < r\}$를 중심(center)이 $y$이고 반경(radius)이 $r$인 **열린 공(open ball)**이라 하고, $B_r^d(y)$라고 표기한다.

(혼동의 여지가 없는 경우에는 $B_r(y)$라고도 표기한다.)

**예 7.1.6**

(1) 예 7.1.4에 주어진 거리(metric) $d_1$에 대하여, $B_1((0, 0))$은 반지름이 1이고 중심이 원점인 열린 원판(open disk)이다(그림 7.1.1).

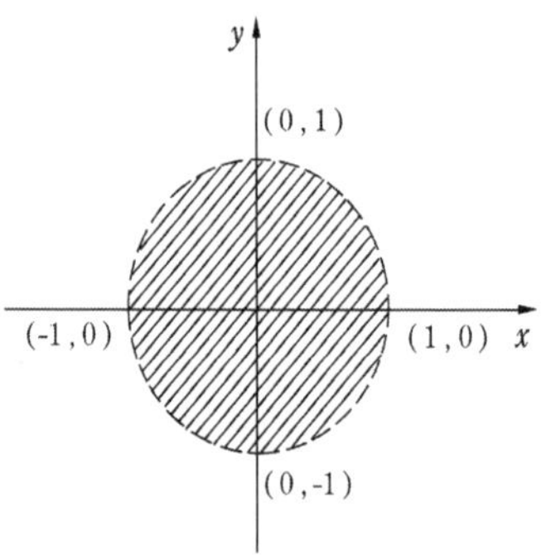


그림 7.1.1

(2) 예 7.1.4에 주어진 거리(metric) $d_2$에 대하여, $B_1((0, 0))$은 중심(center)이 원점인 열린(open) 다이아몬드(diamond) 형태이다(그림 7.1.2).

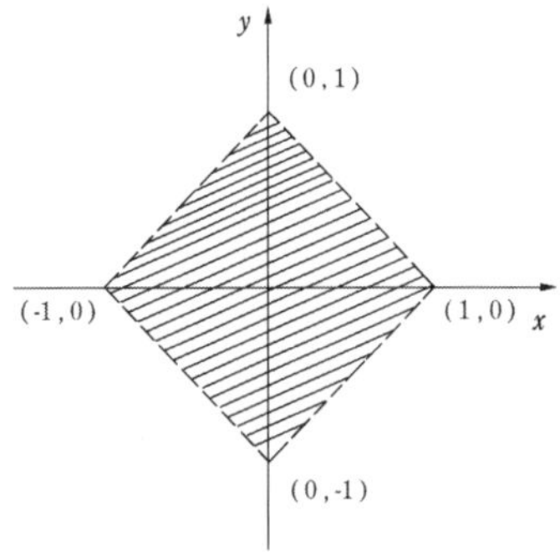


**그림 7.1.21**

(3) 예 7.1.4에 주어진 거리(metric) $d_3$에 대하여, $B_1((0,\ 0))$은 중심(center)이 원점이고, $x$-축(axis), $y$-축(axis)에 각각 평행한 변들로 이루어진 정사각형(square) 형태이다(그림 7.1.3).

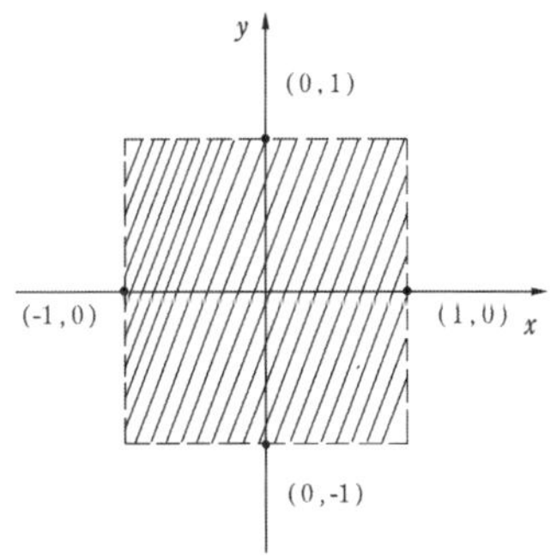


**그림 7.1.3**

**정리 7.1.7**

$(X,\ d)$가 거리공간(metric space)일 때, 모임 $\beta = \{B_r(y) \mid y \in X, r > 0\}$는 $X$상의 위상(topology)의 기저(base)이다.

**증명** (정리 1.4.7)

( i ) 임의의 $y \in X$와 임의의 $r > 0$에 대하여, $y \in B_r(y)$이므로,

$$X = \bigcup B_r(y) \mid y \in X,\ r > 0$$

이다.

( ii ) $B_{r_1}(y_1)$, $B_{r_2}(y_2)$를 열린 공들(open balls)이라 하자. 그리고 $x \in B_{r_1}(y_1) \cap B_{r_2}(y_2)$라 하자(그림 7.1.4).

그리고 $r_3 = \min r_1 - d(y_1,\ x),\ r_2 - d(y_2,\ x)$라 하자.

$x \in B_{r_1}(y_1)$이므로 $d(x,\ y_1) < r_1$, 즉 $r_1 - d(x,\ y_1) > 0$이고, $x \in B_{r_2}(y_2)$이므로

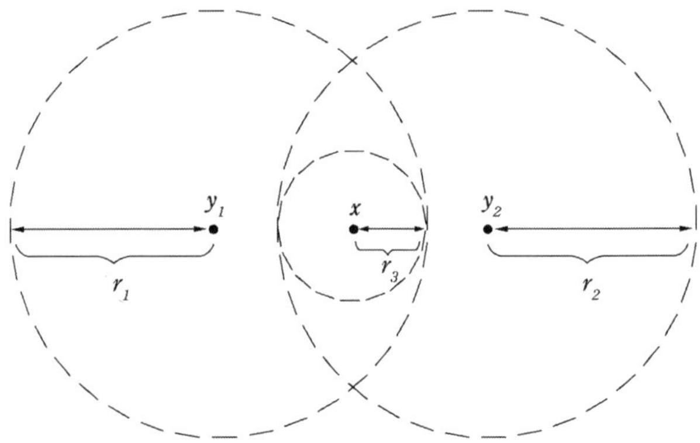


**그림 7.1.4**

$d(x,\ y_2) < r_2$, 즉 $r_2 - d(x,\ y_2) > 0$이다. 따라서 $r_3 > 0$이다. 그리고 $d(x,\ x) = 0 < r_3$이므로 $x \in B_{r_3}(x)$이다. 또한 임의의 $z \in B_{r_3}(x)$에 대하여, 삼각부등식에 의해

$$\begin{aligned} d(y_1,\ z) &\le d(y_1,\ x) + d(x,\ z) < d(y_1,\ x) + r_3 \\ &\le d(y_1,\ x) + r_1 - d(y_1,\ x) = r_1 \end{aligned}$$

이고 비슷하게 $d(y_2,\ z) < r_2$이다. 즉, $z \in B_{r_1}(y_1) \cap B_{r_2}(y_2)$이다. 따

라서 $B_{r_3}(x) \subseteq B_{r_1}(y_1) \cap B_{r_2}(y_2)$이다.

그러므로 ( i ), ( ii )에 의해, $\beta$는 $X$상의 위상(topology)의 기저(base)이다.

**정의 7.1.8**

$(X,\ d)$가 거리공간(metric space)일 때, 정리 7.1.7의 $\beta$로 생성되는 $X$상의 위상(topology)을 거리 $d$에 의해 유도된 $X$상의 **거리 위상(metric topology on $X$ induced by $d$)**이라 하고 $\mathcal{T}_d$로 표기한다.

**주의** 이제 임의의 거리공간(metric space) $(X,\ d)$에 대해서, $d$에 의해 유도된 $X$상의 거리 위상(metric topology)이 주어져 있다고 가정할 것이다.

**정리 7.1.9**

$(X,\ d)$가 거리공간(metric space)이고, $U \subseteq X$일 때, $U$가 거리 위상(metric topology)의 개집합(open)일 필요충분조건은 임의의 $x \in U$에 대하여, 양수 $r > 0$이 존재하여, $B_r(x) \subseteq U$를 만족하는 것이다.

**증명** ($\Leftarrow$) 정리 7.1.7에 의하여 $\{B_r(y) \mid y \in X,\ r > 0\}$은 거리 위상 $\mathcal{T}_d$의 기저이다. 그러므로 정리 1.4.6에 의해 $U$는 $\mathcal{T}_d$에서 개집합(open)이다.

($\Rightarrow$) $U \in \mathcal{T}_d$, $x \in U$라 하자. 정리 1.4.6에 의해 어떤 $B_{r_0}(y) \in \beta$가 존재하여 $x \in B_{r_0}(y) \subseteq U$를 만족한다. 그러면 $d(x,\ y) < r_0$이므로 $r_0 - d(x,\ y) > 0$이다. 따라서 $r = r_0 - d(x,\ y)$라 두면 $r > 0$이다. 이제 $B_r(x) \subseteq B_{r_0}(y)$임을 보이자. $z \in B_r(x)$라 하면 $d(x,\ z) < r$이다. 그러면 삼각부등식에 의해, $d(z,\ y) \leq d(x,\ z) + d(x,\ y) < r_0$가 성립한다. 즉, $z \in B_{r_0}(y)$이다. 따라서 $x \in B_r(x) \subseteq B_{r_0}(y) \subseteq U$이다.

**정리 7.1.10**

$d$를 예 7.1.2에 주어진 $\mathbb{R}$상의 거리라 하자. $d$가 유도하는 $\mathbb{R}$상의 거리 위상은 보통 위상 $\mathcal{U}$이다.

**정리 7.1.11**

예 7.1.4에 주어진 거리들 $d_1, d_2, d_3$ 모두 $\mathbb{R}^2$상의 보통 위상(usual topology)을 유도한다.

**정리 7.1.12**

예 7.1.3의 거리(metric) $d$가 유도하는 거리 위상(metric topology)은 이산위상(discrete topology)이다.

## 연습문제

**01.** 다음 각 함수들이 $\mathbb{R}$상의 거리(metric)가 아닌 이유를 설명하여라.

(a) $d(x, y) = |x+y|$  (b) $d(x, y) = |x| - |y|$

(c) $d(x, y) = ||x| - |y||$  (d) $d(x, y) = x^2 + y^2$

(e) $d(x, y) = x^2 - y^2$  (f) $d(x, y) = |x^2 - y^2|$

**02.** $(X, d)$를 거리공간(metric space)이라 하자. $X$가 유한집합이면 $d$가 유도하는 거리 위상(metric topology)은 이산위상(discrete topology)임을 증명하여라.

**03.** $\mathbb{R}$이 보통위상(usual topology)을 가지고,

$$X = \{f : [0,1] \to \mathbb{R} : f\text{가 연속(continuous)}\}$$

이라 할 때, $d(f, g) = \int_0^1 |f(x) - g(x)|\,dx$로 정의된 함수

$$d : X \times X \to \mathbb{R}$$

가 집합 $X$상의 거리(metric)임을 증명하여라.

**04.** $X$를 문제 3에서 주어진 집합이라 하자. $d : X \times X \to \mathbb{R}$를

$$d(f, g) = \max\{|f(x) - g(x)| : x \in [0, 1]\}$$

라고 정의하자.

(1) $d$가 $X$상의 거리(metric)가 됨을 증명하여라.

(2) 다음의 집합들을 구체적으로 설명하여라.

(a) $B_1(f)(f(x) = 2)$

(b) $B_2(g)(g(x) = x)$

(c) $B_{1/2}(h)(h(x) = x^2)$

**05.** 예 7.1.4에 주어진 거리들이 실제로 $\mathbb{R}^2$상의 거리가 됨을 보여라.

**06.** 정리 7.1.10을 증명하여라.

**07.** 정리 7.1.12를 증명하여라.

**08.** 집합 $X$상의 거리 $d$, $e$에 대하여 $\mathcal{T}_d \subseteq \mathcal{T}_e$일 필요충분조건은 임의의 $x \in X$와 임의의 $r > 0$에 대하여 $B_\epsilon^e(x) \subseteq B_r^d(x)$인 $\epsilon > 0$이 존재하는 것임을 보여라.

**09.** $d$, $e$를 집합 $X$상의 거리라고 하자. 임의의 $x$, $y \in X$에 대하여 $d(x, y) \leq k \cdot e(x, y)$인 양수 $k$가 존재하면 $\mathcal{T}_d \subseteq \mathcal{T}_e$임을 보여라.

**10.** 연습문제 8과 9를 이용하여 정리 7.1.11을 증명하여라.
(다른 방법을 이용해도 좋다.)

**11.** 임의의 집합 $X$에 대하여 함수 $d : X \times X \to \mathbb{R}$이 다음 조건을 만족하면 $d$는 $X$상의 거리가 됨을 보여라.
$(a)$ $d(x, y) = 0$일 필요충분조건은 $x = y$인 것이다.
$(b)$ 임의의 $x$, $y$, $z \in X$에 대하여, $d(x, y) \leq d(z, x) + d(z, y)$이다.

# 7.2 거리공간들의 성질(Properties of Metric Spaces)

**정의 7.2.1**

모든 거리공간(metric space)은 Hausdorff 공간이다.

**증명** $(X, d)$를 거리공간(metric space)이라 하자. 임의의 $x$, $y\,(x \neq y) \in X$에 대하여, $x \neq y$이므로 $d(x, y) > 0$이다. $r = \dfrac{d(x,y)}{2}$이라 하자. $B_r(x) \cap B_r(y) = \varnothing$ 임을 보이기 위해 $z \in B_r(x) \cap B_r(y)$이라고 가정하자. 그러면 삼각 부등식에 의해,

$$d(x, y) \leq d(x, z) + d(z, y) < 2r = d(x, y)$$

가 되어 모순이다. 따라서 $B_r(x) \cap B_r(y) = \varnothing$ 이다. 즉, $X$는 Hausdorff 이다.

**정리 7.2.2**

모든 거리공간(metric space)은 정규(normal)이다.

**증명** $(X, d)$를 거리공간(metric space)이라 하고, $F_1$, $F_2$를 $X$의 서로소인 폐부분집합(closed subsets)이라 하자. 각각의 $x \in F_1$에 대하여, $x \notin F_2 = \overline{F_2}$이므로 열린 공(open ball) $B_{r_x}(x)$가 존재하여, $B_{r_x}(x) \cap F_2 = \varnothing$를 만족한다. 비슷하게, 각각의 $y \in F_2$에 대하여, $y \notin F_1 = \overline{F_1}$이므로 열린 공(open ball) $B_{r_y}(y)$가 존재하여, $B_{r_y}(y) \cap F_1 = \varnothing$를 만족한다. 이제

$$U = \bigcup \left\{ B_{\frac{r_x}{2}}(x) \,|\, x \in F_1 \right\}, \quad V = \bigcup \left\{ B_{\frac{r_y}{2}}(y) \,|\, y \in F_2 \right\}$$

라 하면, $U$, $V$는 개집합(open)이고, $F_1 \subseteq U$, $F_2 \subseteq V$를 만족한다. 이제 $U \cap V = \varnothing$ 임을 보이기 위해 $z \in U \cap V$라고 가정하자. 그러면 $z \in U$이

므로 $x \in F_1$가 존재하여, $z \in B_{\frac{r_x}{2}}(x)$를 만족하고, 따라서 $d(x,z) < \frac{r_x}{2}$이다. 또한 $z \in V$이므로 $y \in F_2$가 존재하여, $z \in B_{\frac{r_y}{2}}(y)$를 만족하고, 따라서, $d(z,\ y) < \frac{r_y}{2}$이다. 그러면 삼각 부등식에 의하여

$$d(x,\ y) \le d(x,\ z) + d(z,\ y) < \frac{r_x}{2} + \frac{r_y}{2}$$

이다. 한편, $r_x \le r_y$ 또는 $r_y \le r_x$이다.

(i) $r_x \le r_y$인 경우

$d(x,y) < \frac{r_y}{2} + \frac{r_y}{2} = r_y$이므로, $x \in B_{r_y}(y)$인데 이는 모순이다.

($\because$ $B_{r_y}(y) \cap F_1 = \varnothing$, $x \in F_1$)

(ii) $r_y \le r_x$인 경우

$d(x,y) < \frac{r_x}{2} + \frac{r_x}{2} = r_x$이므로, $y \in B_{r_x}(x)$인데 이는 모순이다.

($\because$ $B_{r_x}(x) \cap F_2 = \varnothing$, $y \in F_2$)

그러므로 $U \cap V = \varnothing$이다. 즉, $X$는 정규(normal)이다.

### 따름정리 7.2.3

모든 거리공간(metric space)은 $T_4$-공간(space)이다.

(그러므로, 또한 $T_3$-공간(space)이다.)

### 따름정리 7.2.4

모든 거리공간(metric space)은 정칙(regular)이다.

### 정리 7.2.5

모든 거리공간(metric space)은 제1가산공간(first countable space)이다(연습문제 7.2.3 참고).

**정리 7.2.6**

$(X,\ d)$, $(Y,\ e)$가 거리공간들(metric spaces)일 때, 함수 $f : X \to Y$가 연속(continuous)일 필요충분조건은 임의의 $x \in X$와 임의의 $\epsilon > 0$에 대하여, $\delta > 0$가 존재하여, $d(x,\ y) < \delta$이면 $e(f(x),\ f(y)) < \epsilon$인 것이다.

**증명** ($\Rightarrow$) $f : X \to Y$가 연속(continuous)이라고 가정하자. 그리고 $x \in X$라 하자. $\epsilon > 0$이라 하면, $B_\epsilon^e(f(x))$가 $Y$의 개부분집합(open subset)이므로, $f^{-1}(B_\epsilon^e(f(x))$는 $X$의 개부분집합(open subset)이다. 그리고 $x \in f^{-1}(B_\epsilon^e(f(x))$이므로, $\delta > 0$가 존재하여,

$$B_\delta^d(x) \subseteq f^{-1}(B_\epsilon^e(f(x)))$$

를 만족한다. 그러면

$$f(B_\delta^d(x)) \subseteq f(f^{-1}(B_\epsilon^e(f(x)) \subseteq B_\epsilon^e(f(x))$$

이다. 이제 만약 $d(x,\ y) < \delta$이면, $y \in B_\delta^d(x)$이다. 그러면 $f(y) \in f(B_\delta^d(x)) \subset B_\epsilon^e(f(x))$이므로, $f(y) \in B_\epsilon^e(f(x))$이다. 그러므로 $d(x,\ y) < \delta$이면, $e(f(x),\ f(y)) < \epsilon$이다.

($\Leftarrow$) $U$를 $Y$의 개부분집합(open subset)이라 하고 $x \in f^{-1}(U)$라고 하자. 그러면 $f(x) \in U$이다. $U$가 개집합(open)이므로, 정리 7.1.9에 의해서 $\epsilon > 0$가 존재하여, $B_\epsilon^e(f(x)) \subseteq U$를 만족한다. 가정에 의해, $\delta > 0$가 존재하여, $d(x,y) < \delta \Rightarrow e(f(x),\ f(y)) < \epsilon$를 만족한다. 즉, $y \in B_\delta^d(x)$이면 $f(y) \in B_\epsilon^e(f(x)) \subseteq U$이므로 $y \in f^{-1}(U)$이다. 따라서 $B_\delta^d(x) \subseteq f^{-1}(U)$이고, $B_\delta^d(x)$는 $X$의 개부분집합(open subset)이다. 그러므로 $f^{-1}(U)$는 $X$의 개집합(open)이다. 즉, $f$는 연속이다.

**정의 7.2.7**

$(X, d)$, $(Y, e)$가 거리공간(metric spaces)일 때, 함수 $f : X \to Y$가 **평등 연속(uniformly continuous)**이라는 것은, 임의의 $\epsilon > 0$에 대하여, $\delta > 0$가 존재하여, 임의의 $x_1, x_2 \in X$에 대하여, $d(x_1, x_2) < \delta$이면 $e(f(x_1), f(x_2)) < \epsilon$인 것이다.

**정리 7.2.8**

$(X, d)$, $(Y, e)$가 거리공간(metric spaces)이고, $f : X \to Y$가 연속함수(continuous function)일 때, $X$가 콤팩트(compact)이면, $f$는 평등 연속(uniformly continuous)이다.

**증명** $\epsilon > 0$가 주어졌다고 하자. $f$가 연속(continuous)이므로, 각각의 $x \in X$에 대하여, $\delta_x > 0$가 존재하여,

$$d(x, y) < \delta_x \Rightarrow e(f(x), f(y)) < \frac{\epsilon}{2}$$

를 만족한다. 그러면 $\left\{B^d_{\frac{\delta_x}{2}}(x) \mid x \in X\right\}$는 $X$의 개피복(open cover)인데 $X$가 콤팩트(compact)이므로, 유한 부분피복(finite subcover)

$$\left\{B^d_{\frac{\delta_{x_i}}{2}}(x_i) \mid i = 1, \cdots, n\right\}$$

를 갖는다. 이제 $\delta = \min\left\{\frac{\delta_{x_i}}{2} \mid 1 \le i \le n\right\}$라 하자. $x, y \in X$이고, $d(x, y) < \delta$이라 하면, $i \in \{1, 2, \cdots, n\}$가 존재하여, $x \in B^d_{\frac{\delta_{x_i}}{2}}(x_i)$를 만족한다. 즉, $d(x_i, x) < \frac{\delta_{x_i}}{2} < \delta_{x_i}$이므로, $e(f(x_i), f(x)) < \frac{\epsilon}{2}$이다. 그리고 삼각부등식에 의해

$$d(x_i, y) \le d(x, x_i) + d(x, y) < \frac{\delta_{x_i}}{2} + \delta \le \frac{\delta_{x_i}}{2} + \frac{\delta_{x_i}}{2} = \delta_{x_i}$$

이므로 $e(f(x_i),\ f(y)) < \frac{\epsilon}{2}$이다. 다시 삼각부등식에 의해

$$e(f(x),\ f(y)) \le e(f(x),\ f(x_i)) + e(f(x_i),\ f(y)) < \frac{\epsilon}{2} + \frac{\epsilon}{2} = \epsilon$$

이다. 즉, $e(f(x),\ f(y)) < \epsilon$이다.

**정의 7.2.9**

거리공간(metric space) $(X,\ d)$의 부분집합 $A$가 $x \in X$와 $r > 0$이 존재하여, $A \subseteq B_r(x)$를 만족할 때, $A$를 **유계(bounded)**라고 한다.

**정리 7.2.10**

$(X,\ d)$가 거리공간(metric space)일 때, $A$가 $X$의 콤팩트(compact)부분집합이면, $A$는 폐집합(closed)이고 유계(bounded)이다. 이 정리의 역은 성립하지 않는다.

**증명** $A$를 $X$의 콤팩트(compact)부분집합이라 하자. 정리 7.2.1에 의하여 $X$가 Hausdorff이므로, 정리 6.1.19에 의해 $A$는 폐집합(closed)이다. $A$가 유계(bounded)임을 보이자. 한 점 $x \in A$을 고정하자. 그러면 $\{B_r(x) \mid r > 0\}$는 $A$의 개피복(open cover)이다.

「∵ $y \in A$라 하자. 만약 $x = y$이면 $y \in B_r(y)$이다. $x \neq y$이면
$r_1 = d(x,\ y) > 0$이다. 그러면 $r > r_1$이 존재하여
$y \in B_r(x) \subseteq \bigcup_{r>0} B_r(x)$를 만족하므로 $A \subseteq \bigcup_{r>0} B_r(x)$이다. 」

$A$가 $X$의 콤팩트(compact)부분집합이므로, $\{B_r(x) \mid r > 0\}$는 유한 부분피복(finite subcover)

$$B_{r_i}(x) \mid i = 1,\ 2,\ \cdots,\ n$$

을 가진다. $r_0 = \max r_1,\ r_2,\ \cdots,\ r_n$라 하면, $A \subseteq B_{r_0}(x)$이다. 그러므로 $A$는 유계(bounded)이다.

**예 7.2.11**

$\mathbb{R}$상의 이산거리(discrete metric) $d$를 고려하자.

$$d(x,y)=\begin{cases}1, & x\neq y\\ 0, & x=y\end{cases}$$

$d$가 유도하는 거리위상(metric topology)이 이산위상(discrete topology)이므로 집합 $[0,\ 1]$은 폐집합(closed)이고, 유계(bounded)이다. 하지만 콤팩트(compact)는 아니다. 즉, 정리 7.2.10의 역은 거리공간(metric space)에서는 일반적으로 성립하지 않는다.

**주의** 예 7.2.11은 Bolzano-Weierstrass 정리가 일반적으로 거리공간(metric space)에서 성립하지 않음을 보여준다. 왜냐하면 $[0,\ 1]$는 유계(bounded)이 고 무한(infinite)집합이지만 집적점(limit point)를 가지지 않기 때문이다.

**정의 7.2.12**

위상공간(topological space) $(X,\ T)$에서 $X$상의 거리(metric) $d$가 존재하여 $d$가 유도하는 거리 위상(metric topology)이 $\mathcal{T}$와 같아질 때 (즉, $\mathcal{T}_d=\mathcal{T}$), $(X,\ \mathcal{T})$를 **거리화가능(metrizable)**이라 한다.

**예 7.2.13**

$(X,\ \mathcal{T})$가 이산공간이 아니고 $X$가 유한집합이면 $(X,\ \mathcal{T})$는 거리화가능(metrizable)이 아니다.

**정리 7.2.14**

거리화가능성(metrizablity)은 위상적 성질(topological property)이다.

**증명** $(X,\ \mathcal{T})$, $(Y,\ \varphi)$을 서로 위상동형인 위상공간들(homeomorphic topological spaces)이라 하고, $(X,\ \mathcal{T})$를 거리화가능(metrizable)이라 가정하자. 그러면 $X$상의 거리 $d$가 존재하여 $\mathcal{T}=\mathcal{T}_d$를 만족한다. 그리고 $X$와 $Y$가 위상

동형이므로 위상동형사상(homeomorphism) $f : X \to Y$가 존재한다. 이제 $e : Y \times Y \to \mathbb{R}$를 $e(x, y) = d(f^{-1}(x), f^{-1}(y))$라고 정의하면, $e$는 $Y$상의 거리(metric)이다(연습문제 16).
이제 $\mathcal{T} = \mathcal{T}_e$임을 보이자.

(⊆) $U \in \mathcal{T}$, $y \in U$라 하자. 그러면 $f^{-1}(U)$가 $X$의 개부분집합(open subset)이고, $f^{-1}(y) \in f^{-1}(U)$이므로 $r > 0$이 존재하여, $B_r^d(f^{-1}(y)) \subseteq f^{-1}(U)$를 만족한다. 이제 $B_r^e(y) \subseteq U$임을 보이자.

「$z \in B_r^e(y) \Rightarrow e(y, z) < r$

$\Rightarrow d(f^{-1}(y), f^{-1}(z)) < r$

$\Rightarrow f^{-1}(z) \in B_r^d(f^{-1}(y)) \subseteq f^{-1}(U)$

$\Rightarrow z \in U$」

그러므로 $B_r^e(y) \subseteq U$이다. 따라서 $U \in \mathcal{T}_e$이다.

(⊇) $V \in \mathcal{T}_e$라 하자. $V \in \mathcal{T}$임을 보이기 위해, $f^{-1}(V)$가 $X$의 개부분집합(open subset)인을 보이면 충분하다.

$x \in f^{-1}(V)$이라 하자. 그러면 $f(x) \in V$이다. 그런데 $V \in \mathcal{T}_e$이므로 $r > 0$이 존재하여, $B_r^e(f(x)) \subseteq V$를 만족한다. 이제 $B_r^d(x) \subseteq f^{-1}(V)$임을 보이자.

「$w \in B_r^d(x) \Rightarrow d(x, w) < r$

$\Rightarrow d(f^{-1}(f(x)), f^{-1}(f(w))) < r$

$\Rightarrow e(f(x), f(w)) < r$

$\Rightarrow f(w) \in B_r^e(f(x)) \subseteq V$

$\Rightarrow w \in f^{-1}(V)$」

그러므로 $B_r^d(x) \subseteq f^{-1}(V)$이다. 따라서 $f^{-1}(V)$는 $\mathcal{I}$-개집합(open)이고, $f(f^{-1}(V)) = V$는 $\mathcal{T}$-개집합(open)이다. 따라서 $\mathcal{T}_e \subseteq \mathcal{T}$이다.

그러므로 $\mathcal{T}_e = \mathcal{T}$이고 $(Y, \mathcal{T})$는 거리화가능이다.

### 정리 7.2.15

$(X, \mathcal{T})$가 거리화가능(metrizable)공간이고 $A \subseteq X$이면, 부분공간 $(A, \mathcal{T}_A)$도 거리화가능(metrizable)이다.

### 정리 7.2.16

$X$, $Y$가 공집합이 아닌 위상공간들(topological spaces)일 때, 적공간 $X \times Y$가 거리화가능(metrizable)일 필요충분조건은 $X$, $Y$ 모두 거리화가능(metrizable)인 것이다.

**증명** $(\Leftarrow)$ $X$와 $Y$가 거리화가능(metrizable)이라고 가정하자. 그러면 $X$, $Y$의 위상을 각각 유도하는 $X$상의 거리 $d$와 $Y$상의 거리 $e$가 존재한다. 이제 함수 $m : (X \times Y) \times (X \times Y) \to \mathbb{R}$을

$$m((x, y), (z, w)) = d(x, z) + e(y, w)$$

로 정의하면, $m$은 집합 $X \times Y$상의 거리(metric)이다.
편의상 $X \times Y$상의 적위상(product topology)을 $\mathcal{T}_p$로 표기하고, $m$이 유도하는 $X \times Y$상의 거리 위상(metric topology)을 $\mathcal{T}_m$이라 표기하자. 이제 $\mathcal{T}_p = \mathcal{T}_m$임을 보이자.

$(\subseteq)$ $U \in \mathcal{T}_p$라고 하자. $U \in \mathcal{T}_m$를 보이기 위해, 임의의 $(x, y) \in U$에 대하여 $B_r^m((x, y)) \subseteq U$인 $r > 0$이 존재함을 보이면 된다.

$(x, y) \in U$라 하자. 그러면 열린 공(open ball) $B_a^d(x)$와 $B_b^e(y)$가 존재하여, $(x, y) \in B_a^d(x) \times B_b^e(y) \subseteq U$를 만족한다. $r = \min\{a, b\}$라고 하자. 이제

$$B_r^m(x, y) \subseteq B_a^d(x) \times B_b^e(y)$$

임을 보이자. $(z, w) \in B_r^m((x, y))$라 하면

$$m((x, y), (z, w)) = d(x, z) + e(y, w) < r$$

이다. $r = \min\{a, b\}$이므로 $d(z, x) < a$이고, $e(w, y) < b$이다. 따

라서 $z \in B_a^d(x)$이고 $w \in B_b^e(y)$이므로

$$(z,\ w) \in B_a^d(x) \times B_b^e(y)$$

이다. 그러므로

$$B_r^m((x,\ y)) \subseteq B_a^d(x) \times B_b^e(y) \subseteq U$$

이다. 따라서 $U \in \mathcal{T}_m$이다.

($\supseteq$) $V \in \mathcal{T}_m$이라 하자. $V \in \mathcal{T}_p$를 보이기 위해, 임의의 $(x,\ y) \in V$에 대하여 열린 공(open ball) $B_a^d(x)$와 $B_b^e(y)$가 존재하여, $(x,\ y) \in B_a^d(x) \times B_b^e(y) \subseteq V$를 만족함을 보이면 된다.

$(x,\ y) \in V$라 하자. $V \in \mathcal{T}_m$이므로 $r > 0$이 존재하여, $(x,\ y) \in B_r^m((x,\ y)) \subseteq V$를 만족한다. 이 때,

$$B_{\frac{r}{2}}^d(x) \times B_{\frac{r}{2}}^e(y) \subseteq B_r^m((x,\ y))$$

임을 보이자. $(z,\ w) \in B_{\frac{r}{2}}^d(x) \times B_{\frac{r}{2}}^e(y)$라 하면, $d(x,\ z) < \frac{r}{2}$이고 $e(y,\ w) < \frac{r}{2}$이다. 따라서

$$m((x,\ y),\ (z,\ w)) = d(x,\ z) + e(y,\ w) < \frac{r}{2} + \frac{r}{2} = r$$

이다. 즉, $(z,\ w) \in B_r^m((x,\ y))$이다. 그러므로

$$B_{\frac{r}{2}}^d(x) \times B_{\frac{r}{2}}^e(y) \subseteq B_r^m((x,\ y)) \subseteq V$$

이다. 따라서 $V \in \mathcal{T}_p$이다.

($\Rightarrow$) $X \times Y$가 거리화가능(metrizable)이라고 가정하자. 그리고 한 점 $y_0 \in Y$를 고정하자. 정리 7.2.15에 의해 $X \times \{y_0\}$는 거리화가능이다. 그런데 $X$와 $X \times \{y_0\}$가 위상동형이므로 정리 7.2.14에 의해 $X$도 거리화가능이다. 비슷하게, $Y$도 거리화가능이다.

**따름정리 7.2.17**

$X_1$, $X_2$, $\cdots$, $X_n$이 공집합이 아닌 위상공간들(topological spaces)일 때, 적공간 $X_1 \times X_2 \times \cdots \times X_n$가 거리화가능(metrizable)일 필요충분조건은 각각의 $X_i$가 거리화가능(metrizable)인 것이다.

## 연습문제

**01.** 모든 거리공간(metric space)은 $T_1$-공간임을 직접 증명하여라.

**02.** 모든 거리공간(metric space)은 정칙(regular)임을 직접 증명하여라.

**03.** $(X, \mathcal{T})$를 위상공간이라 하자. 임의의 $x \in X$에 대하여, 다음 조건 ①, ②를 만족하는 가산(countable)집합 $\beta_x$가 존재하면 $X$를 제1가산공간(first countable space)이라 한다. ($\beta_x$를 $x$에서의 가산국소기저(countable local base at $x$)라 한다.)

① 임의의 $B \in \beta_x$는 $x$를 포함하는 개집합이다.

② $x$를 포함하는 임의의 개집합 $U$에 대하여 $x \in B \subseteq U$를 만족하는 $B \in \beta_x$가 존재한다.

위의 정의를 참고하여 정리 7.2.5를 증명하여라.

**04.** $(X, d)$와 $(Y, e)$가 거리공간(metric space)이라 하자. 함수 $f : X \to Y$가 연속(continuous)일 필요충분조건은 임의의 $x \subset X$의 임의의 $\epsilon > 0$에 대하여, $\delta > 0$가 존재하여, $f(B_\delta^d(x)) \subseteq B_\epsilon^e(f(x))$를 만족하는 것임을 증명하여라.

**05.** $(X, d)$가 거리공간(metric space)일 때, $e(x, y) = \min\{1, d(x, y)\}$로 정의된 함수 $e : X \times X \to \mathbb{R}$가 $X$상의 거리(metric)임을 보여라. 거리 $e$를 $d$가 유도하는 표준유계거리(standard bounded metric induced by $d$)이라 부른다.

**06.** 문제 4에서 주어진 거리(metric) $e$에 의해 유도된 거리 위상(metric topology)이 $d$에 의해 유도된 거리 위상(metric topology)과 같음을 보여라.

**07.** $(X, d)$가 거리공간(metric space)이라 하자. $y \in X$이고, $r > 0$일 때, 집합 $\{x \in X : d(x, y) \leq r\}$가 폐집합(closed)임을 보여라. (이 집합을 중심이 $y$이고 반경이 $r$인 닫힌 공(closed ball)이라 부르고, $B_r^-(y)$로 표기한다.)

**08.** 임의의 $x,\ y \in \mathbb{R}$에 대하여 $e(x,\ y) = \min\{1,\ |x-y|\}$로 정의된 $\mathbb{R}$상의 거리(metric) $e$(연습문제 5 참고)에 대하여, $B_1^-(0)$와 $\text{Cl}(B_1(0))$을 각각 구하여라(연습문제 7 참고).

**09.** $d$가 집합 $X$상의 거리(metric)이면 $d : X \times X \to \mathbb{R}$는 연속(continuous)임을 증명하여라. 여기서, $X \times X$는 적공간이고, $\mathbb{R}$은 보통위상을 가진다.

**10.** 거리공간 $(X,\ d)$가 가산 조밀부분집합 $A$를 가지면 $(X,\ d)$는 가산 기저 $\beta$를 가짐을 보여라.

**11.** 거리공간 $(X,\ d)$에서 임의의 $x,\ y \in X$에 대하여, 다음과 같이 $d_1$이 정의되어 있다.

$$d_1(x,\ y) = \frac{d(x,\ y)}{1 + d(x,\ y)}$$

이때, $(X,\ d_1)$은 유계(bounded)인 거리공간(metric space)이 됨을 보여라.

**12.** $\mathbb{R}^2$ 위의 거리 $d$를 $d(\boldsymbol{p},\ \boldsymbol{q}) = \begin{cases} 0, & \boldsymbol{p} = \boldsymbol{q} \\ \max\{\ \|\boldsymbol{p}\|,\ \|\boldsymbol{q}\|\ \}, & \boldsymbol{p} \neq \boldsymbol{q} \end{cases}$로 정의하자. $d$에 의해 유도된 $\mathbb{R}^2$ 위의 위상을 $T_d$라 하자.

(1) $d$가 실제로 $\mathbb{R}^2$ 위의 거리가 됨을 보여라.

(2) $(\mathbb{R}^2,\ T_d)$에서 집합 $A = \{(x, 0) \in \mathbb{R}^2 \mid 0 < x < 1\}$의 폐포를 구하여라.

(3) 집합 $B = \{(0,\ 0)\} \cup \left\{\left(\frac{1}{n},\ 0\right) \mid n \in \mathbb{N}\right\}$이 $(\mathbb{R}^2,\ T_d)$의 콤팩트(compact)부분집합임을 보여라.

(단, $\boldsymbol{p} = (x,\ y)$이면 $\|\boldsymbol{p}\| = \sqrt{x^2 + y^2}$이다.)

**13.** 여유한 공간 $(\mathbb{R},\ \mathcal{T}_f)$는 거리화가능이 아님을 보여라.

**14.** 거리공간의 유한부분집합은 폐집합임을 보여라. 단, 모든 거리공간은 $T_1$-공간이라는 사실을 사용하지 말고 직접 증명하여라.

**15.** $A$를 거리공간 $(X,\ d)$의 유계인 부분집합이라 하자. $A$의 직경(diameter)은 다음과 같이 정의된다.

$$diam(A) = sup\{d(a,\ b) : a,\ b \in A\}$$

특별히, $A = \varnothing$ 이면 $diam(A) = 0$으로 정의된다.

(1) $diam(A \cup B) \neq diam(A) + diam(B)$를 만족하는 예시를 들어라.

(2) $A \subseteq B$이면 $diam(A) \leq diam(B)$임을 보여라.

**16.** 정리 7.2.14의 증명에 주어진 거리 $e$가 실제로 $Y$상의 거리가 됨을 보여라.

**17.** 정리 7.2.15를 증명하여라.

**18.** 정리 7.2.16의 증명에 주어진 거리 $m$이 실제로 $X \times Y$상의 거리가 됨을 보여라.

**19.** 모든 거리공간은 $T_5$-공간(space)임을 증명하여라.

**20.** $(X,\ d)$를 거리공간이라 하자. $(X,\ d)$의 조밀한 유한부분집합이 존재하면 $(X,\ d)$는 콤팩트임을 증명하여라.

**21.** 좌표평면 $\mathbb{R}^2$의 거리함수 $d((x,\ y),\ (a,\ b)) = |x-a| + |y-b|$와 원점 $O$에 대하여, $\mathbb{R}^2$에서 거리함수 $e$를 다음과 같이 정의하자.

$$e(P,\ Q) = \begin{cases} d(O,\ P) + d(O,\ Q), & P \neq Q \\ 0, & P = Q \end{cases}$$

거리공간 $(\mathbb{R}^2,\ e)$에서 두 점 $(1,\ 3)$과 $\left(1,\ \frac{1}{2}\right)$ 사이의 거리를 구하여라. 또한 열린 집합 $\{(x,\ y) \in \mathbb{R}^2 \,|\, e((x,\ y),\ (1,\ 3)) < 9\}$에 속하고 각 좌표가 모두 정수인 원소의 개수를 구하여라.

## 7.3 수열(Sequences)

**정의 7.3.1**

집합 $X$에 대하여, 함수(function) $s : \mathbb{N} \to X$를 $X$에서의 수열(sequence in $X$)이라 말한다. 이때, 각각의 $n \in \mathbb{N}$에 대하여 $s(n)$을 $s_n$으로 표기한다. 그리고 $s_n$을 $s$의 "$n$번째 항(n-th term)"이라 말한다. (수열 $s$를 $(s_n)$ 또는 $\{s_n\}$으로도 표기한다.)

**예 7.3.2**

각각의 $n \in \mathbb{N}$에 대하여 $s_n = \dfrac{1}{n+1}$로 정의된 $s$는 $\mathbb{R}$에서의 수열(sequence)이다.

**정의 7.3.3**

$X$를 위상공간(topological space)이라 하고 $a \in X$이라 하자. $X$에서의 수열(sequence) $s_n$이 $a$를 포함하는 임의의 개집합(open) $U$에 대하여, 어떤 $n_0 \in \mathbb{N}$가 존재하여, $n > n_0$인 임의의 $n$에 대하여 $s_n \in U$를 만족할 때, $s_n$이 $a$로 **수렴(converge)**한다고 말하고, $s_n \to a$로 표기한다. 그리고 수열(sequence) $s_n$이 $a$로 수렴(converge)할 때, $a$를 $s_n$의 **극한(limit)**이라고 한다.

**예 7.3.4**

예 7.3.2의 수열 $s$는 공간(space) $(\mathbb{R}, \mathcal{U})$에서 0으로 수렴(converge)한다.

**예 7.3.5**

$X = (\mathbb{R}, \mathcal{C})$일 때, $X$에서의 수열(sequence) $s$를 $s_n = n$으로 정의하면, $s$는 $\mathbb{R}$의 임의의 점으로 수렴한다. 임의의 $x \in \mathbb{R}$에 대하여, $U$를 $x$를 포함하는 임의의 개집합(open)이라 하자. 그럼 어떤 $a \in \mathbb{R}$가 존재하여 $U = (a, +\infty)$이다. $n_0 > a$을 만족하는 자연수 $n_0$를 택하자. 그러면 $n > n_0$인 임의의 $n$에 대하여 $s_n = n \in U$이다. 따라서 $s_n$은 $x$로 수렴한다.

### 정리 7.3.6

$X$가 위상공간(topological space)이고 $a \in X$일 때, $X$에서의 수열(sequence) $s_n$이 $a$로 수렴하지 않을 필요충분조건은 $a$를 포함하는 개집합(open) $U$가 존재하여, 임의의 $n_0 \in \mathbb{N}$에 대하여, $n > n_0$인 $n \in \mathbb{N}$이 존재하여 $s_n \notin U$인 것이다(정의 7.3.4의 대우).

### 예 7.3.7

$X = (\mathbb{R},\ \mathscr{C})$에서의 수열(sequence) $s$를 $s_n = -n$으로 정의하면, $s$는 $\mathbb{R}$의 어떤 점 $x$로도 수렴하지 않는다.

### 정리 7.3.8

$X$가 Hausdorff 공간(space)이면, $X$에서의 임의의 수열(sequence)은 $X$의 유일한 점으로 수렴(converges)하거나, $X$의 어떤 점으로도 수렴하지 않는다. (극한값이 유일하거나 존재하지 않는다.)

**증명** $X$를 Hausdorff 공간(space)이라 하고, $s$를 $X$의 수열(sequence)이라 하자. 그리고 $s$이 서로 다른 점 $x, y \in X$로 수렴(converges)한다고 가정하자. $X$가 Hausdorff이므로, 서로소인 개집합(open) $U(x)$와 $V(y)$가 존재한다.

$s_n \to x$이므로 $n_1 \in \mathbb{N}$가 존재하여 $n > n_1$인 임의의 $n$에 대하여 $s_n \in U$를 만족하고, $s_n \to y$이므로 $n_2 \in \mathbb{N}$이 존재하여 $n > n_2$인 임의의 $n$에 대하여 $s_n \in V$를 만족한다. $n_0 = \max\{n_1, n_2\}$이라 하면, $n > N$인 임의의 $n$에 대하여 $s_n \in U$이고, $s_n \in V$이다. 그런데 $U, V$는 서로소이므로 이는 모순이다. 그러므로 $s$는 정확히 한 점으로 수렴하거나, $X$의 어떤 점으로도 수렴하지 않는다.

### 따름정리 7.3.9

거리공간(metric space)에서의 임의의 수열(sequence)은 정확히 한 점으로 수렴(converges)하거나, 그 공간의 어떤 점으로도 수렴하지 않는다.

### 정리 7.3.10

$X, Y$ 를 위상공간(topological spaces), $x \in X$이라 하자. 함수 $f : X \rightarrow Y$가 연속(continuous)이고 $X$에서의 수열(sequence) $s$가 $x$로 수렴하면, $Y$에서의 수열 $f \circ s$는 $f(x)$로 수렴한다.

**증명** $U$를 $f(x)$를 포함하는 $Y$의 개부분집합(open subset)이라 하자. 그러면 $f$가 연속(continuous)이므로, $f^{-1}(U)$는 $X$의 개부분집합(open subset)이고, $x \in f^{-1}(U)$이다. 그런데 $s_n \rightarrow x$이므로, $n_0 \in \mathbb{N}$가 존재하여, $n > n_0$인 임의의 $n$에 대하여 $s_n \in f^{-1}(U)$를 만족한다. 그런데 $s_n \in f^{-1}(U)$이면, $f(s_n) \in U$이므로, $f(s_n) \rightarrow f(x)$이다.

### 정리 7.3.11

$X$가 위상공간(topological space), $A \subseteq X$, $x \in X$라 하자. 집합 $A - \{x\}$에 $x$로 수렴(converge)하는 수열이 존재하면 $x$는 $A$의 집적점(limit point)이다. 이 정리의 역은 일반적으로 성립하지 않는다.

**증명** $(s_n)$을 $A - \{x\}$에서의 수열(sequence)이라 하고, $s_n \rightarrow x$라고 가정하자. 그러면 임의의 개집합(open) $U(x)$에 대하여, $n_0 \in \mathbb{N}$가 존재하여 $n > n_0$인 임의의 $n$에 대하여 $s_n \in U$를 만족한다. 따라서 $n > n_0$이면 $s_n \in U \cap (A - \{x\})$이므로 특히 $s_{n_0+1} \in U \cap (A - \{x\})$이다. 즉, $U \cap (A - \{x\}) \neq \varnothing$이다. 그러므로 $x \in A'$이다.

**예 7.3.12**

$\mathcal{T}$를 $\mathbb{R}$상의 여가산위상이라 하자. 한 점 $x \in \mathbb{R}$을 고정하고, $A = \mathbb{R} - \{x\}$라 하자. 그러면 $x$는 $A$의 집적점(limit point)이다.

「$\because$ $x \notin A'$이라고 가정해보자.

$\Rightarrow \exists\ U(x) \in \mathcal{T}\ s.t.\ U \cap (A - \{x\}) = \varnothing$

$\Rightarrow U \cap A = \varnothing$

$\Rightarrow U \subseteq A^c = \{x\}$

$\Rightarrow U = \{x\}$

$\Rightarrow U^c = \mathbb{R} - \{x\}$ : 비가산집합

따라서 모순이다. 그러므로 $x \in A'$이다.」

그러나 $(s_n)$을 $A - \{x\}$에서의 임의의 수열(sequence)이라 하면,

$U = \mathbb{R} - \{s_n \mid n \in \mathbb{N}\}$는 $x$를 포함하는 개집합(open)이다.

($\because$ $\mathbb{R} - U = \{s_n \mid n \in \mathbb{N}\} \sim \mathbb{N}$ : 가산집합)

그런데 임의의 $n \in \mathbb{N}$에 대하여 $s_n \notin U$이므로 $(s_n)$은 $x$로 수렴하지 않는다. 즉, 정리. 7.3.12의 역은 성립하지 않는다.

## 정리 7.3.13

$(X,\ d)$를 거리공간(metric space), $x \in X$이라 하자. $X$에서의 수열(sequence) $(s_n)$이 $x$로 수렴할 필요충분조건은 임의의 $\epsilon > 0$에 대하여, 어떤 $n_0 \in \mathbb{N}$가 존재하여 $n > n_0 \Rightarrow d(s_n,\ x) < \epsilon$를 만족하는 것이다.

**증명** ($\Rightarrow$) $\epsilon > 0$이 주어졌다고 하자.

$s_n \to x$이므로, 어떤 $n_0 \in \mathbb{N}$가 존재하여 $n > n_0 \Rightarrow s_n \in B_\epsilon^d(x)$를 만족한다. 즉, $n > n_0$인 임의의 $n$에 대하여 $d(x,\ s_n) < \epsilon$이다.

($\Leftarrow$) $U$를 $x$를 포함하는 개집합이라 하자. 그러면 어떤 $\epsilon > 0$이 존재하여 $B_\epsilon^d(x) \subseteq U$를 만족한다. 가정에 의해 어떤 $n_0 \in \mathbb{N}$이 존재하여 $n > n_0 \Rightarrow d(s_n,\ x) < \epsilon$를 만족한다. 즉, $n > n_0$인 임의의 $n$에 대하여 $s_n \in B_\epsilon^d(x) \subseteq U$이다. 그러므로 $s_n \to x$이다.

# 연습문제

**01.** $\mathbb{R}$이 위상(topology) C를 가진다고 하자. $s_n = 1/n$로 정의된 $\mathbb{R}$에서의 수열 $s$에 대하여, 임의의 $x \le 0$에 대하여 $s_n \to x$임을 증명하여라.

**02.** $\mathbb{R}$이 위상(topology) C를 가진다고 하자. $\mathbb{R}$에서의 수열(sequence) $s$가 수렴(converge)할 필요충분조건은 집합 $\{s_n : n \in \mathbb{N}\}$가 하계(lower bound)를 가지는 것임을 증명하여라.

**03.** $\mathbb{R}$이 위상(topology) $\mathcal{T} = \{U \subseteq \mathbb{R} : 1 \in U \text{ or } U = \varnothing\}$를 가진다고 하자. $s_n = 1$로 정의된 $\mathbb{R}$에서의 수열(sequence) $s$는 수렴(converge)하는가? 만약 그렇다면 $s$의 극한값을 모두 구하여라.

**04.** $\mathbb{R}$이 위상(topology) $T = \{U \subseteq \mathbb{R} : 1 \notin U \text{or } U = \mathbb{R}\}$를 가진다고 하자. $s_n = 1$로 정의된 $\mathbb{R}$에서의 수열(sequence) $s$는 수렴(converge)하는가? 만약 그렇다면 $s$의 극한값을 모두 구하여라.

**05.** $X$가 비이산공간(indiscrete space)이면, $X$에서의 임의의 수열(sequence)은 $X$의 각 점으로 수렴(converge)함을 보여라.

**06.** $X$가 이산공간(discrete space)일 때, $X$에서의 수열 $s$가 수렴할 필요충분조건은 어떤 $N \in \mathbb{N}$이 존재해서 $n > N$이면 $s_n = s_N$인 것임을 증명하여라.

**07.** $(X, d)$를 거리공간(metric space)이라 하자. $s$가 $X$에서의 수렴(converge)하는 수열(sequence)이면, 집합 $\{s_n : n \in \mathbb{N}\}$는 $X$의 유계(bounded)인 부분집합임을 증명하여라.

**08.** $(X, d)$를 거리공간(metric space), $x \in X$라 하자. $X$에서의 수열(sequence) $s$가 $x$로 수렴(converge)할 필요충분조건은 임의의 $r > 0$에 대하여, $n_0 \in \mathbb{N}$가

존재하여, $n > n_0$이면 $s_n \in B_r(x)$를 만족하는 것임을 증명하여라.

**09.** $X$를 위상공간(topological space), $\beta$를 $X$의 기저, $x \in X$라 하자. $X$에서의 수열(sequence) $s$가 $x$로 수렴(converge)할 필요충분조건은 $x$를 포함하는 임의의 기저 개집합(basic open set) $U$에 대하여, $n_0 \in \mathbb{N}$가 존재하여, $n > n_0$이면 $s_n \in U$를 만족하는 것임을 증명하여라.

**10.** 정수 전체의 집합 $\mathbb{Z}$ 위에 위상 $\mathcal{T}$를 다음과 같이 정의한다.

$$\mathcal{T} = \{U \subseteq \mathbb{Z} \mid U = \varnothing \text{ or } U^C : finite\}$$

이때 서로 다른 정수 $a_n$들로 이루어진 수열 $\{a_n\}$은 위상공간 $(\mathbb{Z},\ T)$에서 각각의 정수 $m$에 수렴함을 보여라.

**11.** $X$가 거리화가능이면 정리 7.3.11의 역이 성립함을 보여라.

**12.** $X$가 거리화가능이면 정리 7.3.12의 역이 성립함을 보여라.

**13.** $X$가 위상공간(topological space)이고, $A \subseteq X$이고, $x \in X$일 때, $A$에 $x$로 수렴(converge)하는 수열이 존재하면 $x \in \overline{A}$임을 보여라. 그리고 $X$가 거리화가능이면 그 역이 성립함을 보여라.

**14.** 예 7.3.5를 증명하여라.

**15.** 예 7.3.8을 증명하여라.

**16.** 집합 $X = \{a,\ b,\ c\}$ 위에 $\beta = \{\{a\},\ \{a,\ b\},\ \{c\}\}$를 기저(base, basis)로 갖는 위상 $\mathcal{T}_\beta$가 있다. 위상공간$(X,\ \mathcal{T}_\beta)$ 위에서 정의된 점렬(점열, sequence of points)

$$x_n = \begin{cases} a & (n\text{은 홀수}) \\ b & (n\text{은 짝수}) \end{cases}$$

의 극한(limit)을 써라.

또한, 위상공간 $(X, \mathcal{T}_\beta)$에서 공집합이 아닌 임의의 서로소인 두 닫힌집합(closed set) $F_1$, $F_2$에 대하여 $F_1 \subset G_1$, $F_2 \subset G_2$, $G_1 \cap G_2 = \varnothing$을 만족하는 열린집합(open set) $G_1$, $G_2$가 존재함을 보여라.

# 7.4 완비 거리공간(Complete Metric Spaces)

**정의 7.4.1**

$(X, d)$가 거리공간(metric space)일 때, $X$에서의 수열(sequence) $(s_n)$이 임의의 $\epsilon > 0$에 대하여, 어떤 $n_0 \in \mathbb{N}$가 존재하여, $m, n > n_0 \Rightarrow d(s_m, s_n) < \epsilon$를 만족하면 $(s_n)$을 **코시 수열(Cauchy sequence)**이라고 한다.

**정리 7.4.2**

$(X, d)$가 거리공간(metric space)일 때, $X$에서의 수렴(convergent)하는 수열(sequence)은 코시 수열(Cauchy sequence)이다.

**증명** $(s_n)$을 $X$에서의 수렴하는 수열(convergent sequence)이라 하자. 그러면 $x \in X$가 존재하여 $s_n \to x$이다. $\epsilon > 0$이 주어졌다고 하자. 정리 7.3.14에 의해 $n_0 \in \mathbb{N}$가 존재하여 $n > n_0 \Rightarrow d(s_n, x) < \frac{\epsilon}{2}$를 만족한다. 이때, $m, n > n_0$이면 삼각 부등식에 의해

$$d(s_m, s_n) \le d(s_m, x) + d(x, s_n) < \frac{\epsilon}{2} + \frac{\epsilon}{2} = \epsilon$$

이다. 그러므로 $(s_n)$은 코시 수열(Cauchy sequence)이다.

**주의** $(\mathbb{R}, \mathcal{U})$의 부분공간 $(0, 1]$에서 $s_n = \frac{1}{n}$로 정의된 수열 $(s_n)$은 코시 수열(Cauchy sequence)이지만 수렴(converge)하지 않는다. 따라서 정리 7.4.2의 역은 성립하지 않는다.

**정의 7.4.3**

거리공간(metric space) $(X, d)$에서의 임의의 코시 수열(Cauchy sequence)이 수렴하면 $(X, d)$를 **완비(complete)**라고 한다.

**정리 7.4.4**

모든 콤팩트 거리공간(compact metric space)은 완비(complete)이다.

**증명** $(X,\ d)$를 콤팩트 거리공간(compact metric space)이라 하자. 그리고 $X$에 수렴하지 않는 코시 수열(Cauchy sequence) $(s_n)$이 존재한다고 가정하자. 그러면 임의의 $x \in X$에 대하여, $s_n \not\to x$이므로, 다음을 만족하는 $r_x > 0$가 존재한다.

'임의의 $n_0 \in \mathbb{N}$에 대하여, $n > n_0$인 $n$이 존재하여 $s_n \notin B_{r_x}(x)$이다.' …(*)

각각의 $x \in X$에 대하여 $U_x = B_{r_x/2}(x)$라 하자. 그러면 $\mathbb{C} = \{U_x \mid x \in X\}$는 $X$의 개피복(open cover)이다. 그런데 $X$가 콤팩트(compact)이므로 $\mathbb{C}$는 유한 부분피복(finite subcover) $\mathbb{C}' = \{U_{x_i} | i = 1,\ 2,\ \cdots\ k\}$를 가진다. $r = \min\{r_{x_i} \mid 1 \le i \le k\}$라 하자. $(s_n)$이 코시 수열(Cauchy sequence)이므로 $n_0 \in \mathbb{N}$가 존재하여 $m,\ n > n_0 \Rightarrow d(s_m,\ s_n) < \dfrac{r}{2}$를 만족한다. 한편 $\mathbb{C}'$이 $X$의 피복이므로, $i \in \{1, 2, \cdots, k\}$가 존재하여 $s_{n_0+1} \in U_{x_i}$를 만족한다. 즉, $d(s_{n_0+1},\ x_i) < \dfrac{r_{x_i}}{2}$이다. 이때, $n > n_0$이면 삼각부등식에 의해,

$$d(s_n,\ x_i) \le d(s_n,\ s_{n_0+1}) + d(s_{n_0+1},\ x_i) < \frac{r}{2} + \frac{r_{x_i}}{2} \le \frac{r_{x_i}}{2} + \frac{r_{x_i}}{2} = r_{x_i}$$

이다. 따라서 $n > n_0 \Rightarrow s_n \in B_{r_{x_i}}(x_i)$이다. 이는 (*)에 모순이다.

**정의 7.4.5**

거리공간(metric space) $(X,\ d)$에서의 수열 $(s_n)$에 대하여, 집합

$$\{s_n \mid n \in \mathbb{N}\}$$

가 $X$의 유계인 부분집합(bounded subset)이면, 수열 $(s_n)$을 **유계(bounded)**라고 한다.

### 보조정리 7.4.6

모든 코시 수열(Cauchy sequence)은 유계(bounded)이다.

**증명** $(X,\ d)$를 거리공간(metric space)이라 하고, $(s_n)$을 $X$의 코시 수열(Cauchy sequence)이라 하자. 그러면 $n_0 \in \mathbb{N}$가 존재하여, $m,\ n > n_0 \Rightarrow d(s_m,\ s_n) < 1$를 만족한다. 특히, $n > n_0 \Rightarrow d(s_{n_0},\ s_n) < 1$가 성립한다. 이때,

$$r = \max\left\{d(s_1,\ s_{n_0}),\ d(s_2,\ s_{n_0}),\ \cdots,\ d(s_{n_0-1},\ s_{n_0}),\ 1\right\}$$

이라고 하자. 그러면 $\{s_n \mid n \in \mathbb{N}\} \subseteq B_r^d(s_{n_0})$이다. 그러므로 $(s_n)$은 유계(bounded)이다.

### 정리 7.4.7

보통 거리공간 $(\mathbb{R},\ d)$는 완비(complete)이다.

**증명** $(s_n)$을 $(\mathbb{R},\ d)$의 코시 수열(Cauchy sequence)이라 하자. 보조정리 7.4.6에 의해 $(s_n)$이 유계(bounded)이므로 $a,\ b \in \mathbb{R}$가 존재하여,

$$\{s_n \mid n \in \mathbb{N}\} \subseteq [a,\ b]$$

를 만족한다. $(s_n)$이 $\mathbb{R}$에서의 코시 수열(Cauchy sequence)이므로 $(s_n)$은 또한 $[a,\ b]$에서의 코시 수열(Cauchy sequence)이다(연습문제 4 참고). 한편, 정리 6.1.12에 의해 $[a,\ b]$는 콤팩트(compact)이다. 따라서 $[a,\ b]$는 정리 7.4.4에 의해 완비(complete)이다. 따라서 $(s_n)$은 $[a,\ b]$에서 수렴(converges)한다. 따라서 $(s_n)$는 $\mathbb{R}$에서 수렴(converges)한다. 그러므로 $(\mathbb{R},\ d)$는 완비(complete)이다.

### 예 7.4.8

보통거리공간(usual metric space) $(\mathbb{R},\ d)$은 완비(complete)이지만 부분공간

$(\mathbb{Q},\ d|_{\mathbb{Q}\times\mathbb{Q}})$는 완비(complete)가 아니다. 만약 수열 $(s_n)$을

$$s_1 = 1,\ s_2 = 1.4,\ s_3 = 1.41,\ s_4 = 1.414,\ \cdots$$

로 정의하면 $(s_n)$은 $\mathbb{Q}$에서의 코시 수열이지만 $\mathbb{Q}$에서 수렴하지 않는다.

## 연습문제

**01.** 다음 중 $(\mathbb{R}, \mathcal{U})$에서 코시 수열(Cauchy sequence)인 것은 어느 것인가?

(a) $s_n = 1-(1/n)$ (b) $s_n = n^2$

(c) $s_n = (n+1)/n$ (d) $s_n = (n^2+1)/n$

(e) $s_n = \cos(n\pi)$

**02.** $\mathcal{U}$-상대 위상(relative topology)을 가지는 다음의 $\mathbb{R}$의 부분집합들 중 완비(complete)인 것은 어느 것인가? 만약 완비(complete)가 아니라면, 그 집합에서 수렴(converge)하지 않는 코시 수열(Cauchy sequence)을 찾아라.

(a) $(0,\ 1)$ (b) $[0,\ 1]$

(c) $[0,\ 1)$ (d) $[0,\ 2] \cup [3,\ 5] \cup \{6\}$

(e) $\mathbb{R}-\{0\}$ (f) $\mathbb{R}$

(g) $\mathbb{Q}$ (h) $\mathbb{Q} \cap [0,\ 4]$

**03.** 완비성(completeness)이 위상적 성질(topological property)이 아님을 보여라. 또한 완비 공간(complete space)의 부분공간(subspace)이 반드시 완비(complete)가 되지는 않음을 보여라.

**04.** $(X,\ d)$를 거리공간(metric space), $A \subseteq X$이라 하자. 거리(metric) $d$를 $A \times A$로 제한한 $d|_{A\times A}$를 $d_A$라 하자. $(X,\ d)$에서의 코시 수열(Cauchy sequence) $(s_n)$에 대하여, $\{s_n : n \in \mathbb{N}\} \subseteq A$이면, $s$는 $(A,\ d_A)$에서의 코시 수열(Cauchy sequence)임을 보여라. (이 결과는 정리 7.4.7의 증명에서 사용되었다.)

**05.** $(X,\ d)$를 콤팩트 거리공간, $(Y,\ e)$를 거리공간이라 하자. 함수 $f : X \to Y$가 연속이고, $s$가 $(X,\ d)$에서의 코시 수열(Cauchy sequence)이면, $Y$에서의 수열 $f \circ s$는 $(Y,\ e)$에서 수렴함을 증명하여라.

**06.** $(X,\ d)$, $(Y,\ e)$를 거리공간(metric spaces)이라 하자. 함수 $f : X \to Y$가 평등

연속(uniformly continuous)이고, $s$가 $X$에서의 코시 수열(Cauchy sequence)이면, $f \circ s$는 $Y$에서의 코시 수열임을 증명하여라.

**07.** $X$가 공집합이 아닌 집합이라 하고, $d$를 $X$상의 이산거리라 하자. 공간 $(X,\ d)$의 코시 수열(Cauchy sequence)들에 대해 설명하고, $(X,\ d)$가 완비(complete)인지 알아보아라.

**08.** 완비 거리공간 $(X,\ d)$에서의 수열 $s$가 코시 수열(Cauchy sequence)일 필요충분조건은 $s$가 수렴하는 수열인 것임을 증명하여라.

**09.** 완비 거리공간 $(X,\ d)$의 부분공간 $(A,\ d_A)$가 완비일 필요충분조건은 $A$가 $X$의 폐부분집합인 것임을 증명하여라.

**10.** 거리공간 $(X,\ d)$에서의 코시 수열 $s$가 수렴하는 부분수열을 가지면 $s$는 수렴하는 수열임을 증명하여라.

**11.** $(X,\ d)$를 거리공간이라 하자. 임의의 $\epsilon > 0$에 대하여, $X$의 유한부분집합 $\{x_1,\ \cdots,\ x_n\}$이 존재하여 $X = \bigcup_{i=1}^{n} B_\epsilon(x_i)$를 만족하면 $X$를 완전유계(totally bounded)라 한다. $(X,\ d)$가 완전유계이면 유계임을 보여라. 그리고 역은 성립하지 않음을 보여라.

**12.** $X$를 집합, $d$를 $X$상의 거리, $e$를 $d$가 유도하는 표준유계거리라고 하자(연습문제 7.2.5 참고). $(X,\ d)$가 완비일 필요충분조건은 $(X,\ e)$가 완비인 것임을 증명하여라.

**13.** $(X,\ d)$를 거리공간이라 하고, $f : X \to X$를 함수라 하자. $0 \le \alpha < 1$인 실수 $\alpha$가 존재하여 임의의 $x,\ y \in X$에 대하여 $d(f(x),\ (y)) \le \alpha d(x,\ y)$를 만족하면 $f$를 $X$ 상의 축약사상(contraction map on $X$)이라 한다.

(1) $f$가 완비 거리공간 $(X,\ d)$상의 축약사상이면 평등연속임을 증명하여라.

(2) (Banach 고정점 정리) $f$가 완비 거리공간 $(X, d)$상의 축약사상이면 유일한 고정점을 가짐을 증명하여라.

(3) $d$를 $\mathbb{R}$상의 보통거리라 하자. $(\mathbb{R}, d)$상의 축약사상의 예시를 하나 들고 고정점을 구해 보아라.

(4) $(X, d)$가 완비라는 조건이 없으면 (2)가 일반적으로 성립하지 않음을 보여라.

# 연습문제 해답

※ 쉽거나 간단한 문제들은 해답을 부분적 혹은 전체적으로 생략하거나 힌트만 제공했다. 또한 어느 정도 방향이 잡히면 어렵지 않다고 생각되는 증명 문제들은 증명을 일부만 제공했다.

## 연습문제 1.1

**1.** (a), (c)만 $\mathbb{R}$상의 위상이 된다.

(d)에서, $(0, \infty) = \bigcup_{n=1}^{\infty} [\frac{1}{n}, \infty) \notin \{U \subseteq \mathbb{R} \mid U = \mathbb{R} \text{ or } U = \varnothing \text{ or } \exists a \in \mathbb{R}$ $s.t.\ U = [a, +\infty)\}$이므로 (d)는 위상이 아니다.

**2.** (c)만 $X$상의 위상이 된다.

**3.** (1) By definition of $\mathcal{T}$, $\varnothing \in \mathcal{T}$.

Since $x_0 \in X$, $X \in \mathcal{T}$.

(2) Suppose that $U_\alpha \in \mathcal{T}$ for all $\alpha \in \Lambda$.

Case 1) $U_\alpha = \varnothing$ for all $\alpha \in \Lambda$, then $\bigcup_{\alpha \in \Lambda} U_\alpha = \varnothing \in \mathcal{T}$.

Case 2) If $U_\beta \neq \varnothing$ for some $\beta \in \Lambda$, then $x_0 \in U_\beta \subseteq \bigcup_{\alpha \in \Lambda} U_\alpha$.

Hence $\bigcup_{\alpha \in \Lambda} U_\alpha \in \mathcal{T}$.

(3) Suppose that $U_i \in \mathcal{T}$ for all $i = 1, ..., n$.

Case 1) If $U_j = \varnothing$ for some $j \in \{1, ..., n\}$, then $\bigcap_{i=1}^{n} U_i = \varnothing \in \mathcal{T}$.

Case 2) If $U_i \neq \varnothing$ for all $i = 1, ..., n$, then $x_0 \in U_i$ for all $i = 1, ..., n$.

$\Rightarrow x_0 \in \bigcap_{i=1}^{n} U_i$.

Hence $\bigcap_{i=1}^{n} U_i \in \mathcal{T}$.

$\therefore$ $T$ is a topology on $X$.

**4.** 3번과 비슷한 방법으로 증명가능하다.

**5.** (a) $\Rightarrow$ (b): Let $\mathcal{T}$ be the discrete topology on $X$, *i.e.*, $\mathcal{T} = P(X)$.

Then for any $x \in X$, $\{x\} \in P(X) = \mathcal{T}$.

(b) $\Rightarrow$ (a): Suppose that $\{x\} \in \mathcal{T}$ for all $x \in X$.

Claim : $\mathcal{T} = P(X)$

($\subseteq$) trivial

($\supseteq$) Let $U \in P(X)$, *i.e.*, $U \subseteq X$.

Then $U = \bigcup_{x \in U} \{x\} \in \mathfrak{T}$.

Hence $\mathfrak{T}$ is the discrete topology on $X$.

**6.** Let $\mathfrak{T}_f$ denote the finite complement topology on $X$.

($\Rightarrow$) Suppose that $X$ is infinite.

Select $x_0 \in X$, and let $U = \{x_0\}$.

Since $U \neq \varnothing$ and $X - U = X - \{x_0\}$ is infinite, $U \notin \mathfrak{T}_f$.

But, $U \in \mathfrak{D}$, a contradiction to $\mathfrak{T}_f = \mathfrak{D}$.

Hence $X$ is finite.

($\Leftarrow$) Suppose that $X$ is finite.

Claim : $\mathfrak{T}_f = \mathfrak{D}$.

($\subseteq$) trivial

($\supseteq$) Let $U \in \mathfrak{D}$.

Then $U \subseteq X$.

Since $X$ is finite, $X - U$ is also finite.

$\Rightarrow U \in \mathfrak{T}_f$.

Hence $\mathfrak{T}_f = \mathfrak{D}$.

**7.** (a) (1) By definition of $\mathfrak{T}$, $\varnothing \in \mathfrak{T}$. (This is a tautology.)

Since $a = a + 0 \cdot 1 \in N_{a,1} \subseteq \mathbb{Z}$ for all $a \in \mathbb{Z}$, $\mathbb{Z} \in \mathfrak{T}$.

(2) Suppose that $U_\alpha \in \mathfrak{T}$ for all $\alpha \in \Lambda$.

Let $a \in \bigcup_{\alpha \in \Lambda} U_\alpha$.

Then $a \in U_\beta$ for some $\beta \in \Lambda$.

$\Rightarrow \exists b > 0$ *s.t.* $a \in N_{a,b} \subseteq U_\beta$.

$\Rightarrow a \in N_{a,b} \subseteq U_\beta \subseteq \bigcup_{\alpha \in \Lambda} U_\alpha$.

Hence $\bigcup_{\alpha \in \Lambda} U_\alpha \in \mathfrak{T}$.

(3) (18번 참고) Suppose that $A, B \in \mathfrak{T}$.

Let $a \in A \cap B$.

Then $a \in A$ and $a \in B$.

$\Rightarrow \exists b_1 > 0$ *s.t.* $a \in N_{a,b_1} \subseteq A$ and $\exists b_2 > 0$ *s.t.* $a \in N_{a,b_2} \subseteq B$.

Let $b = \text{lcm}(b_1, b_2)$.

Then $a \in N_{a,b} = N_{a,b_1} \cap N_{a,b_2} \subseteq A \cap B$. ($N_{a,b} = N_{a,b_1} \cap N_{a,b_2}$임을 직접 확인하여라.)

Hence $A \cap B \in \mathcal{T}$.

$\therefore$ $\mathcal{T}$ is a topology on $\mathbb{Z}$.

(b) Let $U$ be a non-empty open set.

Then $\exists a \in U$.

$\Rightarrow \exists b > 0$ $s.t.$ $a \in N_{a,b} \subseteq U$.

Since the set $N_{a,b}$ is infinite, so is $U$.

(c) (1) Let $x \in N_{a,b}$.

Then $x \in N_{x,b} = N_{a,b}$. ($N_{x,b} = N_{a,b}$임을 직접 확인하여라.)

Hence $N_{a,b} \in \mathcal{T}$.

(2) Claim : $\mathbb{Z} - N_{a,b} = \bigcup_{r=1}^{b-1} N_{a+r,b}$.

($\subseteq$) Let $x \in \mathbb{Z} - N_{a,b}$.

By division, $\exists n, r \in \mathbb{Z}$ $s.t.$ $x - a = nb + r$ with $0 \le r < b$.

If $r = 0$, then $x = a + nb \in N_{a,b}$, a contradiction.

Thus $0 < r < b$, $i.e.$, $1 \le r \le b-1$.

$\Rightarrow x = nb + (a+r) \in N_{a+r,b} \subseteq \bigcup_{r=1}^{b-1} N_{a+r,b}$.

($\supseteq$) Let $x \in \bigcup_{r=1}^{b-1} N_{a+r,b}$.

Then $x \in N_{a+r,b}$ for some $r \in \{1, ..., b-1\}$.

$\Rightarrow x = nb + a + r$ for some $n \in \mathbb{Z}$.

Assume $x \in N_{a,b}$.

Then $x = mb + a$ for some $m \in \mathbb{Z}$.

$\Rightarrow x = nb + a + r = mb + a$.

$\Rightarrow r = (m-n)b$.

$\Rightarrow b$ divides $r$, a contradiction because $r \in \{1, ..., b-1\}$.

Thus, $x \notin N_{a,b}$, $i.e.$, $x \in \mathbb{Z} - N_{a,b}$.

Hence $\mathbb{Z} - N_{a,b} = \bigcup_{r=1}^{b-1} N_{a+r,b}$ is an open set by (1) (union of open sets) and hence $N_{a,b}$ is a closed set.

**8.** (1) By definition of $\mathcal{T}$, $\varnothing \in \mathcal{T}$. (This is a tautology.)

Obviously, $\mathbb{N} \in \mathfrak{I}$.

(2) Suppose that $U_\alpha \in \mathfrak{I}$ for all $\alpha \in \Lambda$.

Let $n \in \bigcup_{\alpha \in \Lambda} U_\alpha$

Then $n \in U_\beta$ for some $\beta \in \Lambda$.

Let $d$ be a divisor of $n$.

$\Rightarrow d \in U_\beta \subseteq \bigcup_{\alpha \in \Lambda} U_\alpha$.

Hence $\bigcup_{\alpha \in \Lambda} U_\alpha \in \mathfrak{I}$.

(3) Suppose that $U_i \in \mathfrak{I}$ for all $i = 1, \ldots, k$.

Let $n \in \bigcap_{i=1}^{k} U_i$.

Then $n \in U_i$ for all $i = 1, \ldots, k$.

Let $d$ be a divisor of $n$.

Then $d \in U_i$ for all $i = 1, \ldots, k$.

$\Rightarrow d \in \bigcap_{i=1}^{k} U_i$.

Hence $\bigcap_{i=1}^{k} U_i \in \mathfrak{I}$.

$\therefore$ $\mathfrak{I}$ is a topology on $\mathbb{N}$.

Note that $\{2\} \notin \mathfrak{I}$, because $2 \in \{2\}$ and 1 is a divisor of 2 but $1 \notin \{2\}$.
Thus, $\mathfrak{I}$ is not the discrete topology on $\mathbb{N}$.

**9.** $\mathcal{I} \subseteq \mathcal{C} \subseteq \mathcal{U} \subseteq \mathcal{H} \subseteq \mathcal{D}$.

1) Trivially, $\mathcal{I} \subseteq \mathcal{C}$ and $\mathcal{H} \subseteq \mathcal{D}$ hold.

2) Let $U \in \mathcal{C}$.

If $U = \varnothing$ or $U = \mathbb{R}$, then $U \in \mathcal{U}$.

Otherwise, $U = (a, \infty)$ for some $a \in \mathbb{R}$.

Then for each $x \in U$, $x \in (a, x+1) \subseteq U$.

Hence $U \in \mathcal{U}$.

3) $\mathcal{U} \subseteq \mathcal{H}$임은 위와 비슷한 방법으로 증명가능하다.

**10.** 1) $\mathcal{U}$가 $\mathbb{R}$상의 위상이 됨은 예 1.1.2와 비슷한 방법으로 증명가능하다.

2)

(1) By definition of $\mathscr{C}$, $\mathbb{R}, \varnothing \in \mathscr{C}$.

(2) Suppose that $U_\alpha \in \mathscr{C}$ for all $\alpha \in \Lambda$.

We may assume that for each $\alpha \in \Lambda$, $U_\alpha = (a_\alpha, \infty)$ for some $a_\alpha \in \mathbb{R}$.

Case 1) The set $A = \{a_\alpha \mid \alpha \in \Lambda\}$ is bounded below.

Then $\bigcup_{\alpha \in \Lambda} U_\alpha = (\inf A, \infty) \in \mathscr{T}$

Case 2) The set $A = \{a_\alpha \mid \alpha \in \Lambda\}$ is unbounded below.

Then $\bigcup_{\alpha \in \Lambda} U_\alpha = \mathbb{R} \in \mathscr{T}$.

(3) Suppose that $U_i \in \mathscr{C}$ for all $i = 1, ..., n$.

We may assume that for each $i$, $U_i = (a_i, \infty)$ for some $a_i \in \mathbb{R}$.

Let $a = \max\{a_1, ..., a_n\}$.

Then $\bigcap_{i=1}^{n} U_i = (a, \infty) \in \mathscr{T}$

**11.** 예 1.1.8과 비슷한 방법으로 증명가능하다.

**12.** $X$가 가산집합인 것이다. (6번과 비슷한 방법으로 증명가능하다.)

**13.** 일반적으로 $\mathscr{T}$가 $X$상의 위상이 되지는 않는다.

Consider $X = \mathbb{N}$.

For each $n \in \mathbb{N}$, let $U_n = \{n\}$.

Then for each $n \in \mathbb{N}$, since $X - U_n = X - \{n\}$ is infinite, $U_n \in \mathscr{T}$

But, $\bigcup_{n=2}^{\infty} U_n = \mathbb{N} - \{1\} \notin \mathscr{T}$.

**14.** (1) Since $\varphi$ is a topology on $Y$, $\varnothing, Y \in \varphi$.

$\Rightarrow \varnothing = f^{-1}(\varnothing),\ X = f^{-1}(Y) \in \mathscr{T}$.

(2) Suppose that $U_\alpha \in T$ for all $\alpha \in \Lambda$.

Then for all $\alpha \in \Lambda$, $U_\alpha = f^{-1}(V_\alpha)$ for some $V_\alpha \in \varphi$.

Since $\varphi$ is a topology, $\bigcup_{\alpha \in \Lambda} V_\alpha \in \varphi$.

$\Rightarrow \bigcup_{\alpha \in \Lambda} U_\alpha = \bigcup_{\alpha \in \Lambda} f^{-1}(V_\alpha) = f^{-1}(\bigcup_{\alpha \in \Lambda} V_\alpha) \in \mathscr{T}$.

(3) Suppose that $U_i \in \mathfrak{I}$ for all $i=1, ..., n$.

Then for all $i$, $U_i = f^{-1}(V_i)$ for some $V_i \in \varphi$.

Since $\varphi$ is a topology, $\bigcap_{i=1}^{n} V_i \in \varphi$.

$\Rightarrow \bigcap_{i=1}^{n} U_i = \bigcap_{i=1}^{n} f^{-1}(V_i) = f^{-1}(\bigcap_{i=1}^{n} V_i) \in \mathfrak{I}$.

Hence $\mathfrak{I}$ is a topology on $X$.

**15.** Let $\mathfrak{I}_f$ denote the finite complement topology on $\mathbb{R}$, and let $U \in \mathfrak{I}_f$.

If $U = \varnothing$ or $U = \mathbb{R}$, then $U \in \mathfrak{U}$.

Otherwise, $\mathbb{R} - U$ is non-empty finite.

So we can write $\mathbb{R} - U = \{x_1, ..., x_n\}$.

We may assume $x_1 < x_2 < ... < x_n$.

Then $U = \mathbb{R} - \{x_1, ..., x_n\} = (-\infty, x_1) \cup (x_1, x_2) \cup ... \cup (x_{n-1}, x_n) \cup (x_n, \infty) \in \mathfrak{U}$.

Hence $\mathfrak{I}_f \subseteq \mathfrak{U}$.

**16.** (1) Since $a \in X = X - \varnothing$, $\varnothing \in \mathfrak{I}$.

Since $X - X = \varnothing$ is finite, $X \in \mathfrak{I}$.

(2) Suppose that $U_\alpha \in \mathfrak{I}$ for all $\alpha \in \Lambda$.

Case 1) If $a \in X - U_\alpha$ for all $\alpha \in \Lambda$, then $a \in \bigcap_{\alpha \in \Lambda} (X - U_\alpha) = X - \bigcup_{\alpha \in \Lambda} U_\alpha$.

$\Rightarrow \bigcup_{\alpha \in \Lambda} U_\alpha \in \mathfrak{I}$.

Case 2) If $a \notin X - U_\beta$ for some $\beta \in \Lambda$, then $X - U_\beta$ is finite.

Since $X - \bigcup_{\alpha \in \Lambda} U_\alpha = \bigcap_{\alpha \in \Lambda} (X - U_\alpha) \subseteq X - U_\beta$, $X - \bigcup_{\alpha \in \Lambda} U_\alpha$ is also finite.

$\Rightarrow \bigcup_{\alpha \in \Lambda} U_\alpha \in \mathfrak{I}$.

(3) Suppose that $U_i \in \mathfrak{I}$ for all $i=1, ..., n$.

Case 1) If $a \in X - U_j$ for some $j \in \{1, ..., n\}$, then $a \in \bigcup_{i=1}^{n} (X - U_i) = X - \bigcap_{i=1}^{n} U_i$.

$\Rightarrow \bigcap_{i=1}^{n} U_i \in \mathfrak{I}$.

Case 2) If $a \notin X - U_i$ for all $i$, then $X - U_i$ is finite for all $i$.

$\Rightarrow \bigcup_{i=1}^{n} (X - U_i) = X - \bigcap_{i=1}^{n} U_i$ is also finite.

$\Rightarrow \bigcap_{i=1}^{n} U_i \in \mathcal{T}$.

Hence $\mathcal{T}$ is a topology on $X$.

**17.** Let $X=\{a, b, c\}$, and let $\mathcal{T}_1=\{X, \varnothing, \{a\}\}$ and $\mathcal{T}_2=\{X, \varnothing, \{b\}\}$.

Then both $\mathcal{T}_1$ and $\mathcal{T}_2$ are topologies on $X$, but their union $\mathcal{T}_1 \cup \mathcal{T}_2$ is not.

**18.** ($\Rightarrow$) Let $A=U_1$ and $B=U_2$.

Since $U_1, U_2 \in \mathcal{T}$, $A \cap B = \bigcap_{i=1}^{2} U_i \in \mathcal{T}$.

($\Leftarrow$) 귀납법으로 증명가능하다.

## 연습문제 1.2

**1.** (a) $\varnothing$, $X$, $\{a, c\}$, $\{c\}$, $\{a\}$

(b) $X$

(c) $\{a\}$

(d) $X$

(e) $\{b\}$, $\{a, b\}$, $\{b, c\}$

**2.** $\{1, 2\}$의 여집합이 개집합임을 보이면 된다.

**3.** Let $A$ be a finite subset of $\mathbb{R}$.

If $A=\varnothing$, then $A$ is obviously closed.

Otherwise, we can write $A=\{x_1, x_2, \dots, x_n\}$.

We may assume that $x_1 < x_2 < \dots < x_n$.

Then $A^c=\mathbb{R}-\{x_1, \dots, x_n\}=(-\infty, x_1)\cup(x_1, x_2)\cup\dots\cup(x_{n-1}, x_n)\cup(x_n, \infty)\in\mathcal{U}$.

Hence $A$ is closed.

**4.** $\overline{[2, 3]}=[2, 3]$

**5.** $\overline{[0, 1)}=[0, 1)$

**6.** $\overline{[1, 2]}=(-\infty, 2]$

**7.** Note that a subset $A$ of $\mathbb{R}$ is closed $\Leftrightarrow$ $\mathbb{R}-A$ is open, *i.e.*, $\mathbb{R}-A \in \mathfrak{T}$

$\Leftrightarrow$ $1 \in \mathbb{R}-A$ or $\mathbb{R}-A=\varnothing$

$\Leftrightarrow$ $1 \notin A$ or $A=\mathbb{R}$.

Thus, $\mathbb{R}$ is the only closed set containing $\{1, 2\}$.

Hence $\overline{\{1, 2\}}=\mathbb{R}$, *i.e.*, $\{1, 2\}$ is dense in $(\mathbb{R}, \mathfrak{T})$.

**8.** Note that a subset $A$ of $\mathbb{R}$ is closed $\Leftrightarrow$ $\mathbb{R}-A$ is open, *i.e.*, $\mathbb{R}-A \in \mathfrak{T}$

$\Leftrightarrow$ $2 \notin \mathbb{R}-A$ or $\mathbb{R}-A=\mathbb{R}$

$\Leftrightarrow$ $2 \in A$ or $A=\varnothing$.

Thus, the smallest closed set containing $\{3\}$ is $\{2, 3\}$.

Hence $\overline{\{3\}}=\{2, 3\}$.

**9.** By Theorem 1.2.15.

**10.** By Theorem 1.2.15.

**11.** Suppose that $A=\overline{A}$.

Since $\overline{A}$ is closed, so is $A$.

**12.** Since $V$ is open, $V^c$ is closed.

Hence $U-V=U\cap V^c$ is closed by Theorem 1.2.7.

Since $U$ is closed, $U^c$ is open.

Hence $V-U=V\cap U^c$ is also open.

**13.** (1) Note that a subset $A$ of $X$ is closed $\Leftrightarrow$ $X-A$ is open

$\Leftrightarrow$ $X-(X-A)$ is finite or $X-A=\varnothing$

$\Leftrightarrow$ $A$ is finite or $A=X$.

Let $B$ be an infinite subset of $X$.

Then $X$ is the only closed set containing $B$.

Hence $\overline{B}=X$, *i.e.*, $B$ is dense in $X$.

(2) (1)과 비슷한 방법으로 증명가능하다.

## 연습문제 1.3

**1.** (a) $\{b, c\}$
(b) $X$
(c) $X$

**2.** (a) $[0, 2]$
(b) $[0, 2]$
(c) $[0, 2]$

**3.** (a) $[0, 1] \cup [2, 3] \cup \{4\}$
(b) $(0, 1) \cup (2, 3)$
(c) $\{0, 1, 2, 3, 4\}$
(d) $(-\infty, 0) \cup (1, 2) \cup (3, 4) \cup (4, \infty)$

**4.** (a) $[0, 1) \cup [2, 3]$
(b) $[0, 1) \cup (2, 3)$
(c) $\{2, 3\}$
(d) $(-\infty, 0) \cup [1, 2) \cup (3, \infty)$

**5.** (a) $\mathbb{R}$
(b) $(2, \infty)$
(c) $(-\infty, 2]$
(d) $\varnothing$

**6.** (a) $X$
(b) $A$
(c) $\{b\}$
(d) $\varnothing$

**7.** (a) $A$
(b) $\varnothing$
(c) $A$
(d) $\mathbb{R} - A$

**8.** 정리 1.3.17과 정리 1.3.18에 의해 성립한다.

**9.** ($\subseteq$) Since $(\text{Int}(A) \cup \text{Bd}(A))^c = \text{Ext}(A) = \text{Int}(X-A)$ is an open set,
$\text{Int}(A) \cup \text{Bd}(A)$ is a closed set.
Also, since $\text{Int}(A^c) \subseteq A^c$, $A = (A^c)^c \subseteq \text{Int}(A^c) = \text{Int}(A) \cup \text{Bd}(A)$.
Thus, $\text{Int}(A) \cup \text{Bd}(A)$ is a closed set containing $A$.
Hence $\overline{A} \subseteq \text{Int}(A) \cup \text{Bd}(A)$ by definition of $\overline{A}$.
($\supseteq$) Since $\text{Int}(A) \subseteq A \subseteq \overline{A}$, it suffices to show that $\text{Bd}(A) \subseteq \overline{A}$.
Let $x \in \text{Bd}(A)$ and let $U$ be an open set containing $A$.
Since $x \in \text{Bd}(A)$, $U \cap A \neq \varnothing$ and $U \cap (X-A) \neq \varnothing$.
In particular, $U \cap A \neq \varnothing$.
Hence $x \in \overline{A}$ by Theorem 1.3.10.

**10.** 연습문제 9와 정리 1.3.23에 의해 성립한다.

**11.** $(0, 2)$, 아니다.

**12.** $[0, 1]$, 아니다.

**13.** ($\subseteq$) trivial
($\supseteq$) Let $x \in \mathbb{R}$ and let $U \in T_f$ *s.t.* $x \in U$.
Then $\mathbb{R} - U$ is finite.
$\Rightarrow (\mathbb{R} - U) \cup \{x\}$ is finite.
$\Rightarrow \mathbb{N} \not\subseteq (\mathbb{R} - U) \cup \{x\}$ ($\because$ $\mathbb{N}$ is infinite)
$\Rightarrow \exists n \in \mathbb{N}$ *s.t.* $n \not\in (\mathbb{R} - U) \cup \{x\}$.
$\Rightarrow n \in \mathbb{N} \cap [(\mathbb{R} - U) \cup \{x\}]^c = \mathbb{N} \cap (U \cap \{x\}^c) = \mathbb{N} \cap U - \{x\}$,
*i.e.*, $\mathbb{N} \cap U - \{x\} \neq \varnothing$.
Hence $x \in \mathbb{N}'$.

**14.** $\varnothing$, $\varnothing$, $\mathbb{R} - \mathbb{Z}$

**15.** (1) 생략
(2) $(-1, 1)$
(3) $\varnothing$
($\mathcal{T}$를 구체적으로 구해 보아라.)

**16.** ($\Rightarrow$) Let $U$ be a non-empty open set, and let $x \in U$.

Since $x \in X = \overline{D}$, $U \cap D \neq \varnothing$ by Theorem 1.3.10.

($\Leftarrow$) Claim : $\overline{D} = X$

($\subseteq$) trivial

($\supseteq$) Let $x \in X$ and let $U \in \mathfrak{J}$ $s.t.$ $x \in U$.

By assumption, $U \cap D \neq \varnothing$.

Hence $x \in \overline{D}$ by Theorem 1.3.10.

**17.** Let $x \in U$, and let $V \in \mathfrak{J}$ $s.t.$ $x \in V$.

Then $U \cap V$ is an open set containing $x$.

Since $x \in X = \overline{A}$, $(U \cap V) \cap A \neq \varnothing$ by Theorem 1.3.10.

That is, $(A \cap U) \cap V \neq \varnothing$.

Hence $x \in \overline{A \cap U}$ by Theorem 1.3.10.

**18.** Let $D$ be a dense subset of $X$.

Since $\mathrm{Int}(A) \neq \varnothing$, $\exists x \in \mathrm{Int}(A)$.

$\Rightarrow \exists U \in \mathfrak{J}$ $s.t.$ $x \in U \subseteq A$.

Since $x \in X = \overline{D}$, $U \cap D \neq \varnothing$.

$\Rightarrow A \cap D \neq \varnothing$.

**19.** 1) Theorem 1.3.16 :

($\subseteq$) Let $x \in \mathrm{Int}(A)$.

Then $\exists U \in \mathfrak{J}$ $s.t.$ $x \in U \subseteq A$.

$\Rightarrow x \in U \subseteq \cup\{U \subseteq A \mid U$: 개집합(open)$\}$.

($\supseteq$) Let $x \in \cup\{U \subseteq A \mid U$: 개집합(open)$\}$.

Then $\exists U \in \cup\{U \subseteq A \mid U$: 개집합(open)$\}$ $s.t.$ $x \in U$.

Since $U \in \cup\{U \subseteq A \mid U$: 개집합(open)$\}$, $U$ is open and $U \subseteq A$.

$\Rightarrow x \in U \subseteq A$.

Hence $x \in \mathrm{Int}(A)$.

2) Theorem 1.3.17 :

정리 1.3.16에 의해 성립한다.

3) Theorem 1.3.18 :

($\Rightarrow$) Suppose that $A$ is open.

Claim : $A = \mathrm{Int}(A)$.

($\supseteq$) trivial (by definition of $\mathrm{Int}(A)$)

($\subseteq$) Let $x \in A$.

Then $x \in A \subseteq A$ and $A$ is an open set.

Hence $x \in \text{Int}(A)$.

($\Leftarrow$) 정리 1.3.17에 의해 성립한다.

4) Theorem 1.3.23 :

Since $\text{Int}(A) \subseteq A$ and $\text{Ext}(A) = \text{Int}(X-A) \subseteq X-A$, $\text{Int}(A) \cap \text{Ext}(A) = \varnothing$.

Thus, it suffices to show that $\text{Bd}(A) = X - (\text{Int}(A) \cup \text{Ext}(A))$.

($\subseteq$) Let $x \in \text{Bd}(A)$, and let $U \in \mathfrak{I}$ *s.t.* $x \in U$.

Then $U \cap A \neq \varnothing$ and $U \cap (X-A) \neq \varnothing$

$\Rightarrow$ $U \not\subseteq X-A$ and $U \not\subseteq A$.

$\Rightarrow$ $x \notin \text{Int}(X-A) = \text{Ext}(A)$ and $x \notin \text{Int}(A)$.

Hence $x \in X - (\text{Int}(A) \cup \text{Ext}(A))$.

($\supseteq$) Let $x \in X - (\text{Int}(A) \cup \text{Ext}(A))$, and let $U \in \mathfrak{I}$ *s.t.* $x \in U$.

Since $x \notin \text{Int}(A)$ and $x \notin \text{Ext}(A)$, $U \not\subseteq A$ and $U \not\subseteq X-A$.

$\Rightarrow$ $U \cap (X-A) \neq \varnothing$ and $U \cap A \neq \varnothing$.

Hence $x \in \text{Bd}(A)$.

**20.** We have to show that $\overline{A \cap B} = X$.

($\subseteq$) trivial

($\supseteq$) Let $x \in X$ and let $U \in \mathfrak{I}$ *s.t.* $x \in U$.

Since $x \in X = \overline{B}$, $U \cap B \neq \varnothing$ by Theorem 1.3.10.

$\Rightarrow$ $\exists y \in U \cap B$.

Note that since $B \in \mathfrak{I}$, $U \cap B \in \mathfrak{I}$.

Since $y \in X = \overline{A}$, $(U \cap B) \cap A \neq \varnothing$ by Theorem 1.3.10.

That is, $U \cap (A \cap B) \neq \varnothing$.

Hence $x \in \overline{A \cap B}$.

**21.** 내부, 외부, 경계들의 성질을 이용하여 쉽게 보일 수 있다.

## 연습문제 1.4

**1.** (정리 1.4.7 참고)

(a) $\cup\{(n, n+1) : n \in \mathbb{Z}\} = \mathbb{R} - \mathbb{Z} \neq \mathbb{R}$

(b) $B_1 = (0, 2)$, $B_2 = (1, 3) \in \{(x-1, x+1) : x \in \mathbb{R}\}$,

but there is no element $B_3 \in \{(x-1, x+1) : x \in \mathbb{R}\}$ *s.t.* $B_3 \subseteq (1, 2) = B_1 \cap B_2$.

(c) (b)와 비슷하다.

**2.** 정리 1.4.7을 이용하여 기저가 됨을 보여라.
$\beta$는 $\mathcal{U}$의 기저가 아니다. (이는 정리 1.4.6을 이용하여 보여라.)

**3.** 정리 1.4.7을 이용하여 기저가 됨을 보여라.
$\beta$가 생성하는 위상은 이산위상이다. (이를 보여라.)

**4.** 정리 1.4.6을 이용하여 보여라.

**5.** 정리 1.4.6을 이용하여 보여라.

**6.** ($\Rightarrow$) Since $x \in \mathrm{Int}(A)$, $\exists\, U \in \mathfrak{T}$ $s.t.$ $x \in U \subseteq A$.
By Theorem 1.4.6, $\exists\, B \in \beta$ $s.t.$ $x \in B \subseteq U$.
$\Rightarrow x \in B \subseteq U \subseteq A$.
($\Leftarrow$) It is obvious because $\beta \subseteq \mathfrak{T}$.

**7.** ($\Rightarrow$) By Theorem 1.3.10.
($\Leftarrow$) Let $U \in T$ $s.t. x \in U$.
By Theorem 1.4.6, $\exists\, B \in \beta$ $s.t.$ $x \in B \subseteq U$.
Then $B \cap A \neq \varnothing$ by assumption.
$\Rightarrow U \cap A \neq \varnothing$.
Hence $x \in \overline{A}$ by Theorem 1.3.10.

**8.** $\varphi$가 $X$의 부분기저가 됨은 정의를 이용하여 쉽게 보일 수 있다.
Note that $\beta_\varphi$ consists of finite intersections of elements of $\varphi$.
Thus, $B \in \beta_\varphi \Leftrightarrow B$ is of the form $(X-\{x_1\}) \cap \dots \cap (X-\{x_n\}) = X-\{x_1, \dots, x_n\}$.
Let $\mathfrak{T}_f$ denote the finite complement topology on $X$.
Claim : $\mathfrak{T}_\varphi = \mathfrak{T}_f$.
($\subseteq$) Let $U \in \mathfrak{T}_\varphi$.
If $U = \varnothing$, then $U \in \mathfrak{T}_f$.
Assume $U \neq \varnothing$ and take $x \in U$.
Then $\exists\, B \in \beta_\varphi$ $s.t.$ $x \in B \subseteq U$, and $B$ is of the form $X-\{x_1, \dots, x_n\}$ by above.
$\Rightarrow X-U \subseteq X-B = \{x_1, \dots, x_n\}$, so $X-U$ is finite.
Hence $U \in \mathfrak{T}_f$.
($\supseteq$) Let $U \in \mathfrak{T}_f$.
If $U = \varnothing$, then $U \in \mathfrak{T}_\varphi$.

Assume $U \neq \varnothing$.

Then $X-U$ is finite, so we can write $X-U=\{x_1, \dots, x_n\}$.

$\Rightarrow U=X-\{x_1, \dots, x_n\}=\bigcup_{i=1}^{n}(X-\{x_i\}) \in \beta_\varphi \subseteq \mathfrak{I}_\varphi$.

**9.** (1) 정리 1.4.7을 이용하여 보여라.

(2) $P=\bigcup_{x \in P} B_x$(이를 보여라)이므로 $P$는 개집합이다.

Let $x \in X$ and let $B_n \in \beta$ *s.t.* $x \in B_n$.

Then $x$ is a divisor of $n$.

Since $x \geq 2$, $x$ has a prime divisor, say $p$.

Then $p$ is also a divisor of $n$, so $p \in B_n$.

$\Rightarrow p \in B_n \cap P$, so $B_n \cap P \neq \varnothing$.

Thus, $x \in \overline{P}$ by Exercise 1.4.7.

Hence $\overline{P}=X$ and hence $P$ is dense in $X$.

(3) ($\subseteq$) Note that $x=1 \cdot x \in \{nx \mid n \in \mathbb{N}\}$.

We show that $\{nx \mid n \in \mathbb{N}\}$ is a closed set.

Let $y \in X-\{nx \mid n \in \mathbb{N}\}$.

Claim : $B_y \subseteq X-\{nx \mid n \in \mathbb{N}\}$.

Let $z \in B_y$.

Then $z$ is a divisor of $y$.

Suppose that $z \in \{nx \mid n \in \mathbb{N}\}$.

Then $z=nx$ for some $n \in \mathbb{N}$, *i.e.*, $x$ divides $z$.

$\Rightarrow x$ divides $y$.

$\Rightarrow y=mx$ for some $m \in \mathbb{N}$, a contradiction because $y \in X-\{nx \mid n \in \mathbb{N}\}$.

Thus, $z \in X-\{nx \mid n \in \mathbb{N}\}$.

Therefore, $X-\{nx \mid n \in \mathbb{N}\}$ is an open set.

Hence $\{nx \mid n \in \mathbb{N}\}$ is a closed set containing $\{x\}$ and hence $\overline{\{x\}} \subseteq \{nx \mid n \in \mathbb{N}\}$.

($\supseteq$) Let $y \in \{nx \mid n \in \mathbb{N}\}$.

Then $y=nx$ for some $n \in \mathbb{N}$.

Let $U \in \mathfrak{I}$ *s.t.* $y \in U$.

$\Rightarrow \exists B_m \in \beta$ *s.t.* $y \in B_m \subseteq U$ by Theorem 1.4.6.

$\Rightarrow y=nx$ divides $m$.

$\Rightarrow x$ divides $m$.

$\Rightarrow x \in B_m \cap \{x\}$, *i.e.*, $B_m \cap \{x\} \neq \varnothing$.

$\Rightarrow U \cap \{x\} \neq \varnothing$.

$\Rightarrow y \in \overline{\{x\}}$.

**10.** Let $X = \{a,b,c\}$, and let $\beta_1 = \{\{a\}, \{b,c\}\}$, $\beta_2 = \{\{a, b\}, \{c\}\}$.

Then both $\beta_1$ and $\beta_2$ are bases (이를 보여라), but neither $\beta_1 \cap \beta_2$ nor $\beta_1 \cup \beta_2$ is a base. (아닌 이유를 설명하여라.)

**11.** (See Theorem 1.4.7)

(a) Note that for any $x \in \mathbb{Z}$, $x \in U_1(x)$, and $U_1(x) \in \beta$.

Thus, $\bigcup_{n \in \mathbb{N}, a \in \mathbb{Z}} U_n(a) = X$.

(b) Let $U_n(a)$, $U_m(b) \in \beta$ and let $x \in U_n(a) \cap U_m(b)$.

Then $\exists k, l \in \mathbb{Z}$ *s.t.* $x = a + kp^n = b + lp^m$.

We may assume $n \geq m$.

Then we have $a = b + (l - kp^{n-m})p^m$.

Claim : $U_n(a) \subseteq U_m(b)$.

「Let $y \in U_n(a)$.

Then $\exists t \in \mathbb{Z}$ *s.t.* $y = a + tp^n$.

$\Rightarrow y = b + (l - kp^{n-m} + tp^{n-m})p^m \in U_m(b)$.」

Thus, $x \in U_n(a) \subseteq U_n(a) \cap U_n(b)$.

Hence $\beta$ is a base for a topology on $\mathbb{Z}$ by Theorem 1.4.7.

**12.** (1) For any $x \in \mathbb{R}$, since $f_{1,0}(x) = x$, $x \in [x, x+1) = f_{1,0}^{-1}([x, x+1))$.

Thus, $\bigcup_{S \in \varphi} S = \mathbb{R}$.

Hence $\varphi$ is a subbase for $\mathbb{R}$.

(2) Let $\mathcal{T}_\varphi$ denote the topology on $\mathbb{R}$ generated by $\varphi$.

It suffices to show that every one-point set is open.

Let $x \in \mathbb{R}$.

Note that $f_{1,0}(x) = x$ and $f_{-1,0}(x) = -x$.

Note also that $[-x, -x+1)$, $[x, x+1) \in \mathcal{H}$.

Since $f_{1,0}^{-1}([x, x+1)) = [x, x+1)$ and $f_{-1,0}^{-1}([-x, -x+1)) = (x-1, x]$,

$\{x\} = f_{1,0}^{-1}([x, x+1)) \cap f_{-1,0}^{-1}([-x, -x+1))$ is open in $\mathcal{T}_\varphi$.

Hence $\mathfrak{I}_\varphi$ is the discrete topology on $\mathbb{R}$ by Exercise 1.1.5.

**13.** Suppose that $\exists$a countable base $\beta$ for $(\mathbb{R}, \mathfrak{I}_f)$.

We may assume that $\varnothing \notin \beta$.

For each $B \in \beta$, since $B \in \mathfrak{I}_f$ and $B \neq \varnothing$, $B^c$ is a finite set.

Thus, the union $\bigcup_{B \in \beta} B^c$ is a countable set. (The union of countably many finite sets is countable.)

Since $\mathbb{R}$ is uncountable, $\mathbb{R} - \bigcup_{B \in \beta} B^c = \bigcap_{B \in \beta} B$ is also uncountable.

Take $p, q \in \bigcap_{B \in \beta} B$ with $p \neq q$.

Since $\{q\}$ is finite, $\{q\}^c \in \mathfrak{I}_f$, and since $p \neq q$, $p \in \{q\}^c$.

By Theorem 1.4.6, $\exists B_0 \in \beta$ *s.t.* $p \in B_0 \subseteq \{q\}^c$.

$\Rightarrow q \notin B_0$,

$\Rightarrow q \notin \bigcap_{B \in \beta} B$, a contradiction.

**14.** 문제 13과 비슷한 방법으로 증명가능하다.

**15.** $(\Rightarrow)$ Let $B \in \beta$ and $x \in B$.

Since $\beta \subseteq \mathfrak{I}_\beta \subseteq \mathfrak{I}_{\beta'}$, $B \in \mathfrak{I}_{\beta'}$.

By Theorem 1.4.6, $\exists B' \in \beta'$ *s.t.* $x \in B' \subseteq B$.

$(\Leftarrow)$ Let $U \in \mathfrak{I}_\beta$.

Then for each $x \in U$, $\exists B_x \in \beta$ *s.t.* $x \in B_x \subseteq U$ by Theorem 1.4.6.

By assumption, $\exists B_x{}' \in \beta'$ *s.t.* $x \in B_x{}' \subseteq B_x$, for each $x$.

$\Rightarrow U = \bigcup_{x \in U} B_x{}' \in \mathfrak{I}_{\beta'}$.

Hence $\mathfrak{I}_{\beta'}$ is finer than $\mathfrak{I}_\beta$.

**16.** Let $\mathfrak{I}_\beta$ denote the topology on $X$ generated by $\beta$.

Let $\mathbb{A}$ denote the set of all topologies on $X$ containing $\beta$, and let $\mathfrak{I}_A = \bigcap_{T \in \mathbb{A}} \mathfrak{I}$.

Then $\mathfrak{I}_A$ obviously contains $\beta$, and $\mathfrak{I}_A$ is a topology on $X$ by Theorem 1.1.11.

Claim : $\mathfrak{I}_\beta = \mathfrak{I}_A$.

$(\subseteq)$ Let $U \in \mathfrak{I}_\beta$ and let $x \in U$.

By Theorem 1.4.6, $\exists B \in \beta$ *s.t.* $x \in B \subseteq U$.

Note that $B \in \beta \subseteq \mathcal{T}_A$.

Thus, $U \in \mathcal{T}_A$ by Theorem 1.1.9.

($\supseteq$) Since $\mathcal{T}_\beta$ is a topology on $X$ containing $\beta$,

and since $\mathcal{T}_A$ is the smallest topology on $X$ containing $\beta$,

$\mathcal{T}_A \subseteq \mathcal{T}_\beta$.

**17.** (1) (a) Since $\varphi \subseteq \beta_\varphi$ and $\varphi$ is a subbase of $X$, $X = \bigcup_{S \in \varphi} S \subseteq \bigcup_{B \in \beta_\varphi} B$.

Thus, $\bigcup_{B \in \beta_\varphi} B = X$.

(b) Let $B_1, B_2 \in \beta_\varphi$ and let $x \in B_1 \cap B_2$.

By definition of $\beta_\varphi$, $\exists$finite subsets $\Gamma_1, \Gamma_2$ of $\varphi$ *s.t.* $B_1 = \bigcap_{S \in \Gamma_1} S$ and $B_2 = \bigcap_{S \in \Gamma_2} S$.

Then $\Gamma_1 \cup \Gamma_2$ is a finite subset of $\varphi$ and so $B_1 \cap B_2 = \bigcap_{S \in \Gamma_1 \cup \Gamma_2} S \in \beta_\varphi$.

Thus, letting $B_3 = B_1 \cap B_2$, $B_3 \in \beta$ and $x \in B_3 \subseteq B_1 \cap B_2$.

Hence $\beta_\varphi$ is a base for a topology on $X$ by Theorem 1.4.7.

(2) 16과 비슷한 방법으로 보일 수 있다.

**18.** 정의를 사용하여 쉽게 보일 수 있다.

**19.** Let $U \in \mathcal{T}$ *s.t.* $x \in U$.

By Theorem 1.4.6, $\exists B \in \beta$ *s.t.* $x \in B \subseteq U$.

By definition of $\beta_x$, $B \in \beta_x$.

Therefore $\beta_x$ is a local base at $x$.

**20.** (1) 생략

(2) $(\frac{1}{2}, 1)$

(다음과 같이 나눠서 확인해 보자. ① $x \in \mathbb{Z}$, ② $x = \frac{1}{2}$, ③ $x \notin \mathbb{Z}$, $x > 1$ or $x \notin \mathbb{Z}$, $x < 0$, ④ $0 < x < \frac{1}{2}$, ⑤ $\frac{1}{2} < x < 1$)

## 연습문제 2.1

**1.** $\mathcal{U}_A$-개집합 : (a), (c), (e), (f), (g)

($W$는 직접 구할 것. 일반적으로 $W$는 유일하지 않다.)

**2.** $\mathcal{H}_A$-개집합 : (a), (b), (c), (f), (g), (h), (i)
( $W$는 직접 구할 것. 일반적으로 $W$는 유일하지 않다.)

**3.** $\mathcal{C}_A$-개집합 : (d), (f), (g), (h), (i)
( $W$는 직접 구할 것. 일반적으로 $W$는 유일하지 않다.)

**4.** (a) $\{a, d\}$, $\{a\}$, $\varnothing$
(b) $\{b, d\}$, $\{b\}$, $\varnothing$
(c) $\{a, b, c\}$, $\{a\}$, $\{b, c\}$, $\varnothing$
(d) $\{d\}$, $\varnothing$

**5.** (a) $A$
(b) $\{a\}$
(c) $\{a\}$
(d) $\varnothing$
(e) $\{c\}$
(f) $\{c\}$
(g) $\{a\}$
(h) $\{a\}$
(i) $\{b\}$

**6.** (a) $A$
(b) $X$
(c) $\varnothing$
(d) $\varnothing$

**7.** Since $U \in \mathcal{T}$ and $U \subseteq A$, $U = U \cap A \in \mathcal{T}_A$.

**8.** Since $V$ is $\mathcal{T}$-closed and $V \subseteq A$, $V = V \cap A$ is $\mathcal{T}_A$-closed by Theorem 2.1.7.

**9.** Let $X = \mathbb{R}$, $T = \mathcal{U}$, and $A = [0, 1]$.
Since $A \notin \mathcal{U}$, $\mathcal{T}_A \not\subseteq \mathcal{T}$ by Theorem 2.1.14.

**10.** (See Theorem 2.1.13)
(a), (b), (c), (d), (e), (g)

**11.** (1) Let $(X, \mathcal{T})$ be a discrete space and let $A \subseteq X$.

For each $a \in A$, since $\{a\} \in \mathcal{T}$, $\{a\} = \{a\} \cap A \in \mathcal{T}_A$.

Hence $\mathcal{T}_A$ is the discrete topology on $A$ by Exercise 1.1.5.

(2) Let $(X, \mathcal{T})$ be an indiscrete space and let $A \subseteq X$.

Then $\mathcal{T} = \{\varnothing, X\}$.

By definition of $\mathcal{T}_A$, $\mathcal{T}_A = \{\varnothing \cap A, X \cap A\} = \{\varnothing, A\}$.

Hence $\mathcal{T}_A$ is the indiscrete topology on $A$.

**12.** (1) 직접 보여라.

(2) ($\Rightarrow$) Suppose that $A$ is closed in $(X^*, \mathcal{T}^*)$.

Then $X^* - A \in \mathcal{T}^*$.

Since $A \subseteq X$, $X^* - A \neq \varnothing$.

Thus, $X^* - A = U \cup \{p\}$ for some $U \in \mathcal{T}$.

Now show that $X - A = U$ and conclude that $A$ is closed in $(X, \mathcal{T})$.

($\Leftarrow$) Suppose that $A$ is closed in $(X, \mathcal{T})$.

Letting $U = X - A$, $U \in \mathcal{T}$.

Now show that $X^* - A = U \cup \{p\}$ and complete the proof.

(3) ($\subseteq$) Let $A \in (\mathcal{T}^*)_X$.

Then $A = V \cap X$ for some $V \in \mathcal{T}^*$.

If $V = \varnothing$, then $A = \varnothing \in \mathcal{T}$.

Otherwise, $V = U \cup \{p\}$ for some $U \in \mathcal{T}$.

Since $p \notin X$, $A = V \cap X = (U \cup \{p\}) \cap X = U \in \mathcal{T}$.

($\supseteq$) Let $A \in \mathcal{T}$.

Then $A \cup \{p\} \in \mathcal{T}^*$.

$\Rightarrow A = (A \cup \{p\}) \cap X \in (\mathcal{T}^*)_X$.

**13.** (1) 임의의 $n \in \mathbb{N}$에 대하여 $\left\{\frac{1}{n}\right\}$이 개집합임을 보이면 충분하고, 이는 쉽게 보일 수 있다.

(2) $\{0\}$이 개집합이 아니다. 이를 보여라.

**14.** 참이다. 이를 보여라.

**15.** Since $\varphi$ is a subbase for $X$, $\bigcup_{S \in \varphi} S = X$.

Thus, $\bigcup_{S \in \varphi} (S \cap A) = (\bigcup_{S \in \varphi} S) \cap A = A$.

Now we show that $\varphi_A$ generates $\mathcal{T}_A$.

Let $\beta_\varphi$ denote the base generated by $\varphi$.

By hypothesis, $\beta_\varphi$ generates $\mathcal{T}$.

Then by Theorem 2.1.13, $\{B \cap A : B \in \beta_\varphi\}$ is a base for $(A, \mathcal{T}_A)$.

Let $\beta_{\varphi_A}$ denote the base for $A$ generated by $\varphi_A$.

Show that $\beta_{\varphi_A} = \{B \cap A : B \in \beta_\varphi\}$ and complete the proof.

**16.** (1) Since $B$ is open in $(A, \mathcal{T}_A)$, $B = U \cap A = U \cap (A_1 \cup A_2)$ for some $U \in \mathcal{T}$.

$\Rightarrow B \cap A_1 = U \cap (A_1 \cup A_2) \cap A_1 = U \cap A_1 \in \mathcal{T}_{A_1}$.

Similarly, $B \cap A_2 \in \mathcal{T}_{A_2}$.

(2) Take $A_1 = [-2, 1]$, $A_2 = [0, 2]$, $B = (-1, 2]$ in $(\mathbb{R}, \mathcal{U})$ and verify.

(3) The proof is similar to (1).

(4) Take $A_1 = [-2, 0]$, $A_2 = (0, 2]$, $B = (0, 1]$ in $(\mathbb{R}, \mathcal{U})$ and verify.

## 연습문제 2.2

**1.** (c), (d)만 연속이다. (연속이 아닌 것들은 그 이유를 직접 설명하여라.)

**2.** 모두 연속이 아니다. (연속이 아닌 것들은 그 이유를 직접 설명하여라.)

**3.** 연속이 아니다. (이유는 직접 설명하여라.)

**4, 5.** 정의대로 보여라.

**6.** Note that $f^{-1}(A) = X$.

($\Rightarrow$) Let $U \in \varphi$.

Then $A \cap U \in \varphi_A$.

Since $f$ is $\mathcal{T}-\varphi_A$ continuous, $f^{-1}(A \cap U) \in \mathcal{T}$.

Thus, $f^{-1}(U) = X \cap f^{-1}(U) = f^{-1}(A) \cap f^{-1}(U) = f^{-1}(A \cap U) \in \mathcal{T}$.

Hence $f$ is $\mathcal{T}-\varphi$ continuous.

($\Leftarrow$) Let $V \in \varphi_A$.

Then $V = U \cap A$ for some $U \in \mathcal{T}$.

Since $f$ is $\mathcal{T}-\varphi$ continuous, $f^{-1}(U) \in \mathcal{T}$.

Thus, $f^{-1}(V) = f^{-1}(U \cap A) = f^{-1}(U) \cap f^{-1}(A) = f^{-1}(U) \cap X = f^{-1}(U) \in \mathcal{T}$.

Hence $f$ is $\mathcal{T}-\varphi_A$ continuous.

**7.** 둘 다 존재한다. 예를 직접 찾고 설명해보아라.

**8.** 정리 2.2.3의 증명과 비슷하다.

**9.** ($\Rightarrow$) For each $y \in Y$, since $\{y\} \in \mathcal{D}$ and $f$ is continuous, $f^{-1}(\{y\}) \in \mathcal{T}$.

($\Leftarrow$) Let $U \in \mathcal{D}$.

Then $U = \bigcup_{y \in U} \{y\}$.

Since $f^{-1}(\{y\}) \in T$ for all $y \in Y$, $f^{-1}(U) = f^{-1}(\bigcup_{y \in U} \{y\}) = \bigcup_{y \in U} f^{-1}(\{y\}) \in \mathcal{T}$.

Hence $f$ is continuous.

**10.** (1) 문제 9를 이용해서 보여라.

(2) $\{1, 2\}$, $\{3, 4, 5\}$

(3) 1개이다.

Let $h \in \{h \mid h : (X, \mathcal{T}) \to (X, \mathcal{D})$ is continuous, $h(2) = 1,\ h(4) = 3\}$.

Since $h(2) = 1$ and $h(4) = 3$, $2 \in h^{-1}(\{1\})$ and $4 \in h^{-1}(\{3\})$.

Also, since $h$ is continuous, $h^{-1}(\{1\})$ and $h^{-1}(\{3\})$ are $\mathcal{T}$-open sets.

Thus, $h^{-1}(\{1\})$ is either $\{1, 2\}$ or $\{2\}$, and $h^{-1}(\{3\})$ is either $\{3, 4, 5\}$ or $\{4\}$.

Now show that $h^{-1}(\{1\})$ must be $\{1, 2\}$, and also that $h^{-1}(\{3\})$ must be $\{3, 4, 5\}$, and complete the proof.

**11.** (1) 문제 15에 의해 성립한다.

(2) Note that $f^{-1}(U) = U \cap \mathbb{Q}$ for any $U \in \mathcal{U}$.

Let $V \in \mathcal{U}_{\mathbb{Q}}$.

Then $V = U \cap \mathbb{Q}$ for some $U \in \mathcal{U}$.

Since $f \circ g$ is continuous, $(f \circ g)^{-1}(U) = g^{-1}(f^{-1}(U)) \in \mathcal{U}$.

Thus, $g^{-1}(V) = g^{-1}(U \cap \mathbb{Q}) = g^{-1}(f^{-1}(U)) \in \mathcal{U}$.

Hence $g$ is continuous.

**12.** Note that since $\beta = \{(a, b) \mid a, b \in \mathbb{R}\}$ is a base for $(\mathbb{R}, \mathcal{U})$,

$\beta_A = \{(a, b) \cap A \mid a, b \in \mathbb{R}\}$ is a base for $(A, \mathcal{U}_A)$ by Theorem 2.1.13.

($\Rightarrow$) Let $x_0 \in A$ and $\epsilon > 0$.

Then $(f(x_0)-\epsilon,\ f(x_0)+\epsilon)\in\mathfrak{U}$.

Since $f$ is continuous, $f^{-1}((f(x_0)-\epsilon,\ f(x_0)+\epsilon))\in\mathfrak{U}_A$.

Also, since $f(x_0)\in(f(x_0)-\epsilon,\ f(x_0)+\epsilon)$, $x\in f^{-1}((f(x_0)-\epsilon,\ f(x_0)+\epsilon))$.

By Theorem 1.4.6, $\exists(a,\ b)\cap A\in\beta_A$ *s.t.*

$x_0\in(a,\ b)\cap A\subseteq f^{-1}((f(x_0)-\epsilon,\ f(x_0)+\epsilon))$.

Let $\delta=\min\{x_0-a,\ b-x_0\}$.

Then $(x_0-\delta,\ x_0+\delta)\cap A\subseteq(a,\ b)\cap A\subseteq f^{-1}((f(x_0)-\epsilon,\ f(x_0)+\epsilon))$.

$\Rightarrow f((x_0-\delta,\ x_0+\delta)\cap A)\subseteq f(f^{-1}((f(x_0)-\epsilon,\ f(x_0)+\epsilon)))\subseteq(f(x_0)-\epsilon,\ f(x_0)+\epsilon)$.

Thus, if $x\in A$ and $|x-x_0|<\delta$, then $x\in(x_0-\delta,\ x_0+\delta)\cap A$,

so $f(x)\in f((x_0-\delta,\ x_0+\delta)\cap A)\subseteq(f(x_0)-\epsilon,\ f(x_0)+\epsilon)$,

*i.e.*, $|f(x)-f(x_0)|<\epsilon$.

($\Leftarrow$) Let $(a,\ b)\in\beta$.

Claim : $f^{-1}((a,\ b))\in\mathfrak{U}_A$.

Let $x_0\in f^{-1}((a,\ b))$.

Then $f(x_0)\in(a,\ b)$, *i.e.*, $a<f(x_0)<b$.

Let $\epsilon=\min\{f(x_0)-a,\ b-f(x_0)\}$.

By hypothesis, $\exists\delta>0$ *s.t.* $x\in(x_0-\delta,\ x_0+\delta)\cap A$ implies

$f(x)\in(f(x_0)-\epsilon,\ f(x_0)+\epsilon)$.

$\Rightarrow f((x_0-\delta,\ x_0+\delta)\cap A)\subseteq(f(x_0)-\epsilon,\ f(x_0)+\epsilon)\subseteq(a,\ b)$.

$\Rightarrow (x_0-\delta,\ x_0+\delta)\cap A\subseteq f^{-1}(f((x_0-\delta,\ x_0+\delta)\cap A))\subseteq f^{-1}((a,\ b))$.

Thus, $x_0\in(x_0-\delta,\ x_0+\delta)\cap A\subseteq f^{-1}((a,\ b))$, and $(x_0-\delta,\ x_0+\delta)\cap A\in\mathfrak{U}_A$.

Therefore $f^{-1}((a,\ b))\in\mathfrak{U}_A$ by Theorem 1.1.9.

Hence $f$ is continuous by Theorem 2.2.3.

**13.** (1) 생략

(2) $(\mathbb{R}-\mathbb{Q})\cup\{0\}$

(3), (4) $f$와 $\mathcal{T}$의 정의를 이용하여 쉽게 보일 수 있다.

(5) By Theorem 1.3.8, it suffices to show that $0\in\overline{\mathbb{R}-\mathbb{Q}}$.

By (2) and Exercise 1.3.21, $0\in(\mathbb{R}-\mathbb{Q})\cup\{0\}=\mathrm{Bd}(\mathbb{Q})=\overline{\mathbb{Q}}\cap\overline{\mathbb{R}-\mathbb{Q}}\subseteq\overline{\mathbb{R}-\mathbb{Q}}$.

**14.** ($\Rightarrow$) Let $x\in X$ and let $V\in\varphi$ *s.t.* $f(x)\in V$.

Then $x\in f^{-1}(V)\subseteq f^{-1}(V)$, and since $f$ is continuous, $f^{-1}(V)\in\mathcal{T}$.

Hence $f$ is continuous at $x$.

($\Leftarrow$) Let $V \in \varphi$ and let $x \in f^{-1}(V)$.

Since $f$ is continuous at $x$, $\exists\, U \in \mathfrak{J}$ $s.t.$ $x \in U \subseteq f^{-1}(V)$

Thus, $f^{-1}(V) \in \mathfrak{J}$ by Theorem 1.1.9.

Hence $f$ is continuous.

**15.** $0 \le x^2 + y^2 < 1 \to f(x, y) = 0$

$1 \le x^2 + y^2 < 2 \to f(x, y) = 1$

$2 \le x^2 + y^2 < 3 \to f(x, y) = 2$

$3 \le x^2 + y^2 < 4 \to f(x, y) = 3$

$\mathfrak{I} = \{U \subseteq X \mid f^{-1}(U) \in \mathfrak{I}_u\}$로 정의하면 $U$가 open set이라면 역상도 open set이어야 한다.

3을 원소로 갖는 $X$의 개집합은 항상 0, 1, 2를 포함해야 한다.

(0, 1 ,2를 포함하지 않으면 역상이 open set이 되지 않는다)

즉, 0, 1, 2, 3을 포함하는 $X$의 부분집합의 개수이다. $\therefore$ 8개

◉ $B'$

case1) $x$가 $-3$, $-2$, $-1$, 0일 때,

각각의 open을 한 가지 구하면 $\{-3\}$, $\{-2\}$, $\{-1\}$, $\{0\}$이다.

($\because$ $-3$, $-2$, $-1$의 역상은 $\varnothing$이고, 0의 역상은 $0 \le x^2 + y^2 < 1$이므로 개집합이다.)

$U_x$(각각의 open)$\cap \{1, 2\} = \varnothing$

$-3, -2, -1, 0 \notin B'$

case2) $x$가 1일 때,

open set은 무조건 0, 1을 포함해야 한다.

$\{0, 1\} \cap (\{1, 2\} - \{1\}) = \varnothing$

$1 \notin B'$

case3) $x$가 2일 때,

open set은 무조건 0, 1, 2를 포함해야 한다.

$\forall$ open $U(2) \cap (\{1, 2\} - \{2\}) \neq \varnothing$

($\because$ 2를 포함하는 임의의 개집합은 항상 1을 포함하므로)

$2 \in B'$

case4) $x$가 3일 때,

open set은 무조건 0, 1, 2, 3을 포함해야 한다.

$\forall$ open $U(3) \cap \{1, 2\} \neq \varnothing$

($\because$ 3을 포함하는 임의의 개집합은 항상 1, 2를 포함하므로)

$3 \in B'$

case 1, 2, 3, 4)에 의해 $B' = \{2, 3\}$

**16.** ($\Rightarrow$) Let $x \in f^{-1}(\mathrm{Int}(B))$.

Then $f(x) \in \mathrm{Int}(B)$.

$\Rightarrow \exists\, U \in \varphi$ s.t. $f(x) \in U \subseteq B$.

$\Rightarrow x \in f^{-1}(U) \subseteq f^{-1}(B)$, and since $f$ is continuous, $f^{-1}(U) \in \mathfrak{J}$.

Hence $x \in \mathrm{Int}(f^{-1}(B))$.

($\Leftarrow$) Let $U \in \varphi$.

Then $\mathrm{Int}(U) = U$.

By hypothesis, $f^{-1}(\mathrm{Int}(U)) = f^{-1}(U) \subseteq \mathrm{Int}(f^{-1}(U))$.

Thus, $\mathrm{Int}(f^{-1}(U)) = f^{-1}(U)$.

$\Rightarrow f^{-1}(U) \in \mathfrak{J}$ by Theorem 1.3.18.

Hence $f$ is continuous.

**17.** Let $F$ be a closed subset of $X$ and let $p \in X - F$.

Since $X - F \in \mathfrak{J}$, $\exists\, B \in \beta$ s.t. $p \in B \subseteq X - F$.

Define $f : X \to \mathbb{R}$ by $f(x) = \begin{cases} 0 & x \in B \\ 1 & x \in X - B \end{cases}$.

Now show that $f$ is continuous and complete the proof.

**18.** Suppose that both $A$ and $B$ are closed. (The other case is similar.)

Note that since $A \cup B = X$ and $f|_{A \cap B} = g|_{A \cap B}$, $h$ is well-defined.

Let $C$ be a closed subset of $Y$.

Since both $f$ and $g$ are continuous,

$f^{-1}(C)$ is closed in $A$ and $g^{-1}(C)$ is closed in $B$, by Theorem 2.2.3.

Then since both $A$ and $B$ are closed in $X$,

both $f^{-1}(C)$ and $g^{-1}(C)$ are closed in $X$, by Exercise 2.1.8.

Thus, $f^{-1}(C) \cup g^{-1}(C)$ is also closed in $X$.

Now show that $h^{-1}(C) = f^{-1}(C) \cup g^{-1}(C)$ and complete the proof.

**19.** 정의를 이용하여 쉽게 보일 수 있다.

## 연습문제 2.3

**1.** 생략

**2.** 생략. $g$는 위상동형사상이 아니다.

**3.** (b), (c)

**4.** Let $(X, \mathcal{T})$ be a topological space.
Define $f: X \to X$ by $f(x) = x$.
Show that $f$ is a homeomorphism and complete the proof.

**5.** Since $(X, \mathcal{T})$ and $(Y, \varphi)$ are homeomorphic, $\exists$a homeomorphism $f: X \to Y$.
By definition, $f$ is bijective.
Thus, $X$ and $Y$ are equipotent.
Then since both $X$ and $Y$ are finite, they have the same number of elements.

**6.** Define $f: (0, 1) \to (0, 4)$ by $f(x) = 4x$.
Show that $f$ is a homeomorphism and complete the proof.

**7.** Define $f: (a, b) \to (c, d)$ by $f(x) = \dfrac{d-c}{b-a}(x-a)+c$.
Show that $f$ is a homeomorphism and complete the proof.

**8.** Define $f: (a, b) \to \mathbb{R}$ by $f(x) = \tan\left(\dfrac{\pi}{b-a}(x-a) - \dfrac{\pi}{2}\right)$.
Show that $f$ is a homeomorphism and complete the proof.

**9.** Take $X = \mathbb{R}$, $T = \mathcal{H}$, and $\varphi = \mathcal{U}$.

**10, 11.** 연습문제 23을 이용하여 보여라.

**12.** Suppose that $(X, \mathcal{T})$ and $(X, \varphi)$ are homeomorphic.
Then $\exists$a homeomorphism $f: (X, \mathcal{T}) \to (X, \varphi)$.
Since $\{a\} \in \mathcal{T}$ and $f$ is an open map, $f(\{a\}) = \{f(a)\} \in \varphi$.
But, there is no one-point open set in $\varphi$, a contradiction.
Hence $(X, \mathcal{T})$ and $(X, \varphi)$ are not homeomorphic.

**13.** 연습문제 23을 이용하여 보여라.

**14.** (1) 정리 1.4.7을 이용하여 보여라.

(2) Define $f:(\mathbb{R}, \mathcal{T}) \to (\mathbb{R}, \mathcal{H})$ by $f(x) = -x$.

Show that $f$ is a homeomorphism and complete the proof.

**15.** 존재하지 않는다. $X$에서 $Y$로의 전단사함수조차 존재할 수 없다.

**16.** Suppose that there exists a non-empty proper subset $A$ of $\mathbb{R}$ which is both open and closed.

Then $A^c$ is also a non-empty proper subset of $\mathbb{R}$ which is both open and closed.

Select $x \in A$ and $y \in A^c$.

We may assume $x < y$, by interchanging the roles of $A$ and $A^c$ if necessary.

Define $S = \{a \in A \mid a < y\}$.

Then $S$ is bounded above by $y$, and since $x \in S$, $S \neq \varnothing$.

Thus, $s = \sup S$ exists and $x \le s \le y$ holds.

Case 1 : $s \in A$.

Since $y \notin A$, $s \neq y$.

$\Rightarrow s < y$.

Since $A$ is an open set containing $s$, $\exists \epsilon > 0$ $s.t.$ $(s-\epsilon, s+\epsilon) \subseteq A$.

$\Rightarrow s + \dfrac{\epsilon}{2} \in A$ and $s + \dfrac{\epsilon}{2} < y$

$\Rightarrow s + \dfrac{\epsilon}{2} \in S$, a contradiction because $s$ is an upper bound for $S$.

Case 2 : $s \in A^c$.

Since $x \notin A^c$, $s \neq x$.

$\Rightarrow x < s$.

Since $A^c$ is an open set containing $s$, $\exists \epsilon > 0$ $s.t.$ $(s-\epsilon, s+\epsilon) \subseteq A^c$.

Claim : $s - \dfrac{\epsilon}{2}$ is an upper bound for $S$

Suppose not.

Then $\exists t \in S$ $s.t.$ $s - \dfrac{\epsilon}{2} < t \le s$.

$\Rightarrow t \in (s-\epsilon, s+\epsilon) \subseteq A^c$, a contradiction.

This is a contradiction, because $s$ is the least upper bound for $S$.

Hence such a subset $A$ of $\mathbb{R}$ cannot exist.

**17.** ($\Rightarrow$) trivial, since $\beta \subseteq \mathcal{T}$.

($\Leftarrow$) Let $U \in \mathcal{T}$ and let $y \in f(U)$.

Then $y = f(x)$ for some $x \in U$.

By Theorem 1.4.6, $\exists B \in \beta$ *s.t.* $x \in B \subseteq U$.

$\Rightarrow y = f(x) \in f(B) \subseteq f(U)$, and $f(B) \in \varphi$ by hypothesis.

Thus, $f(U) \in \varphi$ by Theorem 1.1.9.

Hence $f$ is an open map.

**18.** ($\Rightarrow$) Let $A \subseteq X$ and let $y \in f(\mathrm{Int}(A))$.

Then $y = f(x)$ for some $x \in \mathrm{Int}(A)$.

$\Rightarrow \exists U \in \mathcal{T}$ *s.t.* $x \in U \subseteq A$.

$\Rightarrow y = f(x) \in f(U) \subseteq f(A)$, and since $f$ is an open map, $f(U) \in \varphi$.

Hence $y \in \mathrm{Int}(f(A))$ and hence $f(\mathrm{Int}(A)) \subseteq \mathrm{Int}(f(A))$.

($\Leftarrow$) Let $U \in \mathcal{T}$.

Then $\mathrm{Int}(U) = U$.

By hypothesis, $f(U) = f(\mathrm{Int}(U)) \subseteq \mathrm{Int}(f(U))$.

Thus, $f(U) = \mathrm{Int}(f(U))$.

By Theorem 1.3.18, $f(U) \in \varphi$.

Hence $f$ is an open map.

**19.** Since $f$ is injective, so is $g$.

Also, since $g(X) = f(X)$, $g$ is surjective.

Now show that $g$ is a continuous open map and complete the proof.

**20.** 위상동형의 정의를 따라 쉽게 보일 수 있다.

**21.** 다음 단계를 따라서 증명하여라.

1) 두 위상공간 $(X, \mathcal{T})$, $(Y, \varphi)$에 대하여 $(X, \mathcal{T})$가 이산공간이고, $(X, \mathcal{T})$와 $(Y, \varphi)$가 위상동형이면 $(Y, \varphi)$도 이산공간임을 보여라.

2) $(\mathbb{Z}, \mathcal{U}_{\mathbb{Z}})$는 이산공간이지만 $(\mathbb{Q}, \mathcal{U}_{\mathbb{Q}})$는 이산공간이 아님을 보여라.

3) 따라서 $\mathbb{Z}$와 $\mathbb{Q}$는 위상동형이 아니다.

**22.** 일반적으로 성립하지 않는다. 반례는 직접 찾아보아라.

**23.** Since $(X, \mathcal{T})$ and $(Y, \varphi)$ are homeomorphic, $\exists$a homeomorphism

$f : (X, \mathcal{T}) \to (Y, \varphi)$.
Suppose that $\exists$a non-empty proper subset $A$ of $X$ which is both closed and open. Now show that $f(A)$ is a non-empty proper subset of $Y$ which is both closed and open, and complete the proof.

## 연습문제 3.1

**1.** 생략

**2~6.** 정리 3.1.1을 참고하여 기저 개집합을 설명하여라.

**7.** 예) $\{x^2+y^2 \leq 1 : x, y \in \mathbb{R}\}$
기저 개집합은 열린 직사각형 형태이므로, 직사각형 형태가 아닌 $\mathbb{R}^2$의 개집합은 $\mathbb{R}$의 개집합의 적으로 나타낼 수 없다.

**8.** Note that $A^c \times B^c \subseteq (A \times B)^c$. (Verify.)
Let $(x, y) \in \text{Ext}(A) \times \text{Ext}(B)$.
Then $x \in \text{Ext}(A) = \text{Int}(A^c)$ and $y \in \text{Ext}(B) = \text{Int}(B^c)$.
$\Rightarrow \exists\, U \in \mathcal{T}$ and $V \in \varphi$ $s.t.$ $x \in U \subseteq A^c$ and $y \in V \subseteq B^c$.
$\Rightarrow (x, y) \in U \times V \subseteq A^c \times B^c \subseteq (A \times B)^c$, and $U \times V$ is open in $X \times Y$.
$\Rightarrow (x, y) \in \text{Int}((A \times B)^c) = \text{Ext}(A \times B)$.
Hence $\text{Ext}(A) \times \text{Ext}(B) \subseteq \text{Ext}(A \times B)$.

$\text{Ext}(A) \times \text{Ext}(B) = \text{Ext}(A \times B)$가 성립하지 않는 예시는 직접 찾아볼 것.

**9.** 폐포 : $[-1, 1] \times (-1, 1)$, 경계 : $\{-1, 1\} \times (-1, 1)$
정리 3.1.9와 정리 3.1.11을 이용하여 쉽게 구할 수 있다.

**10.** 내부 : $\mathbb{R} - \mathbb{Q}$, 도집합 : $\mathbb{R}$, 폐포 : $\mathbb{R}$, 경계 : $\mathbb{Q}$.

**11.** (a) 정리 3.1.9를 이용하여 쉽게 보일 수 있다.
(b) 정리 2.2.3에 의해 연속성은 공역의 기저 개집합의 역상이 개집합임을 보이면 충분하다. 이 사실과 정리 3.1.1을 이용하여 $F$가 연속임을 쉽게 보일 수 있다.

**12.** (1) 정리 1.4.7을 이용하여 보여라.
(2) 정리 3.1.9를 이용하여 쉽게 보일 수 있다.

(3) $\mathbb{N}\times(\frac{1}{2},\ 1]$은 적공간 $X\times Y$의 개부분집합이지만 이의 역상이 $X$의 개부분집합이 아니다.
(직접 구해서 확인할 것)

**13.** (1) 생략
(2) 폐포 : $\mathbb{Z}\times B$, 내부 : $\{0\}\times B$, 경계 : $(\mathbb{Z}-\{0\})\times B$

**14.** 적공간의 기저 개집합의 형태를 알면 쉽게 구할 수 있다.
내부 : $A-\left\{(\cos\theta,\ \sin\theta) : -\pi\le\theta\le\frac{\pi}{2}\right\}$,
폐포 : $A$, 경계 : $\left\{(\cos\theta,\ \sin\theta) : -\pi\le\theta\le\frac{\pi}{2}\right\}$

**15.** (1) 3을 원소로 갖는 $X$의 개부분집합은 $\{0,\ 1,\ 2,\ 3\}$을 포함하는 $X$의 부분집합 형태이다. 따라서 총 8개가 있다.
(2) $B'=\{2,\ 3\}$

**16.** (1) 연습문제 1.1.5와 정리 3.1.1을 이용하여 쉽게 보일 수 있다.
(2) 거의 자명하다.

**17.** 적공간의 정의를 따라 쉽게 보일 수 있다.

**18.** 일반적으로 성립하지 않는다. 반례는 직접 찾아볼 것.

## 연습문제 3.2

**1~3.** 생략. 정리 3.2.1 참고

**4.** $P_1(A)=[1,\ 2],\ P_2(A)=[3,\ 6]$

**5.** $P_1(A)=[-2\sqrt{3},\ 2\sqrt{3}],\ P_2(A)=[-2,\ 2]$

**6.** (a) $[1,\ 3]\times\mathbb{R}$
(b) $\mathbb{R}\times[2,\ 4]$
(c) $[1,\ 3]\times[2,\ 4]$

**7.** $P_1|_A$가 전단사임은 쉽게 보일 수 있다.

For any $U \in \mathcal{T}$, since $U \times Y$ is open in $X \times Y$,

$(P_1|_A)^{-1}(U) = (U \times Y) \cap A$ is open in $A$.

Thus, $P_1|_A$ is continuous.

Now, let $B$ be a basic open subset of $A$.

By Theorem 3.1.1 and Theorem 2.1.13, $B = (U \times V) \cap A$ for some $U \in \mathcal{T}$ and $V \in \varphi$.

$\Rightarrow B = (U \times V) \cap A = (U \times V) \cap (X \times \{a\}) = U \times (V \cap \{a\})$.

$\Rightarrow P_1|_A(B) = U \in \mathcal{T}$.

Thus, $P_1|_A$ is an open map, by Exercise 2.3.17.

Hence $P_1|_A$ is a homeomorphism.

**8~10.** 정리 3.1.9, 3.1.10, 3.1.11 참고

**11.** $f$는 사영(projection)이므로 정리 3.2.11에 의해 연속이다.

그러나 $A = \{(x, y) \mid xy \geq 1, x > 0\}$은 $\mathbb{R} \times \mathbb{R}$의 폐부분집합인데 $f(A) = (0, \infty)$는 $\mathbb{R}$의 폐부부분집합이 아니므로 $f$는 폐사상이 아니다.

## 연습문제 3.4

**1.** 생략

**2.** $a, m, i_a, i_m$은 모두 $\mathcal{U}$상에서 연속이다.

하지만 $\mathcal{H}$, $\mathcal{C}$상에서는 모두 연속이 아니다.

**3.** Define $h : \mathbb{R} \to \mathbb{R} \times \mathbb{R}$ by $h(x) = (f(x), g(x))$.

Since both $f$ and $g$ are continuous, so is $h$ by Theorem 3.2.13.

Then since $a$ is continuous, $a \circ h$ is also continuous.

Now show that $a \circ h = f + g$ and complete the proof.

**4.** (e)만 참이다. 이유는 직접 설명해 볼 것.

**5.** 생략

## 연습문제 4.1

**1.** Suppose that $(\mathbb{R}, \mathcal{T})$ is disconnected.

Then $\exists U, V \in \mathcal{T}$ s.t. $U \neq \varnothing$, $V \neq \varnothing$, $U \cap V = \varnothing$, and $U \cup V = \mathbb{R}$.
Since $U$ and $V$ are non-empty open sets, $1 \in U$ and $1 \in V$ by definition of $\mathcal{T}$.
Thus, $1 \in U \cap V$, a contradiction to $U \cap V = \varnothing$.
Hence $(\mathbb{R}, \mathcal{T})$ is connected.

**2, 3.** 정리 4.1.14를 이용하여 쉽게 보일 수 있다.

**4.** Suppose that $(X, \mathcal{T})$ is disconnected.
Then $\exists U, V \in \mathcal{T}$ s.t. $U \neq \varnothing$, $V \neq \varnothing$, $U \cap V = \varnothing$, and $U \cup V = X$.
Since $U$ and $V$ are non-empty open sets,
both $X - U$ and $X - V$ are finite by definition of $\mathcal{T}$.
$\Rightarrow (X-U) \cup (X-V) = X - (U \cap V) = X - \varnothing = X$ is also finite, a contradiction.
Hence $(X, \mathcal{T})$ is connected.

**5.** Suppose that $(X, \varphi)$ is disconnected.
Then $\exists U, V \in \varphi$ s.t. $U \neq \varnothing$, $V \neq \varnothing$, $U \cap V = \varnothing$, and $U \cup V = X$.
Since $\varphi \subseteq \mathcal{T}$, $U, V \in \mathcal{T}$.
Thus, $(X, \mathcal{T})$ is disconnected, a contradiction.
Hence $(X, \varphi)$ is connected.

**6.** Take $X = \mathbb{R}$, $T = \mathcal{U}$, and $\mathcal{I} = \mathcal{H}$.

**7.** $(\Rightarrow)$

Suppose that $\exists A, B \subseteq X$ s.t. $A \neq \varnothing$, $B \neq \varnothing$, $\overline{A} \cap B = \varnothing = A \cap \overline{B}$, and $A \cup B = X$.
Claim : $A = \overline{A}$.
$(\subseteq)$ trivial
$(\supseteq)$ Let $x \in \overline{A}$ and suppose that $x \notin A$.
Since $A \cup B = X$, $x \in B$.
$\Rightarrow x \in \overline{A} \cap B$, a contradiction to $\overline{A} \cap B = \varnothing$.
Hence $x \in A$.
Thus, $A$ is closed.
Similarly, $B$ is also closed.
$\Rightarrow A \cap B = \overline{A} \cap B = \varnothing$.
Hence $X$ is disconnected by Theorem 4.1.8, a contradiction.

(⇐)

Suppose that $X$ is disconnected.

By Theorem 4.1.8, $\exists$non-empty closed subsets $C, D \subseteq X$ *s.t.* $C \cap D = \varnothing$ and $C \cup D = X$.

$\Rightarrow \overline{C} \cap D = C \cap D = \varnothing$ and $C \cap \overline{D} = C \cap D = \varnothing$.

Thus, $C$ and $D$ are separated subsets of $X$ whose union is $X$, a contradiction.

**8.** 쉽게 찾을 수 있을 것이다.

**9.** (a) (⇒) $X$가 무한집합도 아니고 한 원소 집합도 아니라고 가정하자.

그러면 $X$는 한 원소 집합이 아닌 유한집합이다.

이제 연습문제 1.1.6과 예 4.1.7을 이용하여라.

(⇐) 한 원소 집합은 자명하게 연결이다. (왜 그런가?)

$X$가 무한집합이면 연습문제 4.1.4에 의해 $(X, \mathcal{T})$는 연결이다.

(b) (a)와 비슷한 방법으로 보일 수 있다.

**10.** 연결성이 위상적 성질임을 이용할 것.

**11.** $\mathfrak{I}_1 = \{\varnothing, X, \{a\}, \{a, b\}\}$

$\mathfrak{I}_2 = \{\varnothing, X, \{a\}, \{b, c\}\}$ $\{a\}, \{b, c\}$: open set

$\{a\} \cap \{b, c\} = \varnothing$

$\{a\} \cup \{b, c\} = X$

## 연습문제 4.2

**1~3.** 정리 4.2.1을 이용하여 쉽게 보일 수 있다.

**4.** 예 4.2.3과 비슷한 방법으로 보일 수 있다.

**5.** 중간값 정리의 증명과 매우 비슷하다.

**6.** 성립하지 않는다. 반례는 직접 찾아볼 것.

**7.** $f(x) = \frac{1}{2}x + \frac{1}{2}$. (답은 여러 가지가 있을 수 있다.)

**8.** $f(x) = x + 1,\ f(x) = e^x,\ \cdots$.

**9.** 가지지 않는다. 반례는 직접 찾아볼 것.

**10.** $(\mathbb{R}, \mathcal{U})$에서, $A=(0, 1)$, $B=(2, 3)$이라 하면 $A$와 $B$는 $\mathbb{R}$의 연결부분집합이지만 $A \cup B$는 연결이 아니다.

**11.** 집합 $X=\{a, b, c, d\}$상의 위상 $\mathcal{T}=\{X, \varnothing, \{a\}, \{b\}, \{a, b\}\}$을 생각하자.
$A=\{a, b, c\}$, $B=\{a, b, d\}$라 하면 $A$와 $B$는 $X$의 연결부분집합이지만
$A \cap B=\{a, b\}$는 $X$의 연결부분집합이 아니다.

**12.** $(\mathbb{R}, \mathcal{U})$에서, $A=(0, 2)\cup(3, 5)$, $B=(-1, 1)\cup(1, 4)$라 하면 $A$와 $B$는 $\mathbb{R}$의 비연결부분집합이지만 $A \cup B=(-1, 5)$는 연결이다.

**13.** 고정점 성질이 위상적 성질임을 이용할 것.

**14.** 전부 거짓이다. 반례는 직접 찾아볼 것.

**15.** Let $X$ be a path-connected space.
Fix $x_0 \in X$.
Since $X$ is path-connected, for each $x \in X$, $\exists$a continuous map $f_x : [0, 1] \to X$ $s.t.$ $f_x(0)=x_0$ and $f_x(1)=x$.
Let $f_x([0, 1])=A_x$.
Since $f_x$ is continuous and $[0, 1]$ is connected, $A_x$ is also connected.
Also, since $x_0 \in \bigcap_{x \in X} A_x$, $\bigcap_{x \in X} A_x \neq \varnothing$.
Hence $X=\bigcup_{x \in X} A_x$ is connected by Exercise 4.2.18.

**16.** Let $X$ be a path-connected space and let $Y$ be a topological space which is homeomorphic to $X$.
Then $\exists$a homeomorphism $g : X \to Y$.
Let $y_0, y_1 \in Y$.
Since $f$ is surjective, $\exists x_0 \cdot x_1 \in X$ $s.t.$ $g(x_0)=y_0$ and $g(x_1)=y_1$.
Then since $X$ is path-connected, $\exists$a continuous map $f : [0, 1] \to X$ $s.t.$ $f(0)=x_0$ and $f(1)=x_1$.
$\Rightarrow g \circ f : [0, 1] \to Y$ is continuous, $(g \circ f)(0)=y_0$, and $(g \circ f)(1)=y_1$.

Hence $Y$ is path-connected,

**17.** 쉽게 보일 수 있다.

**18.** Suppose that $\bigcup_{\alpha\in\Lambda} A_\alpha$ is disconnected.

Then $\exists$non-empty open subsets $U$, $V\subseteq \bigcup_{\alpha\in\Lambda} A_\alpha$ *s.t.* $U\cap V=\varnothing$ and $U\cup V=\bigcup_{\alpha\in\Lambda} A_\alpha$.

Since $\bigcap_{\alpha\in\Lambda} A_\alpha \neq \varnothing$, we can select $x_0\in \bigcap_{\alpha\in\Lambda} A_\alpha$.

Then either $x_0\in U$ or $x_0\in V$.

We may assume $x_0\in U$.

Since $V$ is non-empty, we can select $y_0\in V$.

Then since $y_0\in V\subseteq \bigcup_{\alpha\in\Lambda} A_\alpha$, $\exists\beta\in\Lambda$ *s.t.* $y_0\in A_\beta$.

On the other hand, since $x_0\in \bigcap_{\alpha\in\Lambda} A_\alpha$, $x_0\in A_\beta$.

Now, since $x_0\in A_\beta\cap U$ and $y_0\in A_\beta\cap V$, $A_\beta\cap U\neq\varnothing$ and $A_\beta\cap V\neq\varnothing$.

Also, $A_\beta\subseteq \bigcup_{\alpha\in\Lambda} A_\alpha = U\cup V$, and since $U\cap V=\varnothing$, $A_\beta\cap U\cap V=\varnothing$.

Thus, $A_\beta$ is disconnected by Theorem 4.2.1, a contradiction.

Hence $\bigcup_{\alpha\subseteq\Lambda} A_\alpha$ is connected.

**19.** 쉽게 보일 수 있다.

**20.** Suppose that $A\cup B$ is disconnected.

By Exercise 4.1.7, $\exists$non-empty subsets $U$, $V\subseteq A\cup B$ *s.t.*

$\mathrm{Cl}_{A\cup B}(U)\cap V=\varnothing = U\cap \mathrm{Cl}_{A\cup B}(V)$ and $U\cup V=A\cup B$.

Then $(A\cap U)\cup(A\cap V)=A\cap(U\cup V)=A\cap(A\cup B)=A$.

Also, since $(A\cap U)\cap \mathrm{Cl}_A(A\cap V)\subseteq (A\cap U)\cap \mathrm{Cl}_{A\cup B}(A\cap V)\subseteq U\cap \mathrm{Cl}_{A\cup B}(V)=\varnothing$,

$(A\cap U)\cap \mathrm{Cl}_A(A\cap V)=\varnothing$.

Similarly, $\mathrm{Cl}_A(A\cap U)\cap(A\cap V)=\varnothing$.

If $A\cap U\neq\varnothing$ and $A\cap V\neq\varnothing$, then $A$ is disconnected by Exercise 4.1.7,

a contradiction.

Thus, either $A\cap U=\varnothing$ or $A\cap V=\varnothing$, say $A\cap V=\varnothing$.

Then since $A\subseteq A\cup B=U\cup V$, we must have $A\subseteq U$.

On the other hand, similarly as above we have either $B\cap U=\varnothing$ or $B\cap V=\varnothing$.

$\Rightarrow B\subseteq V$ or $B\subseteq U$.

Case 1) If $B\subseteq V$, then $A\cap \mathrm{Cl}_X(B)=A\cap\{(A\cup B)\cap \mathrm{Cl}_{A\cup B}(B)\}$

$=A\cap \mathrm{Cl}_{A\cup B}(B)\subseteq U\cap \mathrm{Cl}_{A\cup B}(V)=\varnothing$,

so $A\cap \mathrm{Cl}_X(B)=\varnothing$, a contradiction.

Case 2) If $B\subseteq U$, then $A\cup B\subseteq U$.

Also, since $U\cap V\subseteq \mathrm{Cl}_{A\cup B}(U)\cap V=\varnothing$, $U\cap V=\varnothing$.

Then since $A\cup B=U\cup V$, we must have $V=\varnothing$, a contradiction.

Hence $A\cup B$ is connected.

**21.** 다음 순서를 따라 보여라.

1) $(Y,\ \mathcal{U}_Y)$이 이산공간임을 보여라.

2) 정리 4.2.4를 이용하여 $f(\mathbb{R})$은 한 원소집합임을 보여라.

3) 따라서 $f(5)\neq f(6)$인 연속함수 $f$는 존재할 수 없다.

**22.** $\{1,\ 2,\ 3,\ 4,\ 5,\ 6,\ 7,\ 8,\ 9\}$

**23.** Let $(x_1,\ \ldots,\ x_n)$, $(y_1,\ \ldots,\ y_n)\in X_1\times\ldots\times X_n$.

For each $i=1,\ \ldots,\ n$, since $X_i$ is path connected, $\exists$a continuous map

$f_i:[0,\ 1]\to X_i$ $s.t.$ $f_i(0)=x_i$ and $f_i(1)=y_i$.

Define $f:[0,\ 1]\to X_1\times\ldots\times X_n$ by $f(t)=(f_1(t),\ \ldots,\ f_n(t))$.

Then $f$ is continuous by Theorem 3.2.13.

Also, $f(0)=(x_1,\ \ldots,\ x_n)$ and $f(1)=(y_1,\ \ldots,\ y_n)$.

Hence $X_1\times\ldots\times X_n$ is path-connected.

**24.** 다음 순서를 따라 보여라.

1) $\mathbb{R}-\{0\}$은 연결이 아님을 보여라.

2) 따라서 연습문제 4.2.15에 의해 $\mathbb{R}-\{0\}$은 호연결이 아니다.

**25.** $f:([0,\ 1]\to u_{[0,1]})\to([0,\ 1]\to u_{[0,1]})$이고, $f$가 연속함수이므로 $f$는 고정점을 가진다.

([0, 1]은 closed set이고, $u$위상이기 때문이다.)

$\therefore\ f(a)=a\,(0\le a\le 1)$를 만족하는 $a$가 존재한다.

이제 유일성을 보이자.

일반성을 잃지 않고 $f(a)=a, f(b)=b$를 만족하는 서로 다른 $a$, $b$가 존재한다고 가정하자

$(0 \le a < b \le 1)$.

$\dfrac{f(b)-f(a)}{b-a} = \dfrac{b-a}{b-a} = 1$이므로 평균값 정리(M.V.T)에 의해 $f'(c)=1$을 만족하는 $c$가 $a$와 $b$ 사이에 존재한다$(a<c<b)$.

$f'(c)=1$을 만족하는 $c$가 0과 1 사이에 적어도 1개 존재하게 되므로 모순이다.

$(\because$ 모든 $x \in (0, 1)$에 대해 $f'(x) \ne 1)$

$\therefore f(a)=a\,(0 \le a \le 1)$를 만족하는 $a$가 유일하다.

**26.** $\{f_1^{-1}(U) \mid U \in \mathfrak{I}_u\} = \{[0, 1), [2, 3), \ldots, [0, 1) \cup [2, 3) \ldots\}$ 이러한 형태이다.

즉, $\{f_1^{-1}(U) \mid U \in \mathfrak{I}_u\}$의 기저: $[a, a+1) \quad a \in \mathbb{Z}$

$\{f_2^{-1}(U) \mid U \in \mathfrak{I}_u\} = \{(0, 1], (2, 3], \ldots, (0, 1] \cup (2, 3] \ldots\}$ 이러한 형태이다.

즉, $\{f_2^{-1}(U) \mid U \in \mathfrak{I}_u\}$의 기저: $(a, a+1] \quad a \in \mathbb{Z}$

$\{f_1^{-1}(U) \mid U \in \mathfrak{I}_u\} \cup \{f_2^{-1}(U) \mid U \in \mathfrak{I}_u\}$의 기저는

$\{(0, 1), (1, 2), (2, 3), \ldots \{-1\}, \{0\}, \{1\} \ldots\}$ 형태이다.

$(\because \{f_1^{-1}(U) \mid U \in \mathfrak{I}_u\} \cup \{f_2^{-1}(U) \mid U \in \mathfrak{I}_u\}$을 부분기저로 하므로 기저는 부분기저들의 유한 교집합의 형태로 나타낼 수 있다.)

즉, $(\mathbb{R}, \mathfrak{I})$의 기저: $-\{n\} \mid n \in \mathbb{Z}'' \cup -(n, n+1) \mid n \in \mathbb{Z}''$

◉ $\sqrt{2}$를 포함하는 연결 성분: $(1, 2)$

◉ $\mathrm{Int}\left(\left[\frac{1}{2}, 2\right]\right) = [1, 2]$ $\left(\because \left[\frac{1}{2}, 2\right]\right.$부분집합 중 가장 큰 open set$\left.\right)$

◉ $\mathrm{Cl}\left(\left[\frac{1}{2}, 2\right]\right) = (0, 2]$ $\left(\because \left[\frac{1}{2}, 2\right]\right.$를 포함하는 가장 작은 closed set$\left.\right)$

## 연습문제 4.3

**1.** (a) 비연결, (b) 연결, (c) 비연결

(정리 4.3.3을 이용하여 보일 것)

**2.** 정리 4.2.4에 의해 $f(A)$는 $Y$의 연결부분집합이어야 하므로 $\varnothing$, $\{0\}$, $\{1\}$, $\{2\}$.

**3.** $U = \mathbb{R} \times \{0\}$, $V = \mathbb{R} \times \{1\}$이라 하면 $U$, $V$는 $\mathbb{R} \times \{0, 1\}$의 서로소인 개부분집합이고, $U \cup V = \mathbb{R} \times \{0, 1\}$이므로 $\mathbb{R} \times \{0, 1\}$은 비연결이다.

**4.** Suppose that $\mathbb{R}$ and $\mathbb{R} \times \mathbb{R}$ are homeomorphic.

Then $\exists$a homeomorphism $f : \mathbb{R} \to \mathbb{R} \times \mathbb{R}$.

By Exercise 2.3.20, $\mathbb{R}-\{0\}$ is homeomorphic to $f(\mathbb{R}-\{0\})=\mathbb{R}\times\mathbb{R}-\{f(0)\}$.
On the other hand, $\mathbb{R}\times\mathbb{R}-\{f(0)\}$ is path-connected by Exercise 4.1.17.
Then by Exercise 4.2.16, $\mathbb{R}-\{0\}$ is also path-connected.
But, $\mathbb{R}-\{0\}$ is not path-connected by Exercise 4.2.24, a contradiction.
Hence $\mathbb{R}$ and $\mathbb{R}\times\mathbb{R}$ are not homeomorphic.

**5.** Let $f: X\to X$ be a continuous map.
Define $g: X\times Y\to X\times Y$ by $g(x, y)=(f(x), y)$.
Then $g$ is continuous by Theorem 3.2.13.
Since $X\times Y$ has the fixed point property, $g$ has a fixed point, say $(x_0, y_0)$.
Thus, $g(x_0, y_0)=(f(x_0), y_0)=(x_0, y_0)$.
That is, $x_0$ is a fixed point of $f$.
Hence $X$ has the fixed point property.
Similarly, $Y$ also has the fixed point property.

## 연습문제 5.2

**1.** 생략

**2, 3.** $T_0$지만 $T_1$, $T_2$는 아니다.

**4, 5.** 정리 5.2.6과 비슷한 방법으로 쉽게 보일 수 있다.

**6.** $(\Leftarrow)$ 거의 자명하다.
$(\Rightarrow)$ Let $U$ be an open set containing $x$.
Suppose that $U\cap A$ is finite.
Then $U\cap A-\{x\}$ is also finite, and $x\notin U\cap A-\{x\}$.
Let $B=U\cap A-\{x\}$.
By Corollary 5.2.9, $B^c$ is an open set, and since $x\notin B$, $x\in B^c$.
$\Rightarrow$ $B^c\cap U$ is an open set containing $x$.
But, $(B^c\cap U)\cap A-\{x\}=B^c\cap(U\cap A-\{x\})=B^c\cap B=\varnothing$, a contradiction to $x\in A'$.
Hence $U\cap A$ is infinite.

**7.** 연습문제 5.2.6을 이용하여 쉽게 보일 수 있다.

**8.** It suffices to show that $X\times Y-G(f)$ is open in $X\times Y$.

Let $(x, y)\in X\times Y-G(f)$.

Then $(x, y)\notin G(f)$, so $f(x)\neq y$.

Since $Y$ is Hausdorff, $\exists$disjoint open subsets $U, V\subseteq Y$ *s.t.* $f(x)\in U$ and $y\in V$.

Then $x\in f^{-1}(U)$ and since $f$ is continuous, $f^{-1}(U)$ is open in $X$.

Thus, $(x, y)\in f^{-1}(U)\times V$, and $f^{-1}(U)\times V$ is open in $X\times Y$.

Now show that $f^{-1}(U)\times V\subseteq X\times Y-G(f)$ and complete the proof.

**9.** $(\Leftarrow)$ 거의 자명하다. (왜 그런가?)

$(\Rightarrow)$ 따름정리 5.2.9를 이용하여 쉽게 보일 수 있다.

**10.** (1) 정리 1.3.5에 의해 $(A')'\subseteq A'$임을 보이면 충분하고, 연습문제 5.2.6을 이용하여 이를 쉽게 보일 수 있다.

(2) (1)을 이용하여 쉽게 보일 수 있다.

**11.** Let $X$ be a space which is not $\mathcal{T}_0$.

Then $\exists y, z\in X$ *s.t.* any open subset of $X$ contains either both of them or none of them.

Define $f: X\to X$ by $f(x)=\begin{cases} y, & x\neq y \\ z, & x=y \end{cases}$.

Now show that $f$ is a continuous map which does not have any fixed point, and complete the proof.

**12.** $(\Rightarrow)$ 연습문제 5.2.8의 증명과 비슷하다.

$(\Leftarrow)$ Let $x, y\in X$ with $x\neq y$.

Then $(x, y)\notin \Delta$, *i.e.*, $(x, y)\in X\times X-\Delta$.

Since $\Delta$ is closed in $X\times X$, $X\times X-\Delta$ is open in $X\times X$.

Thus, $\exists$a basic open set $U\times V$ in $X\times X$ *s.t.* $(x, y)\in U\times V\subseteq X\times X-\Delta$.

$\Rightarrow x\in U, y\in V$, and $U, V$ are open in $X$.

Now show that $U\cap V=\varnothing$ and complete the proof.

**13.** 예 5.2.5와 비슷하다.

**14.** 여유한공간은 $\mathcal{T}_2$가 아니지만 보통위상공간은 $\mathcal{T}_2$이다.

**15.** Let $X$ be a completely Hausdorff space.

Let $x, y \in X$ with $x \neq y$.

Since $X$ is completely Hausdorff, $\exists$a continuous map $f : X \to [0, 1]$ $s.t.$ $f(x) = 0$ and $f(y) = 1$.

Let $U = f^{-1}([0, \frac{1}{2}))$ and $V = f^{-1}((\frac{1}{2}, 1])$.

Then $x \in U$, $y \in V$, $U \cap V = \varnothing$, and $U$, $V$ are open in $X$.

Hence $X$ is Hausdorff.

**16.** Since $A$ is a retract of $X$, $\exists$a retraction $r : X \to A$.

Define $f : X \to X$ by $f(x) = r(x)$.

Then $f$ is continuous by Exercise 2.2.6.

Note that the identity map $id : X \to X$ is obviously continuous.

Thus, $\{x \in X \mid f(x) = id(x)\} = \{x \in X \mid r(x) = x\} = A$ is closed in $X$ by Theorem 5.2.12.

**17.** 정리 5.2.12를 이용하여 쉽게 보일 수 있다.

**18.** Note that since $f$ has a left inverse, $f$ is injective. (집합론 참고)

Define $h : X \to f(X)$ by $h(x) = f(x)$.

Then $h$ is continuous by Exercise 2.2.6.

Since $g$ is continuous, $h \circ g : Y \to f(X)$ is also continuous.

Claim : $(h \circ g)(y) = y$ for all $y \in f(X)$.

Let $y \in f(X)$.

Then $\exists x \in X$ $s.t.$ $y = f(x)$.

$\Rightarrow g(y) = g(f(x)) = (g \circ f)(x) = id_X(x) = x$.

$\Rightarrow (h \circ g)(y) = h(g(y)) = h(x) = f(x) = y$.

Thus, $h \circ g : Y \to f(X)$ is a retraction.

$\Rightarrow f(X)$ is closed in $Y$ by Exercise 5.2.16.

Moreover, since $f$ is continuous and injective, $X$ is Hausdorff by Exercise 5.1.5.

**19.** Suppose that $\overline{f}, \overline{g} : X \to Y$ are extensions of $f$.

Then $\overline{f}|_D = f = \overline{g}|_D$.

Let $F = \{x \in X \mid \overline{f}(x) = \overline{g}(x)\}$.

Then $F$ is closed in $X$ by Theorem 5.2.12.

Also, $D \subseteq F$.

$\Rightarrow X = \overline{D} \subseteq \overline{F} = F$, *i.e.*, $F = X$.

Hence $\overline{f} = \overline{g}$.

**20.** 전부 쉽게 보일 수 있다.

**21.** 쉽게 보일 수 있다.

**22.** ($\Leftarrow$)의 증명은 자명하고, ($\Rightarrow$)의 증명은 정리 1.4.6을 이용하여 쉽게 보일 수 있다.

**23.** 매우 간단하다.

**24.** 따름정리 5.2.13을 이용하여 쉽게 보일 수 있다.

**25.** $T_1$-공간이 아님을 보이자.

$$[(0,\ 0)] \neq [(1,\ 2)]$$

$[(0,\ 0)]$을 포함하는 $\mathfrak{I}$ 개집합은 $Y$로 유일하다.

$[(0,\ 0)]$를 포함하는 $Y$의 proper open subset $U$가 있다면

$\Pi^{-1}(U)$는 $(0,\ 0)$과 $(0,\ 0)$를 포함하지 않는 반직선들로 이루어지고, 이것은 $(R^2,\ u)$에서 open이 아니다.

그래서 $[(0,\ 0)]$을 포함하는 상공간 $Y$에서 open은 $Y$가 유일하다.

$Y$는 $[(1,\ 2)]$를 포함하므로 $T_1$-공간이 아니다.

## 연습문제 5.3

**1.** (a) $\{\varnothing,\ X,\ \{a\}\}$ (답은 유일하지 않다.)

(b) $\{\varnothing,\ X,\ \{a,\ b\},\ \{c,\ d\}\}$

**2, 3.** 정칙이 아니다.

**4.** $(\mathbb{R},\ \mathcal{U})$ : 연결 정칙

$(\mathbb{R},\ \mathcal{H})$ : 비연결 정칙

**5.** (정리 5.3.12 사용) (a)는 정칙이고, (b), (c)는 정칙이 아니다.

**6.** $f(x) = x$로 정의된 함수 $f : (\mathbb{R},\ \mathcal{U}) \to (\mathbb{R},\ \mathcal{C})$를 생각할 것.

**7.** Let $X$ be a $\mathcal{T}_3$-space, and let $x, y \in X$ with $x \neq y$.

Since $X$ is $\mathcal{T}_1$, $\{y\}$ is a closed set by Theorem 5.2.8, and $x \notin \{y\}$.

Then since $X$ is regular, $\exists$open sets $U, V \subseteq X$ *s.t.* $x \in U$, $\{y\} \subseteq V$ and $U \cap V = \varnothing$.

Thus, $x \in U$ and $y \in V$.

By Theorem 5.3.10, $\exists$open sets $A, B \subseteq X$ *s.t.* $x \in A \subseteq \overline{A} \subseteq U$ and $y \in B \subseteq \overline{B} \subseteq V$.

Now, $x \in A$, $y \in B$, $\overline{A} \cap \overline{B} = \varnothing$, and $A$, $B$ are open in $X$.

Hence $X$ is a $\mathcal{T}_{2\frac{1}{2}}$-space.

**8.** $X$를 정칙인 $T_0$-공간이라 하자.

$X$가 $T_3$-공간임을 보이기 위해 $X$가 $T_1$-공간인 것만 보이면 충분하고, 이는 쉽게 보일 수 있다(정리 5.1.7 참고).

**9.** 직접 찾아볼 것.

**10.** Let $\mathbb{U}$ denote the collection of all open subsets of $X$ containing $A$.

Claim : $A = \bigcap_{U \in \mathbb{U}} U$.

($\subseteq$) Since $A \subseteq U$ for all $U \in \mathbb{U}$, $A \subseteq \bigcap_{U \in \mathbb{U}} U$.

($\supseteq$) Let $x \in \bigcap_{U \in \mathbb{U}} U$ and suppose that $x \notin A$.

Since $A$ is closed and $X$ is regular, $\exists$open sets $V, W \subseteq X$ *s.t.* $A \subseteq V$, $x \in W$, and $V \cap W = \varnothing$.

Then $V \in \mathbb{U}$ and so $x \in V$, *i.e.*, $x \in V \cap W$, a contradiction to $V \cap W = \varnothing$.

Hence $x \in A$.

**11.** 연습문제 7의 증명과 유사하다.

**12.** 정리 5.3.10을 이용하여 쉽게 보일 수 있다.

## 연습문제 5.4

**1.** (a) 정칙이고 정규이다.

(b) 정규이지만 정칙은 아니다.

(c) 정칙도 정규도 아니다.
(d) 정칙이고 정규이다.
(e) 정칙이고 정규이다.

**2.** (a) 정칙이고 정규이다.
(b) 정규이지만 정칙은 아니다.
(c) 정칙이고 정규이다.
(d) 정칙도 정규도 아니다.
(e) 정칙도 정규도 아니다.

**3.** 정리 5.4.7과 비슷하다.

**4.** Let $X$ be a normal space and let $A$ be a closed subset of $X$.
Let $F_1$, $F_2$ be disjoint closed subsets of $A$.
Then $F_1$ and $F_2$ are also closed in $X$. (See Theorem 2.1.7)
Since $X$ is normal, $\exists$open sets $U$, $V$ in $X$ *s.t.* $F_1 \subseteq U$, $F_2 \subseteq V$, and $U \cap V = \varnothing$.
Then $U \cap A$, $V \cap A$ are open sets in $A$.
Also, $F_1 \subseteq U \cap A$, $F_2 \subseteq V \cap A$, and $(U \cap A) \cap (V \cap A) = \varnothing$.
Hence $A$ is normal.

**5.** 정리 5.2.8, 연습문제 5.4.4, 그리고 정리 5.4.14를 이용하여 쉽게 보일 수 있다.

**6.** ($\Rightarrow$) $\mathrm{Cl}_{A \cup B}(A) = A$이고 $\mathrm{Cl}_{A \cup B}(B) = B$임을 보이면 충분하고 이는 쉽게 보일 수 있다.
($\Leftarrow$) Suppose that $\mathrm{Cl}_X(A) \cap B \neq \varnothing$.
Take $a \in \mathrm{Cl}_X(A) \cap B$.
Then $a \in (A \cup B) \cap \mathrm{Cl}_X(A) = \mathrm{Cl}_{A \cup B}(A) = A$,
*i.e.*, $a \in A \cap B$, a contradiction to $A \cap B = \varnothing$.
Thus, $\mathrm{Cl}_X(A) \cap B = \varnothing$.
Similarly, $A \cap \mathrm{Cl}_X(B) = \varnothing$.
Hence $A$ and $B$ are separated in $X$.

**7.** 연습문제 6에 의해 거의 자명하다.

**8.** (1) ($\Rightarrow$) Let $Y$ be a subset of $X$.

We show that $Y$ is completely normal.
Let $A$ and $B$ be separated subsets of $Y$.
Then $A$ and $B$ are also separated in $X$. (이는 직접 보일 것.)
Since $X$ is completely normal, $\exists$disjoint open sets $U$, $V$ in $X$ $s.t.$
$A \subseteq U$, $B \subseteq V$.
Then $U \cap Y$, $V \cap Y$ are disjoint open sets in $Y$, $A \subseteq U \cap Y$, and $B \subseteq V \cap Y$.
Hence $Y$ is completely normal and hence $Y$ is normal by Theorem 5.4.22.

($\Leftarrow$) Let $A$ and $B$ be separated subsets of $X$.
Let $Y = X - (\mathrm{Cl}_X(A) \cap \mathrm{Cl}_X(B)) = (X - \mathrm{Cl}_X(A)) \cup (X - \mathrm{Cl}_X(B))$.
By hypothesis, $Y$ is normal.
Also, since both $\mathrm{Cl}_X(A)$ and $\mathrm{Cl}_X(B)$ are closed in $X$,
both $Y \cap \mathrm{Cl}_X(A)$ and $Y \cap \mathrm{Cl}_X(B)$ are closed in $Y$.
Moreover, $(Y \cap \mathrm{Cl}_X(A)) \cap (Y \cap \mathrm{Cl}_X(B)) = \varnothing$. (이는 직접 보일 것.)
Then since $Y$ is normal, $\exists$disjoint open sets $U$, $V$ in $Y$ $s.t.$
$Y \cap \mathrm{Cl}_X(A) \subseteq U$ and $Y \cap \mathrm{Cl}_X(B) \subseteq V$.
On the other hand, since $Y = X - (\mathrm{Cl}_X(A) \cap \mathrm{Cl}_X(B))$ is open in $X$, both $U$ and $V$ are open in $X$.
Moreover, $A \subseteq U$ and $B \subseteq V$. (직접 보일 것.)
Hence $X$ is completely normal.

(2) (1)의 증명 과정 안에 증명되어있다.

**9.** Urysohn Lemma를 이용할 것.

**10.** By induction, it suffices to show that 'if $X$ and $Y$ are completely regular, then so is $X \times Y$'.
Let $X$ and $Y$ be completely regular spaces.
Let $A$ be a closed subset of $X \times Y$ and let $(x_0, y_0) \in X - A$.
Since $X - A$ is open in $X \times Y$, $\exists$basic open $U \times V$ $s.t.$ $(x_0, y_0) \in U \times V \subseteq X - A$.
Then $x_0 \in U$, $y_0 \in V$, $X - U$ is closed in $X$, and $Y - V$ is closed in $Y$.
Since both $X$ and $Y$ are completely regular,
$\exists$a continuous map $f_X : X \to \mathbb{R}$ $s.t.$ $f_X(x_0) = 1$ and $f_X(X - U) = \{0\}$,
and $\exists$a continuous map $f_Y : Y \to \mathbb{R}$ $s.t.$ $f_Y(y_0) = 1$ and $f_Y(Y - V) = \{0\}$.
(여기서 정의 5.4.16과 비교했을 때 왜 0과 1의 자리가 바뀌어도 되는지를 설명해보라.)
Now define $f : X \times Y \to \mathbb{R}$ by $f(x, y) = f_X(P_1(x, y)) f_Y(P_2(x, y))$.

Then $f(x_0, y_0)=1$ and $f(x, y)=0$ for all $(x, y)\in A$. (이는 직접 보일 것.)
Hence $X\times Y$ is completely regular.

**11, 12.** 문제에 주어진 단계들을 천천히 따라가며 증명해 볼 것.

**13.** 정리 5.3.8과 정리 5.3.12에 의해 성립한다.

**14.** 직접 찾아볼 것.

**15.** 간단하다.

**16.** 정리 5.4.9를 이용할 것.

**17.** (2)를 먼저 보인다. (1)은 (2)를 이용하여 보일 수 있다.

(2) Let $F_1$ and $F_2$ be disjoint closed subsets of $X$.
Then $A\cap F_1$ and $A\cap F_2$ are disjoint closed subsets of $A$.
Since $A$ is normal, $\exists$disjoint open $U_1$, $U_2$ in $A$ *s.t.* $A\cap F_1\subseteq U_1$ and $A\cap F_2\subseteq U_2$.
Then $U_1=U_1'\cap A$ and $U_2=U_2'\cap A$ for some open sets $U_1'$, $U_2'$ in $X$.
Similarly, $\exists$disjoint open $V_1$, $V_2$ in $B$ *s.t.* $B\cap F_1\subseteq V_1$ and $B\cap F_2\subseteq V_2$, and then $V_1=V_1'\cap B$ and $V_2=V_2'\cap B$ for some open sets $V_1'$, $V_2'$ in $X$.
Let $W_1=(U_1'\cup A^c)\cap(V_1'\cup B^c)$ and $W_2=(U_2'\cup A^c)\cap(V_2'\cup B^c)$.
Now show that $W_1$, $W_2$ are open in $X$, $F_1\subseteq W_1$, $F_2\subseteq W_2$, and $W_1\cap W_2=\varnothing$, thereby completing the proof.

**18.** (1) 생략

(2) $F_1$, $F_2$를 $[0, 1]$의 서로소인 폐부분집합들이라 하자.
다음의 총 4가지 경우로 나눠서 증명할 것.
경우 1) $F_1\cap A^c=\varnothing=F_2\cap A^c$.
경우 2) $F_1\cap A^c\neq\varnothing$, $F_2\cap A^c=\varnothing$.
경우 3) $F_1\cap A^c=\varnothing$, $F_2\cap A^c\neq\varnothing$.
경우 4) $F_1\cap A^c\neq\varnothing$, $F_2\cap A^c\neq\varnothing$.

**19.** Let $X$ be a completely regular space and let $Y \subseteq X$.
Let $A$ be a closed subset of $Y$ and let $y \in Y - A$.
Note that since $A = \mathrm{Cl}_Y(A) = \mathrm{Cl}_X(A) \cap Y$, $y \notin \mathrm{Cl}_X(A)$.
Since $X$ is completely regular, $\exists$a continuous map $f : X \to \mathbb{R}$ $s.t.$ $f(y) = 0$ and $f(\mathrm{Cl}_X(A)) = \{1\}$.
Then the restriction $f|_Y : Y \to \mathbb{R}$ of $f$ to $Y$ is continuous, $f|_Y(y) = 0$, and $f|_Y(A) = \{1\}$.
Hence $Y$ is completely regular.

**20.** 정리 5.2.11과 연습문제 5.4.10에 의해 성립한다.
역도 쉽게 성립함을 보일 수 있다.

**21.** 정의대로 쉽게 보일 수 있다.

## 연습문제 6.1 (6장부터는 쉬운 문제들은 생략했다.)

**5.** Let $\mathbb{C} = \{U_\alpha \mid \alpha \in \Lambda\}$ be an open cover of $\mathbb{R}$.
Since $1 \in \mathbb{R} = \bigcup_{\alpha \in \Lambda} U_\alpha$, $\exists \beta \in \Lambda$ $s.t.$ $1 \in U_\beta$.
Then since $U_\beta \in \mathcal{T}$ and $[0, 1] \cap U_\beta = \varnothing$, $U_\beta = \mathbb{R}$.
Thus, $\{U_\beta\}$ is a finite subcover of $\mathbb{C}$.
Hence $(\mathbb{R}, \mathcal{T})$ is compact.

**9.** $(\Rightarrow)$ Let $\mathbb{C} = \{(-n, \infty) \mid n \in \mathbb{N}\}$.
Then $\mathbb{C}$ is an open cover of $A$.
Since $A$ is compact, $\mathbb{C}$ has a finite subcover, say $\{(-n_1, \infty), \dots, (-n_k, \infty)\}$.
Letting $m = \min\{-n_1, \dots, -n_k\}$, $A \subseteq (m, \infty) = \bigcup_{i=1}^{k} (-n_i, \infty)$.
Thus, $A$ is bounded below by $m$, so $a = \inf A$ exists.
Claim : $a \in A$.
Suppose not.
Then for each $n \in \mathbb{N}$, $\exists a_n \in A$ $s.t.$ $a < a_n < a + \dfrac{1}{n}$.
Thus, $A \subseteq (a, \infty) = \bigcup_{n=1}^{\infty} (a_n, \infty)$, so $\mathbb{D} = \{(a_n, \infty) \mid n \in \mathbb{N}\}$ is an open cover of $A$.
Then since $A$ is compact, $\mathbb{D}$ has a finite subcover, say $\{(a_{n_1}, \infty), \dots, (a_{n_l}, \infty)\}$.

Letting $b = \min\{a_{n_1}, \dots, a_{n_l}\}$, $A \subseteq (b, \infty) = \bigcup_{j=1}^{l} (a_{n_j}, \infty)$.

On the other hand, since $a_n > a$ for each $n \in \mathbb{N}$, $b > a$, *i.e.*, $b - a > 0$.

$\Rightarrow \exists r \in \mathbb{N}$ *s.t.* $\frac{1}{r} < b - a$.

$\Rightarrow a < a_r < a + \frac{1}{r} < b$, *i.e.*, $a_r \notin (b, \infty)$, a contradiction.

Hence $a \in A$.

($\Leftarrow$) 매우 쉽다.

**11.** Let $A = \left\{1 - \frac{1}{n} \mid n \in \mathbb{N}\right\}$.

Then $A$ is a bounded infinite subset of $\mathbb{R}$, but $A' = \varnothing$ in $(\mathbb{R}, \mathcal{H})$. (직접 보일 것.) On the other hand, every bounded infinite subset of $(\mathbb{R}, \mathcal{E})$ has a limit point. (이도 직접 보일 것.)

**12.** (a) In $(\mathbb{R}, \mathcal{H})$, $[0, 1]$ is closed and bounded but not compact.

(b) Let $\varphi = \{\mathbb{R}, \varnothing, (-\infty, 0), [0, \infty)\}$. Then $(1, \infty)$ is neither closed nor bounded, but compact in $(\mathbb{R}, \varphi)$.

## 연습문제 6.2

**11.** Suppose that $\bigcap_{n=1}^{\infty} C_n = \varnothing$.

Then $C_1 \cap (\bigcap_{n=2}^{\infty} C_n) = \varnothing$, so $C_1 \subseteq \mathbb{R} - \bigcap_{n=2}^{\infty} C_n = \bigcup_{n=2}^{\infty} (\mathbb{R} - C_n)$.

Thus, $\mathbb{C} = \{\mathbb{R} - C_n \mid n = 2, 3, \dots\}$ is an open cover of $C_1$.

On the other hand, $C_1$ is compact by the Heine-Borel Theorem.

Thus, $\mathbb{C}$ has a finite subcover, say $\{\mathbb{R} - C_{n_1}, \dots, \mathbb{R} - C_{n_k}\}$.

$\Rightarrow C_1 \subseteq \bigcup_{i=1}^{k} (\mathbb{R} - C_{n_i}) = \mathbb{R} - \bigcap_{i=1}^{k} C_{n_i}$.

$\Rightarrow C_1 \cap (\bigcap_{i=1}^{k} C_{n_i}) = \varnothing$.

Let $m = \max\{n_1, \dots, n_k\}$.

Then $\bigcap_{i=1}^{k} C_{n_i} = C_m$, and so $C_1 \cap C_m = C_m = \varnothing$, a contradiction to hypothesis.

Hence $\bigcap_{n=1}^{\infty} C_n \neq \varnothing$.

**12.** (2) $q$를 생각할 것,

(3) $C$가 $X$의 폐부분집합일 필요충분조건은 $C$가 $A$의 유한부분집합이거나 어떤 $A$의 부분집합 $G$가 존재하여 $C = G \cup \{q\}$인 것임을 이용할 것.

(4) $B$가 $X$의 가산부분집합이라면 $\overline{B} \subseteq B \cup \{q\}$이다.

**13.** (2) $-1 \in A$이면 $A$는 콤팩트이다.

(3) $-1 \notin B$이면 $B$는 콤팩트가 아니다.

**17.** $\overline{\mathbb{N}}$를 직접 구해서 확인할 것.

**26.** Let $\mathbb{C} = \{U_\alpha \mid \alpha \in \Lambda\}$ be an open cover of $f^{-1}(K)$.

For each $y \in K$, since $f^{-1}(\{y\}) \subseteq f^{-1}(K) \subseteq \bigcup_{\alpha \in \Lambda} U_\alpha$, $\mathbb{C}$ is an open cover of $f^{-1}(\{y\})$.

Since $f^{-1}(\{y\})$ is compact, $\exists$a finite subset $\Lambda_y$ of $\Lambda$ *s.t.* $f^{-1}(\{y\}) \subseteq \bigcup_{\alpha \in \Lambda_y} U_\alpha$.

Let $W_y = \bigcup_{\alpha \in \Lambda_y} U_\alpha$.

Since $W_y$ is open in $X$ and $f$ is a closed map, $V_y = Y - f(X - W_y)$ is open in $Y$.

Then $f^{-1}(V_y) \subseteq W_y$ and $y \in V_y$. (이는 직접 보일 것.)

Thus, $\mathbb{D} = \{V_y \mid y \in K\}$ is an open cover of $K$.

Since $K$ is compact, $\mathbb{D}$ has a finite subcover, say $\{V_{y_1}, \ldots, V_{y_n}\}$.

Now show that $\left\{U_\alpha \mid \alpha \in \bigcup_{i=1}^{n} \Lambda_{y_i}\right\}$ is a finite subcover of $\mathbb{C}$ and complete the proof.

**28.** $\mathfrak{I} = \{U \subseteq \mathbb{R} \mid \mathbb{R} - U$는 유한집합$\} \cup \{\varnothing\}$

finite set: $\{x_1, x_2, \ldots, x_n\}$이라 하자.

$\mathbb{R} - \{x_1, x_2, \ldots, x_n\} = U$이므로 $U$는 $\mathbb{R}$에서 유한개의 점을 뺀 형태이다.

$\mathfrak{I}_A = [0, 1] \cup [2, 3)$에서 유한개의 점을 뺀 것

$\mathfrak{I}_B = \{\{3\}, \{4\}, \{5\}, \{3, 4\}, \{3, 5\}, \{4, 5\}, \{3, 4, 5\}\}$ (이산위상)

$X = [0, 1] \cup [2, 3] \cup \{4, 5\}$

$\mathfrak{I}_A \cup \mathfrak{I}_B$를 기저로 하는 위상은 기저의 합집합 형태이다.

◉ $b(C)$

case1) If $x \in A$ $x$를 포함하는 open set $\Rightarrow$ $A$에서 $x$를 제외한 유한개의 원소 뺀 것

$\therefore (A-\text{유한}) \cap C \neq \varnothing, (A-\text{유한}) \cap C^c \neq \varnothing$

$A$ 전체 : $C$의 경계

case2) $x \in 3$ 3을 포함하는 open: $\{3\}$ $\{3\} \cap (X-C) = \varnothing$

$\therefore$ 3은 $C$의 경계가 아니다.

case3) $x \in 4, x \in 5$ 각각을 포함하는 open: $\{4\}$, $\{5\}$ $\{4\} \cap C = \varnothing$, $\{5\} \cap C = \varnothing$

$\therefore$ 4, 5는 $C$의 경계가 아니다.

$b(C) = A$

◉ $(X, \mathfrak{I}')$이 Compact 공간임을 보여라.

$\mathbb{C} = \{U_\alpha | \alpha \in \Lambda\}$를 $X$의 개피복이라 하자.

즉, $A \cup B = X \subseteq \bigcup_{\alpha \in \Lambda} U_\alpha$이다.

$B$의 원소들은 유한개의 open set으로 덮일 수 있다.

$\mathfrak{I}_A$가 생성하는 위상은 무한집합이므로 compact임을 보여야 한다.

$\forall x \in A \subseteq X \subseteq \bigcup_{\alpha \in \Lambda} U_\alpha$이므로, $\exists \beta \in \Lambda \ s.t. x \in A \subseteq U_\beta$이다.

$U_\beta$는 $\mathfrak{I}_A$가 생성하는 위상의 하나의 개집합이므로

$x \in U_\beta = A - \{x_1, x_2, \ldots, x_n\}$

$\therefore x$를 포함하는 open $U_\beta$와 $x_1, x_2, \ldots, x_n$을 포함하는 open $U_{x_1}, U_{x_2}, \ldots, U_{x_n}$, $B$의 유한 피복의 합집합이 $\mathbb{C}$의 유한부분피복이며 $X$의 개피복이 된다.

## 연습문제 7.1

**2.** Let $T$ denote the topology induced by $d$.

It suffices to show that $\{x\} \in T$ for each $x \in X$.

Let $x \in X$.

Since $X$ is finite, then set $A = \{d(x, y) | y \in X, y \neq x\}$ is also a finite set.

Thus, min $A = r$ exists.

Now show that $B_r(x) = \{x\}$ and complete the proof.

## 연습문제 7.2

**3.** Let $(X, d)$ be a metric space and let $x \in X$.

Let $\beta_x = \left\{B_{\frac{1}{n}}(x) : n \in \mathbb{N}\right\}$.

Now show that $\beta_x$ is a countable local base at $x$ and complete the proof.

**8.** $\mathbb{R}$, $[-1, 1]$.

**9.** Note that $\beta=\{(a, b)|a, b\in\mathbb{R}\}$ is a base for $\mathbb{R}$.

Let $(a, b)\in\beta$ and let $(x, y)\in d^{-1}((a, b))$.

Then $d(x, y)\in(a, b)$, *i.e.*, $a<d(x, y)<b$.

Put $r=\min\{d(x, y)-a, b-d(x, y)\}$.

Now show that $B_{\frac{r}{2}}(x)\times B_{\frac{r}{2}}(y)\subseteq d^{-1}((a, b))$ and complete the proof.

**10.** Let $\beta=\left\{B_{\frac{1}{n}}(a) : a\in A, n\in\mathbb{N}\right\}$.

Then $\beta\sim A\times\mathbb{N}\sim\mathbb{N}$, *i.e.*, $\beta$ is countable.

Now show that $\beta$ is a base for $X$ and complete the proof.

$\mathbb{Q}$는 $(\mathbb{R}, \mathscr{H})$의 가산조밀부분집합이지만 $(\mathbb{R}, \mathscr{H})$는 가산 기저를 갖지 않으므로 (이를 보여라.) $(\mathbb{R}, \mathscr{H})$는 거리화가능이 아니다.

**11.** [1999] $d_1$이 $X$상의 거리가 됨은 쉽게 보일 수 있다.

Fix $x_0\in X$.

Then for any $x\in X$, $d_1(x, x_0)=\dfrac{d(x, x_0)}{1+d(x, x_0)}\leq 1$, so $x\in B_1^{d_1}(x_0)$.

Thus, $X=B_1^{d_1}(x_0)$.

Hence $(X, d_1)$ is bounded.

**12.** [2017]

(1) 정의대로 쉽게 보일 수 있다.

(2) Claim : $\overline{A}=A\cup\{(0, 0)\}$

「$(\supseteq)$ It suffices to show that $(0, 0)\in\overline{A}$.

Let $U\in T_d$ *s.t.* $(0, 0)\in U$.

Then $\exists e>0$ *s.t.* $B_\epsilon((0, 0))\in U$

Since $d((\frac{\epsilon}{2}, 0, (0, 0))=\frac{\epsilon}{2}<\epsilon$, $(\frac{\epsilon}{2}, 0)\in B_\epsilon((0, 0))\cap A\subseteq U\cap A$, so $U\cap A\neq\varnothing$.

Thus, $(0, 0)\in\overline{A}$.

「$(\subseteq)$ Let $(x, y)\in\overline{A}$ and suppose that $(x, y)\not\in A\cup\{(0, 0)\}$.

Then for any $(z, w) \in \mathbb{R}^2$ with $(z, w) \neq (x, y)$,
$d((z, w), (x, y)) = \max\{\|(z, w)\|, \|(x, y)\|\} \geq \|(x, y)\|$,
so $B_{\|(x, y)\|}((x, y)) = \{(x, y)\}$.
$\Rightarrow B_{\|(x, y)\|}((x, y)) \cap A = \varnothing$, a contradiction.」

(3) Let $\mathbb{C}$ be an open cover of $B$.
Then $\exists\, U_0 \in \mathbb{C}$ $s.t.$ $(0, 0) \in U_0$.
$\Rightarrow \exists\, \epsilon > 0$ $s.t.$ $B_\epsilon((0, 0)) \in U_0$.

Choose $N \in \mathbb{N}$ $s.\ t.$ $\dfrac{1}{N} < \epsilon$.

Then for all $n \geq N$, $d((0, 0), (\dfrac{1}{n}, 0)) = \dfrac{1}{n} \leq \dfrac{1}{N} < \epsilon$, so

$(\dfrac{1}{n}, 0) \in B_\epsilon((0, 0)) \subseteq U_0$.

Also, for each $i = 1, 2, \cdots, N-1$, $\exists\, U_i \in \mathbb{C}$ $s.t.$ $(\dfrac{1}{i}, 0) \in U_i$,

$\Rightarrow \{U_0, U_1, \cdots, U_{N-1}\}$ is a finite subcover of $\mathbb{C}$.
Hence is compact.

**21.** ◉ 두 점 $(1, 3)$과 $(-1, \dfrac{1}{2})$ 사이의 거리

$(1, 3) \neq (-1, \dfrac{1}{2})$이므로

$$d(O, (1, 3)) + d(O, (-1, \frac{1}{2})) = (|0-1| + |0-3|) + (|0+1| + |0-\frac{1}{2}|)$$
$$= 4 + \frac{3}{2} = \frac{11}{2}$$

◉ 열린집합 $\{(x, y) \in \mathbb{R}^2 | e((x, y), (1, 3)) < 9\}$에 속하고 좌표가 정수인 개수
case1) $(x, y) = (1, 3)$
정의에 의해 $e((1, 3), (1, 3)) = 0 < 9$ $\quad \therefore$ 1개
case2) $(x, y) \neq (1, 3)$
$$e((x, y), (1, 3)) = d(O, (x, y)) + d(O, (1, 3))$$
$$= |x| + |y| + 4 < 9$$
$\therefore |x| + |y| < 5$ (단, $(1, 3)$은 제외) 40개

case1)과 2)에 의해 $1 + 40 = 41$개

## 연습문제 7.3

**12.** [1997] Let $m \in \mathbb{Z}$ and let $U \in T$, $s.t.$ $m \in U$.

Then $U^c$ is finite, so the set $A = \{n \in \mathbb{N} : a_n \in U^c\}$ is also finite.

If $A = \varnothing$, then put $n_0 = 1$, and if $A \neq \varnothing$, then put $n_0 = \max A$.

Then $a_n \in U$ for all $n > n_0$.

Hence $a_n \to m$.

**16.** $\mathfrak{I}_\beta = \{\varnothing, X, \{a\}, \{c\}, \{a, b\}, \{a, c\}\}$

$x_n : a, b, a, b, a, b, \ldots$

$\lim_{n\to\infty} x_n = b \quad \forall n_0 \in N, \forall \text{ open } U(b)\ x_n \in U(b), \forall n \geq n_0 \quad (U(b) = X,\ U(b) = \{a, b\})$

$\lim_{n\to\infty} x_n \neq a \quad \forall n_0 \in N,\ x_n \not\in \{a\}\ \exists n \geq n_0$

$\lim_{n\to\infty} x_n \neq c \quad \forall n_0 \in N,\ x_n \not\in \{c\}\ \exists n \geq n_0$

폐집합(closed set): $\varnothing$, $X$, $\{b, c\}$, $\{c\}$, $\{b\}$, $\{a, b\}$

공집합이 아닌 서로소인 폐집합: $\{b\}$와 $\{c\}$, $\{a, b\}$와 $\{c\}$

case1) $F_1 = \{b\}$, $F_2 = \{c\}$, $G_1 = \{a, b\}$, $G_2 = \{c\}$로 존재한다.

case2) $F_1 = \{a, b\}$, $F_2 = \{c\}$, $G_1 = \{a, b\}$, $G_2 = \{c\}$로 존재한다.

## 연습문제 7.4

**2.** Let $\epsilon > 0$.

Since $f$ is uniformly continuous, $\exists \delta > 0$ $s.t.$ $x_1, x_2 \in X$ and $d(x_1, x_2) < \delta$ imply $e(f(x_1), f(x_2)) < \epsilon$.

Also, since $s$ is a Cauchy sequence, $\exists n_0 \in \mathbb{N}$ $s.t.$ $d(s_m, s_n) < \delta$ for all $m, n \geq n_0$.

Then for all $m, n \geq n_0$, since $d(s_m, s_n) < \delta$, $e(f(s_m), f(s_n)) < \epsilon$.

Hence $f \circ s$ is a Cauchy sequence in $Y$.

**11.** 완전유계공간이 유계임을 보이는 것은 쉽다.

$d$를 $\mathbb{R}$상의 보통거리라 하고 $e$를 $d$가 유도하는 표준유계거리라 하면 $(\mathbb{R}, e)$는 유계지만 완전유계는 아니므로 역은 성립하지 않는다.

**13.** (1) 거의 자명하다.

(2) Since $f$ is a contraction map, $\exists \alpha \in [0, 1)$, $s.t.$ $d(f(x), f(y)) \leq \alpha d(x, y)$ for all $x, y \in X$.

Fix $x \in X$ and consider the sequence in $X$ defined by

$x,\ f(x),\ f^2(x) = f(f(x)),\ \cdots.$

For each $n \in \mathbb{N}$, $d(f^n(x), f^{n+1}(x)) \le \alpha d(f^{n-1}(x), f^n(x)) \le \dots \le \alpha^n d(x, f(x))$.

Thus, for any $m, n \in \mathbb{N}$ with $m > n$,

$$d(f^m(x), f^n(x)) \le d(f^m(x), f^{m-1}(x)) + d(f^{m-1}(x), f^{m-2}(x)) + \dots$$
$$+ d(f^{n+1}(x), f^n(x)) \le (\alpha^{m-1} + \alpha^{m-2} + \dots + \alpha^n) d(x, f(x))$$
$$= \frac{\alpha^n(1-\alpha^{m-n})}{1-\alpha} d(x, f(x)) \le \frac{\alpha^n}{1-\alpha} d(x, f(x)),$$

and $\frac{\alpha^n}{1-\alpha} d(x, f(x)) \to 0$ as $n \to \infty$.

Thus, $\{f^n(x)\}_{n=0}^{\infty}$ is a Cauchy sequence in $X$. (Why?)

Since $X$ is complete $f^n(x) \to a$ for some $a \in X$.

Now show that $a$ is the unique fixed point of $X$ and complete the proof.

# 참고문헌


[ 1 ] Anold, B. H. *Intuitive Concepts in Elementary Topology.* Englewood Cliffs, NJ : Prentice-Hall, 1962.

[ 2 ] Croom, F. H. *Principles of Topology,* New York : Saunders, 1989.

[ 3 ] Dixmier, J. *General Topology.* New York : Springer-Verlag, 1984.

[ 4 ] Dugundji, J. *Topology.* Boston : Allyn and Bacon, 1966.

[ 5 ] Gamelin, T. W. and Greene, R. E. *Introduction to Topology.* New York : Saunders, 1983.

[ 6 ] Gemignami. M. C. *Elementary Topology, 2nd ed.* Reading, MA : Addison-Wesley, 1967.

[ 7 ] Greever, J. *Theory and Examples of Point-set Topology.* Belmont, CA : Books-Cole, 1967.

[ 8 ] Kelly, J. L. *General Topology.* New York : Van-Nostrand, 1955.

[ 9 ] Long, P. E. *An Introduction to General Topology.* Columbus, OH : Charles E. Merrill, 1971.

[10] Mansfield, M. J. *Introduction to Topology.* Huntington, NY : Robert E. Krieger, 1972.

[11] Moor, T. O. *Elementary General Topology.* Englwood Cliffs, NJ : Prentice-Hall, 1964.

[12] Munkres, J. R. *Topology : A First Course.* Englwood Cliffs, NJ : Prentice-Hall, 1975.

[13] Sreen, L. A. and Seebach, J. A. *Counterexamples in Topology.* New York : Holt, Rinehart, and Winston, 1970.

[14] Wilansky, A *Topology for Analysis.* Waltham, MA : Ginn, 1970.

[15] Willard, S. *General Topology.* Reading, MA : Addison-Wesley, 1970.

[16] 박배훈, 이부영, 박진환. 일반위상수학. 교우사, 1997.

[17] 사공정숙, 노영순. 위상수학. 경문사, 1992.

[18] 임종술, 이승온, 이석종. 위상수학. 교우사, 1997.

# 찾아보기

# 위상수학 제2판

지은이 김영기
펴낸이 조경희
펴낸곳 경문사
펴낸날 2019년 3월 5일 1판 1쇄
2022년 2월 25일 2판 1쇄
등 록 1979년 11월 9일 제1979-000023호
주 소 04057, 서울특별시 마포구 와우산로 174
전 화 (02)332-2004 팩스 (02)336-5193
이메일 kyungmoon@kyungmoon.com

값 21,000원

ISBN 979-11-6073-528-4